牦牛高效养殖技术

马　毅　包永清　主编

中国农业出版社
北　京

图书在版编目（CIP）数据

牦牛高效养殖技术 / 马毅，包永清主编 . —北京：
中国农业出版社，2022.7
ISBN 978-7-109-29597-1

Ⅰ.①牦… Ⅱ.①马… ②包… Ⅲ.①牦牛－饲养管
理 Ⅳ.①S823.8

中国版本图书馆 CIP 数据核字（2022）第 109330 号

牦牛高效养殖技术
MAONIU GAOXIAO YANGZHI JISHU

中国农业出版社出版
地址：北京市朝阳区麦子店街 18 号楼
邮编：100125
责任编辑：刘 伟　文字编辑：尹 杭
版式设计：杨 婧　责任校对：沙凯霖　责任印制：王 宏
印刷：中农印务有限公司
版次：2022 年 7 月第 1 版
印次：2022 年 7 月北京第 1 次印刷
发行：新华书店北京发行所
开本：787mm×1092mm　1/32
印张：8.75
字数：235 千字
定价：48.00 元

编　写　人　员

主　　编： 马　毅　包永清

副 主 编： 芦　娜　赵明礼

参编人员（按姓氏笔画排序）：

王丽学　李红梅　杨润喜

张　漫　陈龙宾　陈丽丽

Preface

前　言

　　牦牛，属于偶蹄目，牛科，牛亚科，牛属，牦牛亚属，被誉为高原之舟，主要生活在海拔 3 000～5 000m 的缺氧高原地区，能耐受－40℃～－30℃的严寒，是世界上生活区域海拔最高的哺乳动物。我国繁育牦牛历史悠久，是世界上拥有牦牛数量最多的国家，我国牦牛数量占世界牦牛总数的 90% 以上，其主要分布在青海、西藏、四川、甘肃、新疆、云南等省、自治区。不同的自然生态环境、品种形成历史、生态适应性、外貌特征、生产性能等使我国牦牛形成了各具特点的遗传资源，包括 17 个优良的不同生态类型的牦牛地方品种。

　　牦牛是我国适应青藏高原特殊环境的优势畜种，与藏文化息息相关，为其分布地区的人们提供了重要的生产资料和生活资料，在高寒牧区具有不可替代的作用，是当地牧民赖以生存和发展的物质基础，是西部牧区特色优势产业发展的重点，也是促进藏区稳定和发展不可忽视的部分。在青海、四川、甘肃等地区，牦牛养殖业已经成为助力脱贫攻坚的战略性主导产业，随着贫困县、"粮改饲"实施区域等的肉牛养殖量增加，牦牛养殖成为农牧民养牛产业脱贫增收的有力武器。

　　牦牛养殖虽然给养殖户带来了很多收入，但目前仍是以传统的散户养殖方式为主。受传统生产理念的影响，加上散养户对现代化养殖技术的掌握不够，牦牛养殖业存在的问题主要体现在基础设施建设比较薄弱、饲养管理理念落后、牦牛养殖实用技术推广不够等方面，不能实现产业规模化发展。本书围绕牦牛不同品种的育种、繁殖生理及调控技术、饲养技术、常见疾病及其治疗措施和牦牛饲草饲料种类及生产技术等方面进行阐述，针对牦牛养殖的关键技术环节、常发疾病，提出了相应的养殖及疾病防控方案，全书紧密结合实践，注重系统性、科学性、实用性和先进性，内容重点突出，文字通俗易懂，不仅适合牦牛养殖的饲养管理人员和养殖专业户阅读，也可作为大专院校和农村函授及培训班的辅助教材和参考书。

Contents

目　录

第一章　牦牛品种与培育

　　牦牛是分布在海拔 3 000m 以上、以中国青藏高原为中心及其毗邻的高山和亚高山地区的牛种之一。全世界现有牦牛 1 470 多万头，其中中国有 1 400 多万头，是世界上拥有牦牛数量和品种最多的国家，约占世界牦牛总数的 95％以上。牦牛对高寒草地生态环境条件具有很强的适应性，能在空气稀薄、牧草生长期短、气候寒冷的恶劣环境条件下生活自如、繁衍后代，并为牧民提供奶、肉、毛、役力、燃料等生产、生活必需品，是当地畜牧业经济中不可缺少的畜种。在遗传上是一个极为宝贵的"基因库"。家畜品种资源同其他一切资源一样，对其正确地分类就意味着有可能将其合理利用和创造财富，对长远的经济发展有不可忽视的巨大作用。微卫星标记具有覆盖整个基因组、多态性丰富、共显性遗传、检测方便等优点，是目前公认的较理想的分子标记。因此，微卫星标记更适合应用于估测群体间的遗传距离，揭示群体间的遗传结构和遗传关系。利用微卫星标记对中国部分牦牛品种（类群）的遗传多样性及其分类进行系统研究，可从分子水平上揭示其遗传多样性程度和进行较为合理的类型划分，从而为其遗传资源的保护、合理开发和利用奠定理论基础。牦牛品种的遗传多样性及其分类研究一直是牦牛相关科学研究的重点和热点之一。

　　根据《中国牛品种志》中的记录，我国牦牛有九龙牦牛、麦洼牦牛、青海高原牦牛、西藏高山牦牛和天祝白牦牛等 5 个品种。各地区又根据各自的特点分成不同的生态类型，四川（九龙牦牛、麦洼牦牛）、青海（高原牦牛、环湖牦牛、长毛牦牛）、甘肃（天祝白牦牛、甘南牦牛）、西藏（西藏高山牦牛、帕里牦牛、斯布牦牛）、新疆（新疆巴州牦牛）、云南（中甸牦牛）六个产区有12个优良的不同生态类型的牦牛类群。另外，金川牦牛（四川省）2015年被列入国家畜禽遗传资源品种名录；昌台牦牛（四川省）、类乌齐牦牛（西藏自治区）、环湖牦牛和雪多牦牛（青海省）2017年被列入国家畜禽遗传资源品种名录。2005年农业部发布公告（第470号），由中国农业科学院兰州畜牧与兽药研究所和青海省大通种牛场培育的"大通牦牛"新品种获得成功，并颁发了新品种证书。

第一节　牦牛品种

>> 一、九龙牦牛

九龙牦牛属于以产肉为主的地方牦牛品种（图1-1、图1-2）。

图1-1　九龙牦牛种公牛　　　　图1-2　九龙牦牛母牛

1. 历史渊源　九龙牦牛历史上最早见于《史记》《汉书》等史书零星记载。目前，洪坝、湾坝等地未遭破坏的高山草场上所残留的许多古代"牛棚"遗迹，亦可证明九龙牦牛养殖业的历史规模。到 19 世纪 60 年代至 20 世纪初，由于疫病流行、盗猎频繁，加上部落械斗等原因，使九龙牦牛几近灭绝。据有关资料记载，19 世纪中期，九龙地区曾大面积流行牛瘟，牦牛几乎灭绝。历史资料记载，1937 年全县仅有牦牛 3 000 余头。20 世纪 70 年代末，在全国畜禽品种资源调查中，九龙牦牛被蔡立等老一辈牦牛专家发掘出来，并正式命名为九龙牦牛，纳入《中国牛品种志》《四川省畜禽品种志》，同时被列入国家畜禽遗传资源品种名录。

2. 产区自然及生态环境 九龙县地处横断山西南面，雅砻江东北部，北高南低，山峦重叠，沟壑纵横，相对落差大，境内气候植物呈明显的垂直分布特征，饲料资源比较丰富。当地属大陆性季风高原型气候，年平均气温为 8.9℃，最高气温为 31.7℃，最低气温为 −15.6℃，无霜期为 165～221d，年降水量为 902.6mm，5—9 月为雨季，占全年降水量的 85% 以上，11 月至翌年 4 月为雪季，冬春干旱，全年日照时长约为 1 920h。在半农半牧区的河谷地带，农作物以玉米、水稻、小麦、马铃薯、豆类为主，一年一熟的主产作物及植被的垂直分布为九龙牦牛提供了丰富的饲草料资源。

3. 中心产区及分布 九龙牦牛原产地为四川省甘孜藏族自治州（以下简称"甘孜州"）的九龙县及康定市南部的沙德镇，主要生活在海拔 3 000m 以上的灌丛草地和高山草甸区。中心产区位于九龙县斜卡和洪坝等地，处于横断山以东，大雪山西南面、雅砻江东北部的高山草原区。同时，九龙牦牛在邻近九龙县的盐源县和冕宁县，以及雅安市的石棉等县均有分布。

4. 品质特性

（1）外貌特征 九龙牦牛的被毛为长覆毛、有底绒，额部有长毛，前额有卷毛。基础毛色为黑色，少数黑白相间，有白头、白背、白腹。鼻镜为黑褐色，眼睑、乳房颜色为粉红色，蹄角为黑褐色。公牛头大额宽，母牛头小狭长。耳平伸，耳壳薄，耳端尖。角形主要包括"大圆环"和"龙门角"两种。公牛肩峰较大，母牛肩峰小，颈垂及胸垂小。前胸发达开阔，胸很深。背腰平直，腹大不下垂，后躯较短，臀部欠宽、短而斜。四肢结实，前肢直立，后肢弯曲有力。九龙牦牛无脐垂，尾长至飞节，尾梢大，尾梢颜色为黑色或白色。

（2）**体重和体尺**　九龙牦牛成年公牛体重为（359.3±53.2）kg，体高为（139.8±6.5）cm，体斜长为（152.4±6.5）cm，胸围为（206.7±13.1）cm，管围为（21.4±0.6）cm；成年母牛体重为（274.8±24.7）kg，体高为（118.8±3.0）cm，体斜长为（132.7±4.0）cm，胸围为（171.8±6.3）cm，管围为（18.3±1.0）cm。

5. 生产性能

（1）**产肉性能**　九龙牦牛成年公牛宰前体重为（375.5±30.4）kg，胴体重为（201.3±20.5）kg，屠宰率可达54.6%，净肉重为（158.9±18.6）kg，净肉率达到42%，肉骨比为3.8：1，眼肌面积为（42.5±5.4）cm²；成年母牛宰前体重为（267.9±31.9）kg，胴体重为（126±12.8）kg，屠宰率可达50.7%，净肉重为（98.7±9.8）kg，净肉率达到39.8%，肉骨比为3.9：1，眼肌面积为（28.8±7.2）cm²。

（2）**泌乳性能**　母牦牛自第二个泌乳月开始挤乳，一般每年挤乳5个月（6—10月），入冬（11月）即停止挤乳。挤乳季节每天早上挤取一次。产乳量随牧草生长季节而变化，每年7、8月牧草丰盛、质高，产乳量亦高，分别占全年产乳量的22%和25%左右。乳脂率因季节不同而异，6—7月为5%～6.5%，8—10月可达7.5%以上。母牦牛当年未孕，第二年春后又可挤乳，其产乳量为头年的2/3左右，乳脂率提高30%左右。

（3）**产毛绒性能**　成年牦牛每年5—6月剪毛（绒）一次，平均产毛（绒）量为母牦牛0.98kg，公牦牛3.08kg，含绒量为20%～60%。洪坝以外地区的九龙牦牛的绒毛比例是毛多而绒少，据测定：28头公牦牛平均产毛量约为1.0kg；17头阉牦牛约为1.3kg；

72 头母牦牛约为 0.4kg。公牦牛的产毛量随年龄的增大而增加；母牦牛 3～5 岁间产毛量最高；阉牦牛的年龄变化对产毛量的影响较小。

（4）役用性能 九龙牦牛善爬陡坡，可翻山越岭，极度耐劳。驮牛（阉牦牛）在驮载物资到达目的地后，如无放牧地放牧采食，两三天不饮不食，仍可驮物上路。一般每头驮牛可驮载 60～75kg 物资，个别体壮的可驮重 150kg，日行 20～25km，可连续驮运半月至 20d。

（5）繁殖性能 母牦牛一般在 2～3 岁初配，6～12 岁繁殖力最强，17～18 岁丧失繁殖能力。2 岁配种、3 岁初产的母牦牛占初产母牦牛数的 32.5%，3 岁配种、4 岁初产的占总数的 59.9%，5 岁和 6 岁初产者则分别为 6.1% 和 1.5%。一般是三年两胎。据统计，2 149 头母牦牛的繁殖率为 68.4%。九龙母牦牛呈季节性发情，每年 7 月进入发情季节，8 月是配种旺季，10 月底结束发情配种。性周期为 20d 左右，发情持续期一般是 8～24h，有时怀孕母牦牛也会出现发情现象。妊娠期约为 9 个月，翌年 3 月开始产犊，5 月为产犊旺季，6 月底结束产犊。公牦牛 4～5 岁正式留种使用，6～10 岁是配种最旺时期，使用年限一般为 8 年。一头壮龄公牦牛在一个配种季节可配 30～50 头母牦牛。

6. 饲养管理 九龙牦牛每年 6 月中旬全群饲喂 1 次食盐，到秋季再饲喂 1 次食盐。当年 12 月至翌年 3 月的枯草季节，对妊娠母牛、犊牛和体质差的牦牛补饲农副秸秆、青贮干草和精饲料等。母牛从 5 月初开始，白天放牧，晚上收牧与犊牛隔离，早晨挤乳，到 10 月中旬停止挤乳后与公牛混群放牧于海拔 3 500m 左右的冬春草场。

>> 二、麦洼牦牛

麦洼牦牛属肉、乳兼用型地方牦牛品种（图 1-3、图 1-4）。

图 1-3　麦洼牦牛种公牛　　　　图 1-4　麦洼牦牛母牛

1. 历史渊源　麦洼牦牛是在川西北高寒生态条件下经长期自然选择和人工选育形成的肉乳性能良好的草地型地方牦牛品种，对高寒草甸及沼泽草地有良好的适应性。20世纪初，游牧于康北地区的麦巴部落，为了避免械斗和寻找优良牧场而搬迁，途经四川省壤塘县、阿坝藏族羌族自治州（以下简称"阿坝州"）和青海省班玛县、久治县等地，辗转到现在四川红原境内的北部地区，统辖了该地区的南木洛部落，定名为麦洼。据文献资料记载，麦洼牦牛来自甘孜州北部的色达、德格、炉霍、新龙等县，并混有青海省果洛藏族自治州（以下简称"果洛"）和四川省阿坝州的牦牛血统，同时在配种季节也导入了野牦牛的血统。定居麦洼地区后，由于草场辽阔、水草丰盛、人少牛多，部分母牛不挤乳或日挤乳1次，牦牛生长发育情况好，加之藏族牧民有丰富的选育和饲养管理牦牛的经验，使麦洼牦牛的生产性能逐步提高。

2. 产区自然及生态环境　红原县地处阿坝州北部、青藏高原东部边缘，北接若尔盖县，东邻松潘县、黑水县，西连阿坝州，南邻理县，地势由北向南倾斜，海拔3 400～3 600m。属大陆性高原寒温带季风气候，年平均日照时数为2 417h，四季不分明，冷季长且干燥而寒冷，暖季短且湿润而温和。全年无绝对无霜期，年平均气温为1.1℃，极端最高气温为25.6℃，极端最低气温为−36℃，年降水量为753mm，相对湿度为71%。草地以高寒草地为主，其次为高寒沼泽草地和高寒灌丛草地，少量为亚高山林间草地。

3. 中心产区及分布 麦洼牦牛原产地为四川省阿坝州，以红原县麦洼、色地、瓦切、阿木等地为中心产区，也分布于周边的若尔盖、松潘、壤塘等地。

4. 品质特性

（1）外貌特征 麦洼牦牛毛色多为黑色，次为黑带白斑、青色、褐色。肋部、大腿内侧及腹下毛色有淡化。鼻镜为黑褐色，眼睑、乳房为粉红色，蹄、角为黑褐色。尾梢颜色为黑色或白色。全身被毛丰厚，有光泽。被毛为长覆毛、有底绒。头大小适中，额宽平。眼中等大，鼻孔较大，鼻翼和唇较薄，鼻镜小。耳平伸，耳壳薄，耳端尖。额部有长毛，前额有卷毛。额毛丛生呈卷曲状，长者可盖过双眼。公、母牛多数有角，公牛角粗大，从角基部向两侧、向上伸张，角尖略向后、向内弯曲；母牛角细短、尖，角形不一，多数向上、向两侧伸张，然后向内弯曲。公牛肩峰高而丰满，母牛肩峰较矮而单薄，颈垂及胸垂小。体格较大，体躯较长，前胸发达，胸深，肋开张，背稍凹，后躯发育较差，腹大不下垂。背腰及臀部绒毛厚，体侧及腹部粗毛密而长，裙毛覆盖住体躯下部。四肢较短，蹄较小，蹄质坚实。无脐垂，臀部短而斜，尾长至后管下段，尾梢大。尾毛粗长而密。

（2）体重和体尺 麦洼牦牛成年公牛体重为（207.1±39.1）kg，体高为（117.7±5.5）cm，体斜长为（127.1±13.6）cm，胸围为（162.7±10.8）cm，管围为（19.4±1.4）cm；成年母牛体重为（176.3±23.3）kg，体高为（113.0±4.8）cm，体斜长为（120.5±10.2）cm，胸围为（153.4±12.3）cm，管围为（16.2±1.1）cm。

5. 生产性能

（1）产肉性能 据西南民族学院和四川草原研究所1982年的屠宰试验，在终年放牧不加任何补饲的条件下，成年阉牦牛体重为426kg左右，屠宰率可达55.2%，净肉率达42.8%。14头周岁公牦牛去势后于草地放牧150d，平均全期增重约为62.5kg，17月龄体重为（129.8±11）kg，平均日增重为（417±61）g，每千克增重平均消耗草地牧草 25kg。随机抽取其中 3 头牦牛进行屠宰测定，屠宰率为 41.1%，净肉率为 30.8%，骨肉比为 1∶2.97，眼肌面积为 31.7cm²，优质切块占净肉重的 55.4%。第 9～11 肋骨肉样分析：含蛋白质 21.4%、脂肪 2.6%、灰分 1.1%。

（2）泌乳性能　麦洼牦牛产后 10～15d 才开始挤乳，日挤一次，每年挤乳 5 个月左右（6—10 月）。在泌乳旺季（7 月）对 20 头母牦牛进行测定，日挤乳量为（1.8±0.3）kg。据黄正华等于 1981 年对自产犊至冬前的 6 头 4 岁头胎母牦牛挤乳的测定，149d 共产乳 230kg。乳的相对密度为 1.036，干物质含量为 17.9%，其中乳脂含量为 7.22%，乳糖含量为 5.04%，乳蛋白质含量为 4.91%，灰分含量为 0.77%。成年母牦牛全泌乳期（180d 左右）产乳量为 365kg，乳脂率为 6.0%～7.5%，平均为 6.8%左右。母牦牛泌乳高峰期与其泌乳月份关系不显著，而与牧草生长状况密切相关，每年牧草茂盛的 7、8 月，也是牦牛泌乳的高峰期。

（3）产毛绒性能　麦洼牦牛于每年 6 月初进行一次性剪毛，部分地区亦有先抓绒后剪毛的管理模式。其产毛量因个体、性别、年龄不同而异。成年公牦牛平均剪毛（1.43±0.23）kg，成年母牦牛平均剪毛（0.35±0.07）kg。毛长因着生部位不同而有较大差异，成年公牦牛肩毛长 38cm，股毛长 47.5cm，裙毛长 37cm，背毛长 10.5cm，尾毛长者超过 60cm。

（4）役用性能　阉牦牛供役用，善驮运和跋涉沼泽。据 1964 年刘期桂的调查，阉牦牛长途驮重 100kg、日行 30km，可连续行走 7～10d；短途可驮重 150～200kg，30km 一天内到达。驮重 75kg（相当于体重的 18.4%），持续行走 30km，需 6.2h，休整 50min 后，生理状况恢复正常。据测定，麦洼牦牛瞬间最大挽力为 390kg，相当于体重的 95.6%；用于耕地，"两牛抬杠"每天可耕地 0.33hm²。

（5）繁殖性能　麦洼牦牛晚熟。多数母牦牛 3 岁开始配种，4 岁产第 1 胎，约 5%的个体 2 岁配种，3 岁产第 1 胎，但犊牛成活率低。公牦牛多数 2 岁具有配种能力，但 3～4 岁才开始留作种用，

5～8 岁配种能力最强。母牦牛为季节性发情，每年 5—11 月为发情季节，7—8 月为旺季。发情症状不明显，在大群管理中常以接受公牦牛爬跨作为发情的标志。发情周期平均为（18.2±4.4）d。发情持续期为 12～16h。怀孕期为（266±9）d。麦洼牦牛一般三年两胎，少数一年一胎或两年一胎；一胎双犊者极少见，繁殖成活率平均为 43.7%，流产率地区间差异大，一般为 6% 左右。

6. 饲养管理　麦洼牦牛以放牧为主，饲养管理粗放。一般不补饲，但在冬、春季对体弱、妊娠母牛进行补饲，主要以干草和青贮饲料为主，少数有条件的补饲精饲料。

>> 三、青海高原牦牛

青海高原牦牛属于肉用型地方牦牛品种，2006 年被列入国家畜禽遗传资源品种名录（图 1-5、图 1-6）。

图 1-5　青海高原牦牛种公牛　　　　图 1-6　青海高原牦牛母牛

1. 历史渊源　青海高原牦牛的始祖是当地野牦牛。据《史记·五帝本纪》的少量记载，以及青海诺木洪文化遗址出土的牦牛毛织做的毛绳、毛布，牦牛皮制作的革履和陶制牦牛等物品，说明在 3 000 年前当地人民已在青海省南部和西部驯化了现今尚存于昆仑山中的野牦牛，经过几千年的养育而成为现在的青海高原牦牛。

2. 产区自然及生态环境　青海高原牦牛主要分布在昆仑山系

和祁连山系纵横交错形成的两个高寒地区，在海拔为 3 700～4 000m及以上的高寒地区，年平均气温为 2.0～5.7℃，年降水量为287～774mm，年相对湿度在 50% 以上；冷季长，日温差大，日均温差≥10℃，日最低气温≤0℃的有 200～250d；全年日照时长在2 000h以上，日照率为 60%；多雨雪和大风（≥8 级的有 10～150d）天气，无绝对无霜期；牧草生长期短，枯草期长达 180d 以上，空气中的氧含量只有海平面的 1/3～1/2。

3. 中心产区及分布 青海高原牦牛主产于青海省高寒地区。大部分分布于玉树藏族自治州（以下简称"玉树州"）西部的杂多、治多、曲麻莱等 3 县 6 个乡。还有少部分分布于果洛州玛多县西部、海西蒙古族藏族自治州（以下简称"海西州"）格尔木市的唐古拉山镇和天峻县木里镇、苏里乡及海北藏族自治州（以下简称"海北州"）祁连县野牛沟乡等地。

4. 品质特性

（1）**外貌特征** 青海高原牦牛分布区和野牦牛栖息地相邻，野牦牛遗传基因不断渗入，故体型外貌多带有野牦牛的特征。毛色多为黑褐色，嘴唇、眼眶周围和背线处的短毛多为灰白色或污白色。头大，角粗，皮松厚。鬐甲高、长、宽，前肢短而端正，后肢呈刀状。体侧下部密生粗长毛，犹如穿着筒裙，尾短并着生蓬松长毛。公牦牛头粗重，呈长方形，颈短厚且深，睾丸较小，接近腹部、不下垂。母牦牛头长，眼大而圆，额宽、有角，颈长而薄，乳房小、呈碗碟状，乳头短小，乳静脉不明显。

（2）**体重和体尺** 青海高原牦牛成年公牛体重为（334.9±64.5）kg，体高为（127.8±7.6）cm，体斜长为（146.1±12.0）cm，胸围为（180.0±12.5）cm，管围为（21.7±3.6）cm；成年母牛体重为（196.8±30.3）kg，体高为（110.5±8.4）cm，体斜长为（123.4±8.2）cm，胸围为（150.6±8.5）cm，管围为（16.5±2.2）cm。

5. 生产性能

（1）**产肉性能** 据试验测定，成年公牛宰前体重为（331.4±

69）kg，胴体重为（179±39.4）kg，屠宰率可达 54％，净肉重为（137.1±29）kg，肉骨比为 3.4∶1。

（2）泌乳性能 据测定（不包括犊牛哺乳量），初产母牦牛日平均产乳量为 0.68～1kg；经产母牦牛为 1.38～1.70kg。泌乳期一般为 150d 左右，年产乳量约为 274kg。

（3）产毛绒性能 年采毛一次，成年公牦牛年产毛量为 1.17～2.62kg；成年母牦牛年产毛量为 1.10～1.62kg；幼龄牛为 1.30～1.35kg，其中粗毛（裙毛）和绒毛约各占一半。粗毛直径为 64.8～72.9μm，绒毛直径为 16.8～20.3μm；粗毛长度为 18.3～34cm，绒毛长度为 4.7～5.5cm。

（4）役用性能 阉牦牛主要供役用，以驮为主，也供骑、挽用。一般驮货 50～100kg，日行 20～35km，可连续行走 15d 以上；最大驮重为（304.0±75.9）kg，相当于平均体重的 78.8％左右。用作骑乘，单乘日行 30～40km。500m 骑乘用时为 104～170s，跑后 15～31min，生理状况即可恢复正常。

（5）繁殖性能 公牦牛 1 岁左右即有性行为，但无成熟精子，2 岁性成熟后即可参加配种；2～6 岁配种能力最强，以后则逐渐减弱，个别老龄公牦牛有"霸而不配"（指爬跨母牦牛而不交配）的表现。自然交配时公母比例为 1∶（30～40），此时受胎率较高，个别可达 1∶（50～70），利用年龄在 10 岁左右。母牦牛一般 2～3.5 岁开始发情配种，个别的在 1～1.5 岁时有发情表现，有的则在 3～3.5 岁才发情配种。正常情况下，个别饲养放牧管理好的母牦牛群，繁殖成活率可达 60％，管理差的则仅有 30％～40％。母牦牛一年一产者在 60％以上，两年一产者约有 30％，双犊率约为 3％，繁殖利用年限一般长达 15 年。母牦牛为季节性发情，一般在 6 月中、下旬开始发情，7、8 月为盛期，个别可延至年底。每年 4—7 月产犊，4～5 月为盛期，个别可延至 10 月产犊。发情周期平均为 21.3d，个体间差异大，发情周期为 14～28d 者占 56.2％。发情持续期为 41～51h。一般在发情 12h 以后排卵，有的在发情终止后 3～36h 排卵。妊娠期为 256.8d（250～260d）。

6. 饲养管理 放牧养殖时多实行冷暖两季轮牧。夏季以产犊、护犊、调整牛群、去势、抓绒剪毛、预防接种和药浴驱虫等为主。秋季以抓膘、配种、贮草为主。

>> 四、西藏高山牦牛

西藏高山牦牛属于肉、乳、役兼用型地方牦牛品种，2020 年 5 月 29 日，入选国家畜禽遗传资源品种名录（图 1-7、图 1-8）。

图 1-7 西藏高山牦牛种公牛　　　　图 1-8 西藏高山牦牛母牛

1. 历史渊源 在林芝市、昌都市出土的大量文物考古研究证明，早在 4 600 年前藏族已在这些地区定居并发展畜牧业和种植业。在西藏的高山寒漠地带目前还存在相当数量的野牦牛。一般认为，西藏是把野牦牛驯养成家牦牛最早的地区，或为家牦牛的"故乡"。西藏高山牦牛的中心产区之一嘉黎县的牧民，十分注意牦牛养殖中的本地选母、异地选公，并有诱使野牦牛公牛入群的习惯，注重犊牛选育，加速了西藏高山牦牛生产性能的提高，使嘉黎县的牦牛成为西藏高山牦牛的一个优良类群。

2. 产区自然及生态环境 产区为西藏自治区东部横断山脉高山区，海拔 2 100～5 500m，相对高差极大。山高谷深，地势陡峻，气候与植被呈垂直分布。牦牛多在 4 000m 以上的高山寒冷湿润地区，此区域全年无夏，年平均气温为 0℃，年平均降水量为

694mm，且多集中在 7、8 月，相对湿度为 60%，无绝对无霜期。良好的天然草场主要由高山草甸、灌丛草场构成，植被覆盖度大，可食牧草产量较高，草质较好。

3. 中心产区及分布 主要产于西藏自治区东部高山深谷地区的高山草场，西藏自治区东部、南部山原地区，在海拔 4 000m 以上的高寒湿润草原地区也有分布。

4. 品质特性

（1）外貌特征 西藏高山牦牛毛色较杂，以全身黑色为多，约占 60%；面部白、头白、躯体黑毛者次之，约占 30%；其他灰、青、褐、全白等毛色的，约占 10%。西藏高山牦牛具有野牦牛的体型外貌。头粗重，额宽平，面稍凹，眼圆有神。嘴方、大，唇薄。绝大多数有角，草原型牦牛角为抱头角，山地型牦牛角则向外、向上开张，角间距大；母牦牛角较细。公、母牛均无肉垂，前胸开阔，胸深，肋开张，背腰平直；腹大不下垂，臀部较窄、倾斜。尾根低，尾短。四肢强健有力，蹄小而圆，蹄叉紧，蹄质坚实，肢势端正。前胸、大腿部、胸腹及体侧着生长毛及地，尾毛丛生呈帚状。公牦牛鬐甲高而丰满，略显肩峰，雄性特征明显，颈厚、粗短；母牦牛头、颈较清秀。

（2）体重和体尺 西藏高山牦牛成年公牛体重为 280～300kg，体高为 124.7cm，体斜长为 142.6cm，胸围为 168.2cm，管围为 19.4cm；成年母牛体重为 190～200kg，体高为 106.0cm，体斜长为 125.6cm，胸围为 149.7cm，管围为 15.7cm。

5. 生产性能

（1）产肉性能 成年公牛屠宰率平均为 50.4%，母牛为 50.8%；净肉率成年公牛平均为 41%。经草地放牧不补饲。在嘉黎县屠宰测定的 3 头成年阉牦牛中，平均胴体重为 208.5kg，屠宰率为 55%，净肉率为 46.8%，眼肌面积为 50.6cm²。一个月不食母乳的公、母犊牦牛的平均日增重分别为 253g 和 203g。12 月龄公、母牦牛平均体重分别为 90.4kg、77.4kg，平均日增重分别为 210g、177g。

(2) 泌乳性能 西藏高山牦牛母牛泌乳期为 150d 左右，挤乳量为 138～230kg。41 头母牦牛在 3、9 和 10 月进行挤乳量测定，平均月挤乳量分别为 34kg、29kg 和 22kg，平均每头牛总挤乳 85kg、日挤乳 0.9kg。产奶高峰期为 7—8 月，此时牧草茂盛，母牛产乳量最高。乳脂率因季节不同而有所差异，并随产乳量下降而增加。在 8—11 月的乳脂率分别为 5.8%、6.6%、6.8%、7.5%。

(3) 产毛绒性能 西藏高山牦牛每年 6—7 月剪毛（妊娠后期母牦牛只抓绒不剪毛），尾毛每 2 年剪 1 次，成年公、母和阉牦牛的产毛量分别为 1.8kg、0.5kg 和 1.7kg。以尾毛最长，为 51～64cm；裙毛居中，长 20～43cm；耆甲、肩部毛较短，为 10～30cm。平均产绒量为 0.5kg。

(4) 役用性能 经调教的阉牦牛，性温驯，驮力强，耐劳，可供长途驮载运输货物。驮重 50～80kg、日行 5h（约 15km），可连续驮运数月。河谷地带用于耕地，每天耕作 3～4h，可耕地 0.1～0.2hm^2。

(5) 繁殖性能 西藏高山牦牛性成熟晚，大部分母牦牛在 3.5 岁初配、4.5 岁初产。公牦牛 3.5 岁初配，以 4.5～6.5 岁的配种率最高。母牦牛季节性发情明显，7—10 月为发情季节，7 月底至 9 月初为发情旺季。发情周期为 18d 左右，发情持续时间为 16～56h，平均为 32h，妊娠期为 250～260d。母牦牛发情受配时间以早晚为多。据对 2 358 头适龄繁殖母牦牛的统计，母牦牛 2 年产 1 胎，繁殖成活率平均为 48.2%。

6. 饲养管理 西藏高山牦牛完全依靠采食天然草场上的牧草进行终年放牧饲养，很少补喂饲草料。在冬春枯草季节，仅对老、弱、病、幼的牦牛补给一些农作物秸秆、青干草和少量精饲料等。在夏秋牧草丰茂季节，定期喂盐。一般 6—9 月为夏秋放牧抓膘和配种时间，牛群放牧在地势高燥、饮水方便的草场上，夜牧或延长放牧时间以利于抓膘和配种。冬春放牧时间一般为 10 月至翌年 5 月。

>> 五、天祝白牦牛

天祝白牦牛属肉、毛兼用型地方牦牛品种。1980 年，被甘肃省人民政府正式命名为"天祝白牦牛"；1983 年，列入《甘肃省畜禽品种志》；1984 年，列入《中国牛品种志》；2006 年，列入国家畜禽遗传资源品种名录（图 1-9、图 1-10）。

图 1-9　天祝白牦牛种公牛　　　　　图 1-10　天祝白牦牛母牛

1. 历史渊源　明、清两代，天祝藏族、蒙古族等民族"不植五谷，唯事畜牧，逐水草，插帐而居，放牧马、牛、羊兼养猪，犹以产白牦牛、岔口驿马而闻名"。1960 年，甘肃农业大学畜牧系科研人员对天祝藏族自治县（以下简称"天祝县"）的白牦牛进行了资源普查，白牦牛占全县牦牛总数的 27.3%，经过科技工作者发现、挖掘、研究和保护发展，使白牦牛的数量迅速增加，质量显著提高。1978 年以来，天祝县成立了天祝白牦牛保种选育领导小组和天祝白牦牛育种实验场，从事天祝白牦牛的保种选育工作，并确定了"肉毛兼用"的选育方向。1980 年，被甘肃省人民政府正式命名为"天祝白牦牛"。1983 年，天祝白牦牛被列入《甘肃省畜禽品种志》。

2. 产区自然及生态环境　产区属高原寒冷性气候区，冬季冷，温差大，海拔为 2 040～4 874m。寒冷、温度变化剧烈、雨量充沛、相对湿度高为主要气候特点。年平均气温为 -1～1.3℃，最低气温为−30℃，气温年较差为 23.7℃，日较差为 10.6℃。年平均降雨量为 300～613mm，日照时间为 2 553.2h（2 500～2 900h），无霜期为 90～120d。天然草场牧草生长密集，饲用植物有 41 科 139 属 198 种，水源丰富，植物区系复杂，种类多。远离工业区，无污染。天祝县森林覆盖率为 26.8%，溪水清澈，矿物质含量丰富，终年流淌，有较大河流 8 条，其中内流河 6 条，黄河流域 2 条，即金强河、大通河。地表水、地下水资源丰富，水质好，水源及流域内无任何工业、生活污染。天祝县由于地理上的垂直差异作用，从高海拔到低海拔形成了不同类型的土壤，以黑钙土、栗钙土、灰褐土为主，土壤富含有机质，结构良好，土层厚度为 50～200cm，有机质含量为 2.5%～3.5%，pH 值为 7～7.8，适宜天祝白牦牛饲用的牧草生长，土壤中重金属含量低于国家标准规定的范围，无农药残留。

3. 中心产区及分布　天祝白牦牛中心产区是甘肃省天祝县以毛毛山、乌鞘岭为中心的松山、东大滩、西大滩、华藏寺等 19 个乡（镇）。

4. 品质特性

（1）外貌特征　天祝白牦牛被毛为纯白色。体态结构紧凑，有角（角形较杂）或无角。鬐甲隆起，前躯发育良好，肩部较高。四肢结实，蹄小，质地密。尾形如马尾。体侧各部位以及项脊至颈峰、下颌和垂皮等部位，着生长而有光泽的粗毛（或称裙毛），同尾毛一起似筒裙围于体侧。胸部、后躯和四肢、颈侧、背腰及尾部着生较短的粗毛及绒毛。公牦牛头大、额宽、头心毛卷曲，有角个体角粗长，有雄相。颈粗，鬐甲显著隆起。睾丸紧缩悬在后腹下部。母牦牛头清秀，角较细，颈细，鬐甲隆起，鬐甲后的背腰平直，腹较大不下垂，乳房呈碗碟状，乳头短细，乳静脉不发达。

（2）体重和体尺　天祝白牦牛成年公牛体重为（264.1±18.3）kg，体高为（120.8±4.5）cm，体斜长为（123.2±4.7）cm，胸围为（163.8±5.5）cm，管围为（18.3±1.1）cm；成年母牛体

重为（189.7±20.8）kg，体高为（108.1±5.5）cm，体斜长为（113.6±5.2）cm，胸围为（153.7±8.1）cm，管围为（16.8±1.6）cm。

5. 生产性能

（1）产肉性能 据天祝白牦牛育种场测定，天祝白牦牛成年公牛宰前体重为（272.6±37.4）kg，胴体重为（141.6±19.4）kg，屠宰率为52%，净肉重为（100.3±18.9）kg，净肉率达到36.8%，肉骨比为2.4∶1；成年母牦牛宰前体重为（217.8±15.5）kg，胴体重为（113.3±10）kg，屠宰率为52%，净肉重为（89.2±12.9）kg，净肉率达到41.0%，肉骨比为3.7∶1；成年阉牛宰前体重为（245.1±37.6）kg，胴体重为（134.3±25.6）kg，屠宰率为54.6%，净肉重为（107.8±11.7）kg，净肉率达到44.0%，肉骨比为4.1∶1。

（2）泌乳性能 天祝白牦牛产乳量高，营养丰富。据测定5月下旬至10月下旬150d产乳量约为400kg/头，其中2/3以上供犊牛哺乳。每年6—9月为挤乳期（105～120d），乳脂率为6.76%。

（3）产毛绒性能 天祝白牦牛成年公牦牛剪（拔）裙毛量（包括粗毛）平均为3.62kg（最高可达6kg），抓绒毛量为0.40kg，尾毛量为0.62kg；成年母牦牛相应为1.18kg、0.75kg、0.35kg；阉牦牛为1.69kg、0.48kg、0.30kg。天祝白牦牛绒的细度和国产山羊绒的细度接近，为27.65μm，比其他牦牛绒细。天祝白牦牛粗毛平均细度为64μm，背部的最细，腹部和臀部的较粗；绒毛平均细度在30μm以下，腹部的最细，背部和臀部的较粗；两型毛的细度为39.56～45.72μm。经分梳以后的天祝白牦牛绒的平均细度约18μm，仅次于山羊绒，相当于70支羊毛的细度。

（4）繁殖性能 天祝白牦牛繁殖性能与当地黑、花牦牛基本无差异，一般母牦牛12月龄第一次发情，初配年龄母牦牛为2.5～3岁，初配体重为160kg。发情季节为6—11月，7—9月为发情旺季，个别母牦牛12月份也会发情。发情持续期多为12～48h，发情周期为（22.19±5.49）d，具有一次发情受胎率高的特点，平均为76.5%。怀孕期为255d。多为两年产一犊或三年产两犊，产犊母牛大多当年不再发情，连产母牛占6.07%～15.02%。母牛产后到下一次发情间隔时间平均为105d。终生可产犊6～9头，最高可达20头。公牛一般在10～12月龄时具有明显的性反射，但多数不能发生性行为。在2周岁即具有配种能力，但实际在母牛群中参与初配的公牛年龄为3～4岁，利用年限为4～5年。目前公母牛均为自然交配，公母配种比例为1∶（15～25）。

6. 饲养管理 天祝白牦牛常年放牧，饲养管理粗放。暖季到夏秋草场放牧抓膘，冷季转入冬春草场，一般冷季只对犊牛补饲青干草或放至围栏草场放牧，补饲精饲料较少。

>> 六、木里牦牛

木里牦牛属肉用型地方牦牛品种（图1-11、图1-12）。

图1-11 木里牦牛种公牛   图1-12 木里牦牛母牛

1. 历史渊源 木里牦牛品种的形成历史悠久，是由羌人带着牦牛南下进入四川定居，经过长期自然选择与人工繁育形成的一个地方性牦牛品种。木里县饲养牦牛已有千余年历史，在唐朝开始就大量驯养牦牛，在唐朝古墓群中发现，装骨灰的土罐上浮雕图案中亦有牦牛画面。在元朝该地区属于大理国管辖，古称牦牛羌。此外，在西昌到昭觉的旧路上还可看到山崖边刻着的牦牛图像，虽历经多年的风吹日晒，但仍清晰可见。据考证，木里土司家谱中记载有带九龙牦牛迁入的原始数据，相关县志也记载了当时饲牧牦牛的一些情况。

2. 产区自然及生态环境 木里藏族自治县（以下简称"木里县"）地处凉山彝族自治州（以下简称"凉山州"）西北部、青藏高原边缘的横断山区。境内雅砻江、木里河及水洛河将全县由北向南切割成四大块，形成南低北高、高山峡谷的地势，海拔为1 470～5 958m。全县森林约占总面积的70%，有天然草地3 578.2km²，其中可利用草地面积为3 026.4km²，另有林下草地1 836.5km²。年平均气温为11℃。年降水量为818mm。木里县有典型的立体气候特征，光热条件好，草地植被较好，牧草种类较多，牧草有羊茅、莎草、早熟禾、委陵菜、尖叶龙胆等。

3. 中心产区及分布 木里牦牛主要分布于四川省凉山州木里县海拔2 800m以上的高寒草地，以东孜、沙湾、博窝、倮波、麦日、东朗、唐央等10多个乡镇为中心产区，在冕宁、西昌、美姑、普格等地也有分布。

4. 品质特性

（1）外貌特征 木里牦牛被毛多为黑色，部分为黑白相间的杂花色。鼻镜为黑褐色，眼睑、乳房为粉红色，蹄、角为黑褐色。被毛为长覆毛、有底绒，额部有长毛，前额有卷毛。公牛头大额宽，母牛头小、狭长。耳小平伸，耳壳薄，耳端尖。公、母牛都有角，角形主要有小圆环和龙门角两种。公牛颈粗、无垂肉，肩峰高耸而圆突；母牛颈薄，鬐甲低而薄。体躯较短，胸深宽，肋骨开张，背腰较平直。四肢粗短，蹄质结实。脐垂小，臀部短而斜，尾长至后管，尾梢大、呈黑色或白色。

（2）体重和体尺 木里牦牛成年公牛体重为（374.7±66.3）kg，体高为（139.8±4.5）cm，体斜长为（159.0±7.8）cm，胸围为（206.0±10.5）cm，管围为（20.0±0.8）cm；成年母牛体重为（228.1±34.9）kg，体高为（112.0±6.1）cm，体斜长为（130.7±6.7）cm，胸围为（157.3±9.1）cm，管围为（18.8±1.7）cm。

5. 生产性能

(1) 产肉性能 成年公牛屠宰率为 53.4%，净肉率为 45.6%，眼肌面积为 45.9cm²，肉骨比为 4:1；成年母牛屠宰率为 50.9%，净肉率为 40.7%，眼肌面积为 44.2cm²，肉骨比为 4.5:1。

(2) 泌乳性能 木里牦牛泌乳期为 196d，年泌乳量为 300kg。

(3) 产毛绒性能 木里牦牛年平均产毛量为 0.5kg。

(4) 役用性能 木里牦牛驮载 70~80kg，可日行 25~30km，时速为 (3~4) km/h。

(5) 繁殖性能 木里牦牛公牛性成熟年龄为 24 月龄，初配年龄为 36 月龄，利用年限为 6~8 年。母牛性成熟年龄为 18 月龄，初配年龄为 24~36 月龄，利用年限为 13 年。繁殖季节为 7—10 月，发情周期为 21d，妊娠期为 255d。初生重公犊为 17kg，母犊为 15kg。犊牛成活率为 97%。

6. 饲养管理 木里牦牛以自然放牧为主，饲养管理粗放。一般不补饲，但在冬、春季对体弱、妊娠母牛以补干草为主，少数有条件的补饲精料。

>> 七、娘亚牦牛

娘亚牦牛属肉用型地方牦牛品种，又名嘉黎牦牛（图 1-13、图 1-14）。

图 1-13 娘亚牦牛种公牛　　　　图 1-14 娘亚牦牛母牛

1. 历史渊源 那曲市牦牛产业的正规发展已有 60 多年历史。2012 年，嘉黎县开始实施国家科技富民强县专项行动计划中的嘉黎县娘亚牦牛繁育与高效养殖技术示范推广项目。2014 年 8 月 9 日，西藏自治区科技厅组织区内有关专家对该项目进行验收，完成了相关任务指标。

2. 产区自然及生态环境 嘉黎县地处西藏自治区那曲市，平均海拔为 4 497m，属于高原大陆性气候，全年无绝对无霜期，年平均气温为 -0.9℃，极端最低气温为 -35.7℃。年降水量为 649mm，年蒸发量为 1 410mm。嘉黎县是西藏自治区的纯牧业区，草场面积为 13 000km²，均属于高寒草原草场，90% 属山坡草场，青草期在 120d 左右。全县有 15km² 原始森林和 3km² 耕地，主要种植青稞、冬小麦等农作物。

3. 中心产区及分布 娘亚牦牛原产地为西藏自治区那曲市嘉黎县，主要分布在嘉黎县东部及东北部各乡镇。

4. 品质特性

（1）**外貌特征** 娘亚牦牛毛色较杂，纯黑色约占 60%，其他为灰、青、褐、纯白等色。头部较粗重，额平宽。眼圆有神，嘴方大，嘴唇薄，鼻孔开张。公牛雄性特征明显，颈粗短，鬐甲高而宽厚，前胸开阔、胸深、肋弓开张，背腰平直，腹大而不下垂，臀部稍斜。母牛头颈较清秀，角尖距较小，角质光滑、细致，鬐甲相对较低、较窄，前胸发育良好，肋弓开张。四肢强健有力，蹄质坚实，肢势端正。

（2）**体重和体尺** 娘亚牦牛成年公牛体重为（368.0±91.0）kg，体高为（127.4±9.3）cm，体斜长为（147.3±13.5）cm，胸围为（186.3±18.1）cm，管围为（20.1±2.3）cm；成年母牛体重为（184.1±18.8）kg，体高为（108.1±3.5）cm，体斜长为（120.2±6.2）cm，胸围为（147.8±6.0）cm，管围为（14.9±0.8）cm。

5. 生产性能

（1）**产肉性能** 对膘情中等的公、母牛进行的屠宰实验显示：公牦牛平均屠宰率为 54.20%，净肉率为 46.87%，骨肉比为 8.32：1，眼肌面积为 50.63cm²；母牦牛平均屠宰率为 49%～54%，净肉率为 42.76%，骨肉比为 4.2：1，眼肌面积为 43.28cm²。

（2）产毛绒性能　一般产绒量平均可达 0.6kg。一般每年 7、8 月剪一次毛，当年产犊的母牦牛不剪毛，第二年剪毛一次，公牦牛一般只剪裙毛、后腿部毛。前腿后至胸部的毛不剪，大约只剪全身边毛的 2/3。因此，牦牛的个体产毛量有很大的人为差异，公牦牛产毛量多达 3.63kg，少至 0.34kg。

（3）泌乳性能　一般两年一犊或三年两犊。产后第 2 月才开始挤乳，8 月平均乳脂率为 6.75%，乳相对密度稍低为（1.031±0.005）。高峰期后产乳量低，但乳脂率高，乳相对密度也稍高为（1.032±0.004），一个泌乳期挤乳时间达 13 个月以上。据测定，第 8～11 个月各平均日挤乳量分别为 1.02kg、0.94kg、0.45kg。一般是第二胎产乳量最高。

（4）繁殖性能　母牦牛 3.5 岁开始配种，个别发育较好的 2.5 岁开始发情配种。两年产一犊。母牦牛一般繁殖利用至 15 岁左右，个别可利用到 20 岁。每年 6 月中旬开始发情，7、8 月是配种旺季，10 月初发情基本结束。妊娠期为 9 个月，次年 3 月底开始产犊，5 月为产犊旺季。公牦牛 2.5 岁性成熟，但在此时配种机会较少，一般 6 岁后能正常配种，8 岁以后性欲降低。

6. 饲养管理　娘亚牦牛以自然放牧为主。公牛终年放牧不收群，在配种季节补饲少量的麸皮和盐。母牛白天放牧，晚上栓系，挤乳后与犊牛分群放牧、分群栓系。犊牛 1 月龄内由母牛自然哺乳。

>> 八、帕里牦牛

帕里牦牛也叫西藏亚东牦牛，属肉、乳、役兼用型地方牦牛品种（图 1-15、图 1-16）。

图 1-15　帕里牦牛种公牛　　　　图 1-16　帕里牦牛母牛

1. 历史渊源　在中国先秦历史典籍中，最早在《山海经》中就出现过"旄牛"的记载。《北山经》记载："潘侯之山……有兽焉，其状如牛，而四节生毛，名曰旄牛。"《周礼》中出现"旄舞"一词。而《吕氏春秋》还有"肉之美者……旄象之肉"的内容。东汉时期，《说文解字》就已经收录了"犛"这个字，其解释是"西南夷长毛牛也"。汉代还出现过牦牛国、牦牛县、牦牛道等。2017年，亚东县开始进行品牌化运营，改变了以前牦牛散养的养殖方式。2018 年 7 月，亚东县与浙江省某超市签订供货协议，帕里牦牛肉首次走出高原。

2. 产区自然及生态环境　亚东县地貌属喜马拉雅山高山地貌，由北部、南部两大地势组成，整个地势是北部宽高，南部窄低，总体地貌类似于一个山沟。因悬殊的海拔高度，以帕里为界，分为截然不同的两个气候区：北部平均海拔为 4 300m，气候较为干旱；南部平均海拔为 2 800m，气候湿润，森林茂密、牧草生长良好。帕里牦牛饲养区属高山草甸草原，平均海拔在 4 300m。虽是高寒区，但由于帕里镇受喜马拉雅南部热带气候影响和受印度洋暖气流影响，年降水量达 410mm 以上，草场返青早于西藏一般地区，每年返青期于 4 月中旬开始，枯草期晚，于每年 9 月开始。草场平均植被盖度达到 90％以上。帕里牦牛饲养区草场没有任何工业企业和大型建筑物，几乎没有环境污染，造就了帕里牦牛的良好生活环境。北部年平均气温为 0℃，1 月和 7 月平均气温分别为一

9℃和8℃，植被生长期约为150d，霜期为280d，全年降水量为410mm。南部年平均气温为7.7℃，1月和7月平均气温分别为0.2℃和14.4℃，气候湿润，森林茂密，植被生长期为210d，霜期为160d，年降水量为873mm。天然草场以禾本科和莎草科牧草为主。

3. 中心产区及分布　帕里牦牛主产区位于西藏自治区日喀则市亚东县帕里镇海拔2 900～4 900m的高寒草甸草场、亚高山（林间）草场、沼泽草甸草场、山地灌丛草场和极高山风化砂砾地。

4. 品质特性

（1）外貌特征　帕里牦牛以黑色为主，其余毛色较杂，少数为纯白个体。帕里牦牛头宽，额头平，颜面稍下凹。眼圆大、有神。鼻翼薄，耳较大。角从基部向外、向上伸张、角尖向内开展；两角间距较大，有的达到50cm，这是帕里牦牛的主要特征之一。无角牦牛占总头数的8％。公牛相貌雄壮，颈部短粗而紧凑，鬐甲高而宽厚，前胸深广。背腰平直，臀部欠丰硕，但紧凑结实。四肢强健、较短，蹄质结实。全身绒毛较长，尤其是腹侧、股侧绒毛长而密。母牛颈薄，鬐甲相对较低、较薄，前躯比后躯相对发达；胸宽，背腰稍凹，四肢相对较细。

（2）体重和体尺　帕里牦牛成年公牛体重为（236.6±31.1）kg，体高为（112.0±6.6）cm，体斜长为（131.5±13.4）cm，胸围为（157.5±2.2）cm，管围为（18.5±2.4）cm；成年母牛体重为（200.9±22.1）kg，体高为（110.2±4.3）cm，体斜长为（120.6±9.5）cm，胸围为（154.1±4.4）cm，管围为（15.6±0.9）cm。

5. 生产性能

（1）产肉性能　帕里牦牛成年公牛宰前体重为（323.7±124.9）kg，胴体重为（164.6±61.4）kg，屠宰率为50.8％，净肉率达到42.4％，肉骨比为5∶1，眼肌面积为（74.5.±23.9）cm²；成年母牛宰前体重为（221.6±42.8）kg，胴体重为（106.6±

14.9）kg，屠宰率为 50.7%，净肉重为（85.8±11.7）kg，净肉率达到 38.7%，肉骨比为 4.2：1，眼肌面积为（47.7±18.5）cm²。

（2）泌乳性能　帕里牦牛 120d 平均泌乳量为 200kg，日均泌乳 1.6kg。8 月泌乳量最高，每头母牦牛日挤乳 1.5～1.8kg，经测定，帕里牦牛乳蛋白率为 5.73%，乳脂率为 5.95%。

（3）产毛绒性能　帕里牦牛每年 6—7 月剪毛 1 次，平均剪毛量为公牛 0.7kg，母牛 0.2kg。产毛量依个体、年龄、性别、产地不同而异。

（4）役用性能　帕里牦牛阉牛主要用于驮运，其次为耕地。据了解，1 头阉牦牛可驮物 80～100kg；1 对耕牛每日可耕地 0.2hm²。另外，阉牛还可用于在重要的节日进行驮牦牛比赛活动。

（5）繁殖性能　帕里牦牛性成熟年龄为 24～36 月龄，母牛初配年龄为 3.5 岁，一般利用 14 年，公牛初配年龄为 4.5 岁，一般利用至 13 岁左右。母牛 6～10 岁繁殖力最强，大多数两年产一胎。帕里牦牛季节性发情，每年 7 月份进入发情季节，8 月份为配种旺季，10 月底结束。发情持续 8～24h，发情周期为 21d，妊娠期为 259d，翌年 3 月开始产犊，5 月为产犊旺季，6 月底产犊结束。

6. 饲养管理　帕里牦牛当年产犊的母牦牛每天只在早上挤乳 1 次，白天犊牛与母牦牛一起放牧，晚上犊牛栓系而母牦牛进行夜牧，这样可以延长母牦牛采食时间，提高采食量，使母牛在产奶期间摄取更多的营养，增加犊牛的母乳摄取量。对种公牛在配种季节适当补饲一些精饲料，并定期交换种畜。牧养方式多实行冷暖两季轮牧，即每年 6—10 月在夏秋季草场放牧，11 月至翌年 5 月在冬春草场放牧。

>> 九、斯布牦牛

斯布牦牛属肉、乳兼用型地方牦牛品种（图 1-17、图 1-18）。

图 1-17　斯布牦牛种公牛　　　　　图 1-18　斯布牦牛母牛

1. 历史渊源　斯布牦牛以品质优良而闻名于西藏，斯布牦牛体格硕大，是西藏四大优良牦牛品种之一，是旧时西藏达官贵人享受的贡品。"斯布"为地名，原是牧场，该地多高山峡谷、山峻沟深，牧草繁密、草质优良，20世纪70～80年代频有野牦牛群出没，斯布牦牛正是在这种高寒草甸草场以及不断渗入野牦牛基因的背景下，据当地群众长期选育形成的地方品种。

2. 产区自然及生态条件　墨竹工卡县位于西藏自治区中部，山川相间，河谷环绕，草原广布。地势呈东高西低，平均海拔在4 000m以上；属藏南雅鲁藏布江中游河谷地带，是拉萨河谷平原的一部分。墨竹工卡县土壤类型主要包括4个土类（高山草甸土、亚高山草甸土、山地灌丛草甸土和新积土）、11个亚类、5个土属、14个土种，平均在海拔为3 900～4 500m，属高山草甸草场，植被种类繁多、覆盖度大、生长较好；主要以耐寒而较喜湿的莎草科为主，多形成草甸植被；灌丛种类较多，与草甸混生分布。境内主要农作物有青稞、豌豆、油菜、冬小麦、春小麦、土豆、荞麦等，为斯布牦牛提供了饲草料资源。墨竹工卡县属高原温带半干旱季风气候区，特点是高寒干燥，空气稀薄，冬春多大风，年温差小而昼夜温差大。年平均气温为5.1～9.1℃，极端最高气温在30℃左右，出现在6月，夏季平均最高气温为20～24℃，冬季极端最低气温在－23～－16℃（出现在1月），年无霜期约为90d，年日照时数为2 813.5h。年降水量为515.9mm，降水集中在每年的6—9月。

3. 中心产区及分布　斯布牦牛原产地为西藏自治区拉萨市，中心产区是在距墨竹工卡县 20km 以外的斯布山沟，东与工布江达县为邻。

4. 品质特性

（1）体型外貌特征　斯布牦牛大部分个体毛色为黑色，个别个体掺有白色毛。公牛角基部粗，角型向外、向上，角尖向后，角间距大；母牛角与公牛角相似，但较细；也有少数牦牛无角。母牛面部清秀，嘴唇薄而灵活。眼有神，鬐甲微突，绝大部分个体背腰平直，腹大而不下垂；体格硕大，前躯呈矩形、发育良好，胸深宽、蹄裂紧，但多数个体后躯股部发育欠佳。

（2）体重和体尺　斯布牦牛成年公牛体重为（204.4±54.7）kg，体高为（111.5±2.5）cm，体斜长为（121.8±9.7）cm，胸围为（152.1±14.1）cm，管围为（16.3±1.4）cm；成年母牛体重为（172.9±87.0）kg，体高为（105.3±4.2）cm，体斜长为（116.8±5.3）cm，胸围为（145.8±5.7）cm，管围为（15.0±0.7）cm。

5. 生产性能

（1）产肉性能　斯布牦牛成年公牛平均宰前体重为 254.7kg，胴体重为 114.1kg，屠宰率为 44.8%，净肉率为 34.8%，肉骨比为 3.5∶1，眼肌面积为 48.8cm^2；成年母牛平均宰前体重为 205.9kg，胴体重为 101.3kg，屠宰率为 49.2%，净肉率为 40%，肉骨比为 4.4∶1，眼肌面积为 8cm^2。

（2）泌乳性能　斯布牦牛母牛泌乳期为 6 个月，挤乳量为 216kg。乳成分指标中，乳脂率为 7.05%，乳蛋白含量为 5.27%，乳糖含量为 3.48%，灰分含量为 0.89%，干物质含量为 16.68%。

（3）产毛绒性能　斯布牦牛的剪毛量为 0.63kg/头，产绒量为 0.2kg/头。如果管理得当，其产绒可以达到 0.5kg/头以上。

（4）繁殖性能　斯布牦牛晚熟，大部分母牦牛 3.5 岁性成熟，开始初配，4.5 岁初产。公牦牛 3.5 岁初配，以 4.5～6.5 岁的配种效率最高。母牦牛一般在 7—9 月为发情期，发情持续期一般为

1～2d，发情周期为14～18d。种公牛利用年限为14年，大部分公牛都是在6岁时去势，6岁以前都可以配种，母牦牛使用年限从3.5岁开始，到20岁左右还在使用。母牦牛两年一产，繁殖成活率平均为61%。成活率为74.6%。公犊牛平均初生重为13kg，母犊牛平均初生重为10kg。

6. 饲养管理　斯布牦牛不分性别、年龄混群终年放牧。冬春牧归补饲食盐，除对弱牛及妊娠母牛进行补饲外，其余牛一般不补饲。

>> 十、甘南牦牛

甘南牦牛属产肉为主的地方牦牛品种。甘南牦牛已被列入《甘肃省家畜品种志》及《中国畜禽遗传资源志　牛志》，2014年被列入国家畜禽遗传资源品种名录（图1-19、图1-20）。

图1-19　甘南牦牛种公牛　　　　　图1-20　甘南牦牛母牛

1. 历史渊源　甘南藏族自治州（以下简称"甘南州"）人民自古以来就有繁育牦牛的记载，是牦牛的原产区之一。依据地域分布关系以及国内牦牛的类型划分，甘南牦牛与分布于青海省玉树州、果洛州的青海高原牦牛属相似类型，是经过长期自然选择和人工培育而形成的能适应当地高寒牧区环境的地方牦牛品种。

2. 产区自然及生态环境　主产区海拔高度在2 800～4 900m之间，具有典型的大陆性气候特点，高寒阴湿，四季不分明，年平均气温为 0.38℃，湿度为 58%～66%，无绝对无霜期。降水量由南向北逐渐减少，西北和东北部一般为 400～800mm，东南部一般为 500～700mm，降水集中于 5—9 月，约占全年降水总量的 84%。降雪期与低温期相一致，长达 8～10 个月，全年降雪日数平均在 40d 以上，连续降雪日在冬季较多发生。草地类型主要有高山草甸、亚高山草甸、灌丛草甸、林间草甸、沼泽草甸和山地草甸，植被覆盖度达 85% 以上。人工牧草主要有燕麦、豌豆和紫花苜蓿。天然牧草以禾本科和莎草科为主，兼有少量豆科牧草。牧草一般从 4 月下旬开始萌发，9 月中旬开始枯黄，枯草期长达 7 个月。

3. 中心产区及分布　甘南牦牛产于甘肃省甘南州，以玛曲县、碌曲县、夏河县为中心产区，在该州其他各县、市也有分布。现有玛曲县阿孜畜牧科技示范园区、碌曲县李恰如种畜场 2 个甘南牦牛生产基地。

4. 品质特性

（1）外貌特征　甘南牦牛毛色以黑色为主，间有杂色。甘南牦牛体质结实，结构紧凑，头较大，额短而宽并稍显突起。鼻孔开张，鼻镜小，唇薄灵活，眼圆、突出有神，耳小灵活。母牛多数有角，角细长；公牛角粗长，角距较宽，角基部先向外伸，然后向后弯曲呈弧形，角尖向后。颈短而薄，无垂皮，脊椎的棘突较高，背稍凹，前躯发育良好。臀部稍斜，腹部较大，四肢较短，粗壮有力，后肢多呈刀状，两飞节靠近。蹄小、坚实，蹄裂紧靠。母牦牛乳房小，乳头短小，乳静脉不发达。公牦牛睾丸圆小而不下垂。尾较短，尾毛长而蓬松，形如帚状。

（2）体重和体尺　甘南牦牛的体尺、体重因分布区域不同而稍有差异，但相近似。成年公牛体重为（370.11±23.82）kg，体高为（126.58±6.37）cm，体斜长为（138.60±7.32）cm，胸围为（186.51±9.29）cm，管围为（20.00±2.39）cm；成年母牛体重为（210.45±23.82）kg，体高为（105.28±4.88）cm，体斜长为（115.86±6.55）cm，胸围为（154.67±7.97）cm，管围为

（15.12±2.07）cm。

5. 生产性能

（1）产肉性能　据甘南州畜牧兽医科学研究所屠宰测定，7头成年甘南牦牛公牛宰前体重为（333.4±21.7）kg，胴体重为（168.5±14.8）kg，屠宰率为50.5%，净肉重为（129.3±10.5）kg，肉骨比为31∶1；9头成年母牛宰前体重为（219.8±19.0）kg，胴体重为（107.1±10.0）kg，屠宰率为48.7%，净肉重为（86.4±7.4）kg，肉骨比为3.29∶1。

（2）泌乳性能　甘南牦牛一般4月下旬开始产犊，产犊后吮食母乳，到6月开始挤乳，每日早、午挤乳。牦牛的产奶量与牧草的质量和产量有较高的相关性，7—8月牧草茂盛，产奶量最高，早霜后牧草枯黄，产乳量下降。当年产犊母牛1个泌乳期（150d）可挤乳315～335kg（犊牛哺乳除外），上年产犊母牛可挤乳约150kg。所产牦牛奶的酥油率为8.47%（7.52%～8.70%），干酪素含量为3.0%～3.5%，乳脂率为6.0%。

（3）产毛绒性能　甘南牦牛每年在6月中旬前后抓绒剪毛，剪毛量因地域、抓绒方式或剪毛方法以及个体状况而异。成年公牛产毛1.1kg左右，成年母牛产毛0.7～0.9kg。尾毛每2年剪毛1次，公牛尾毛产量在0.5kg左右，母牛为0.1～0.4kg。

（4）役用性能　当地牧民以阉牛役用，多以驱载骑乘为主，是转移牧场的主要运输力，也可用于长途运输。成年阉牛每头可驮50～80kg物品，日行走20～30km，夜间采食休息，可连续驮运4～5d。在半农半牧区、农区，也用于耕地、拉架子车。

（5）繁殖性能　公牦牛在10～12月龄有明显的性反射，30～38月龄可初配。母牦牛呈季节性发情，一般在36月龄初配，发情周期为18～24d，发情旺季为7～9月，发情持续期为10～36h，平均为18h。产犊集中于4—6月，一般两年产一胎或三年产两胎，妊娠期为250～260d。母牛发情时多不安静采食，泌乳量降低，发情盛期喜接近公牛，静待交配。第一次配种未妊娠的母牛在发情季节中可重复发情，情期受胎率为80%左右。

6. 饲养管理 甘南牦牛饲养管理粗放，偏远牧区至今仍沿袭"逐水草而牧"的游牧生活。甘南牦牛生长在高寒缺氧的环境中，终年依赖于天然草场放牧，公牛、母牛、犊牛混群放牧。

>> 十一、中甸牦牛

中甸牦牛属于以产肉为主的地方牦牛品种（图 1 - 21、图 1 - 22）。

图 1 - 21 中甸牦牛种公牛

图 1 - 22 中甸牦牛母牛

1. 历史渊源 中甸牦牛是当地居民长期驯化野牦牛逐步形成的地方品种，据古文献记载，汉代时中甸地区被称为"越嶲牦牛地"，说明当地居民饲养牦牛的历史悠久。香格里拉市与四川省甘孜州稻城、乡城及西藏自治区昌都市相毗邻，历史上就有当地居民相互交换种牦牛和交界地混牧的习惯，因而中甸牦牛与相邻地区的牦牛有密切的血缘关系。

2. 产区自然及生态环境 香格里拉市平均海拔为 3 200m，位于滇、川、藏三省（自治区）交界处，年平均气温为 5.4℃，年最高气温为 24.9℃，最低气温为 −21℃。牦牛牧养地区全年无绝对无霜期，冰冻期长达 124d，年降水量为 600~800mm，降水主要集中于夏、秋季。草地主要为高寒草甸、亚高山（林间）草甸、沼泽草甸、山地灌丛等类型。较温暖的可耕地区主要农作物为马铃薯、芜菁、青稞、油菜、燕麦等耐寒作物。

3. 中心产区及分布 中甸牦牛主产于海拔在 2 900~4 900m

之间的云南省香格里拉市中北部地区的小中甸、建塘、格咱、尼汝等地，在其周边的乡城、稻城及大理白族自治州剑川县老君山等地也有分布，在海拔 2 500～2 800m 的中山温带区的山地有零星分布。

4. 品质特性

（1）外貌特征　中甸牦牛毛色以黑褐色为主，其次为黑白花、偶见纯白牦牛。头大小中等、宽、短，公牛粗重趋于方形，母牛略显清秀。额宽、稍显穹隆、额毛丛生，公牛多为卷毛，母牛稍稀而短。嘴宽大，嘴唇薄而灵活。眼睛圆大、突出有神，眼睑以灰褐色、黑褐色为主，偶见粉色。鼻长微陷，鼻孔较大。耳小平伸。公、母牛均有角，无角牦牛极少见，角间距大、角基粗大、角尖多向上、向前开张呈弧形。颈短薄，公牛稍粗厚，无颈垂。颈肩、肩背结合紧凑。胸短深而宽广，公牦牛较母牛发达、开阔，无胸垂。鬐甲稍耸、向后渐倾，背平直、较短，腰稍凹，十字部微隆，肋骨稍开张，腹大、不下垂，臀斜短或圆短。尾较短，尾毛蓬生如帚状，尾梢毛色以黑色为主，其次是白色。四肢坚实，前肢开阔直立，后肢微曲，短而有力，蹄大、钝圆、质坚韧。母牛乳房较小，乳头短小，乳静脉不发达。公牛睾丸较小，阴鞘紧贴腹部。全身被毛密长，冬、春季其长毛下有绒毛。

（2）体重和体尺　中甸牦牛成年公牛体重为（224.4±33.6）kg，体高为（115.5±8.6）cm，体斜长为（126.0±15.0）cm，胸围为（157.2±14.7）cm，管围为（16.9±1.2）cm；成年母牛体重为（208.8±63.1）kg，体高为（111.9±5.3）cm，体斜长为（125.8±7.8）cm，胸围为（159.8±9.2）cm，管围为（15.2±1.9）cm。

5. 生产性能

（1）产肉性能　据云南省迪庆州畜牧兽医站测定的结果，成年阉牛宰前体重为（270±14.6）kg，胴体重为（146.6±9.3）kg，屠宰率为 54.32%，净肉重为（111.3±1.3）kg，肉骨比为 5：1，眼肌面积为（35.5±5.1）cm²；成年母牛宰前体重为（255.0±14.3）kg，胴体重为（140.0±8.2）kg，屠宰率为 54.9%，净肉重为（98.0±

1.6）kg，肉骨比为 4.2：1，眼肌面积为（30.8±2.5）cm²。

（2）泌乳性能 中甸牦牛一般 4—6 月产犊泌乳，11 月下旬至翌年 4 月干乳，年泌乳期平均为 195d 左右，年泌乳量为 210kg，乳脂率为 6.2%。

（3）产毛绒性能 中甸牦牛被毛下有绒，现极少抓绒。

（4）繁殖性能 中甸牦牛属晚熟、低繁殖性能牛种，一般 3～4 岁性成熟。公牛一般在 24～36 月龄达到性成熟，平均为 30 月龄；母牛为 26～42 月龄，平均为 36 月龄。初配年龄公牛平均为 30 月龄，母牛为 36 月龄。一般在 7—10 月配种，翌年 3—7 月产犊，发情周期为 19d，妊娠期为 259d，公犊牛初生重平均为 19kg，母犊牛为 18.7kg。一般犊牛随母牛放牧至下一胎犊牛生产时才强制断奶，犊牛冬春季成活率一般为 90%。

6. 饲养管理 中甸牦牛以常年游牧的半野生状态饲养，极少有圈饲习惯，成年牦牛常年昼夜放牧，成年公牛每 15d 左右寻回后补盐，其他时间野外放牧，犊牛 4～10 日龄以前均白天随母放牧哺乳，夜间关圈停乳，冬春季昼夜跟牧哺乳，一直到下一胎产犊为止。中甸牦牛极耐粗放管理，具有极强的抗病力，一般很少发病；性野，舍饲难；母牛难产少，母性极强，护犊。

>> 十二、巴州牦牛

巴州牦牛属于肉、乳兼用型地方牦牛品种（图 1 - 23、图 1 - 24）。

图 1 - 23 巴州牦牛种公牛　　　　图 1 - 24 巴州牦牛母牛

1. 历史渊源 巴州牦牛是从西藏引进的，最初繁育在和静县，后逐步扩散到其他各县。约在 1920 年，西藏牦牛被引入和静县巴音部落（今巴音布鲁克地区），经过当地各族人民 90 多年的选育，形成了一个具有共同来源、体型外貌较为一致、遗传性能稳定、产肉性能良好、适应性强的牦牛类群。因主要分布于巴音郭楞蒙古自治州（以下简称"巴州"）而命名为巴州牦牛。

2. 产区自然及生态条件 巴州牦牛产区位于新疆东南部，天山屏障在北，阿尔金山在南，塔里木盆地的东半部在两大山脉之间。巴州草原辽阔，占全州总面积的 1/5，约为 86 000km²，适宜牦牛放牧的高寒草甸草原和高寒草场面积约为 30 000km²，具有发展牦牛产业的较大潜力。境内高山终年积雪，水源充沛。盆地平均海拔为 2 500m，四周高山环抱，年平均气温为 −4.5℃，1 月份平均气温为 −26℃，年极端最低气温为 −48.1℃，7 月份平均气温为 10.4℃，无绝对无霜期，冷季长达 8 个月。年平均降水量为 278.8mm，积雪期长达 150~180d。草原主要由针茅、狐茅和嵩草等高寒草种构成，天然草原年产鲜草 0.2~0.34kg/m²。

3. 中心产区及分布 巴州牦牛中心产区位于新疆维吾尔自治区巴州和静县、和硕县的高山地带，以和静县的巴音布鲁克、巴伦台等地为集中产区。

4. 品质特性

（1）体型外貌特征 巴州牦牛体格大，偏肉用型，被毛以黑色、褐色、灰色为主，黑白花色少见，偶见白色。头较粗，额宽短，眼圆大、稍突出。额毛密长而卷曲，但不遮住双眼。鼻孔大，唇薄。角型有无角和有角两种，以有角者居多，角细长，向外、向上前方或后方张开，角轮明显，耳小稍垂。体躯呈长方形，鬐甲高耸，前躯发育良好。胸深，腹大，背稍凹，后躯发育中等，臀部略斜，尾短而毛密长，呈扫帚状。四肢粗短、有力，关节圆大，蹄小而圆，质地坚实。全身被毛长，腹毛下垂呈裙状，不及地。

（2）体重和体尺　巴州牦牛成年公牛体重为（260.0±95.6）kg，体高为（117.8±9.1）cm，体斜长为（127.6±13.8）cm，胸围为（166.2±21.6）cm，管围为（17.4±2.0）cm；成年母牛体重为（209.1±37.6）kg，体高为（110.1±4.6）cm，体斜长为（119.3±8.8）cm，胸围为（156.8±10.0）cm，管围为（16.6±1.0）cm。

5. 生产性能

（1）产肉性能　巴州牦牛经过多年的选育，体型偏向肉用型，具有较好的产肉性能。经测定，9头公牦牛平均体重为237.8kg，胴体重为114.7kg，屠宰率为48.3%，净肉率为31.8%，肉骨比为2∶1；3头母牦牛平均体重为211.3kg，胴体重为99.9kg，屠宰率为47.3%，净肉率为30.3%，肉骨比为2∶1。

（2）泌乳性能　巴州牦牛在巴音布鲁克草原全年放牧条件下，6—9月挤乳，一般挤乳期为120d，每天早晚各挤一次，平均日挤乳量为2.6kg（不包括犊牛自然哺乳量），年挤乳量约为300kg，其主要成分中：乳脂率为5.6%，乳蛋白率为5.36%，乳糖含量为4.62%，干物质含量为17.35%。

（3）产毛绒性能　巴州牦牛每年5—6月进行剪毛和抓绒，年平均产毛1.5kg、产绒0.5kg。颈、鬐甲、肩部粗毛平均长为18.7cm，尾毛长51.2cm。

（4）役用性能　巴州牦牛是牧区驮运和骑乘用畜，一般驮载70～80kg可日行30～40km，健壮阉牦牛可驮载200kg日行25km。阉牦牛双套每天可耕地2 000～2 600m²。

（5）繁殖性能　巴州牦牛一般3岁开始配种，6—10月为发情季节。上年空怀母牛发情较早，当年产犊的母牛发情推迟或不发情，膘情好的母牛多在产犊后3～4个月发情。发情持续期为32h，妊娠期在257d左右。公牦牛4～6岁配种能力最强，8岁后逐渐减弱，3～4岁的公牦牛在一个配种季内可与15～20头母牦牛自然交配。巴州牦牛的繁殖成活率为57%，公犊初生重为15.4kg，母犊初生重为14.4kg；1岁平均体重为公牦牛68.8kg，母牦牛

71.6kg。日增重为公牦牛 146g，母牦牛 156g。

6. 饲养管理   巴州牦牛饲养模式以终年放牧为主，管理粗放，夏、秋季节草场牧草量多质优，牦牛肥硕健壮，冬、春季牧草量少质劣，不能满足牦牛的营养需求，从而动用体内储存的营养物质维持生命，牛只乏弱，导致个别牛只在春季死亡。

>> 十三、金川牦牛

金川牦牛（又称多肋牦牛或热它牦牛）属肉用型牦牛（图 1-25、图 1-26）。

图 1-25　金川牦牛种公牛　　　　图 1-26　金川牦牛母牛

1. 历史渊源   根据资料记载 1958 年热它地区有 80 户牧民，存栏牦牛 6 000 余头。该地牦牛在周边享有盛名，公牦牛雄壮威武，"精神抖擞"的外貌和高大、结实、紧凑的体型给人"喜爱而不敢轻易接近"的感觉；母牦牛头部清秀，胸深而阔，腹部较大，骨盆较宽，乳房显著，性情温和，易于接近；金川牦牛屠宰率和腰厚都优于其他牦牛。

2. 产区自然及生态环境   金川牦牛主要产区位于青藏高原东南缘，横断山脉大雪山北段，大渡河上游大金川河及杜柯河流域高山峡谷区林线以上的高原。气候寒冷、湿润，无绝对无霜期，极端最高温平均为 25℃，极端最低温为 -32.5℃，昼夜温差大，年日照时数为 1 800～2 100h，年降雨量为 750～988mm，雨热同季。

该地区仅有冷、暖季之分，暖季气候有利于植被生长，生长期为150d，草地类型具多样性和复杂性，植物种类繁多，牧草有禾本科、莎草科、菊科、豆科等38科，175属，357种，其中可食牧草占60%以上。

3. 中心产区及分布 金川牦牛产区位于青藏高原东南部沿四川省阿坝州金川县境内海拔3 500m以上的高山草甸牧场。中心产区为毛日乡、阿科里乡，分布区为俄热、二嘎里、撒瓦脚、卡拉足等乡镇。

4. 品质特性

（1）外貌特征 金川牦牛被毛细卷，基础毛色为黑色，头、胸、背、四肢、尾部白色花斑个体占52%，前胸、体侧及尾部着生长毛，尾毛呈帚状，白色较多。体躯较长、呈矩形；公、母牛有角，呈黑色；鬐甲较高，颈肩结合良好；前胸发达，胸深，肋开张；背腰平直，腹大不下垂；后驱丰满，肌肉发达，臀部较宽、平；四肢较短而粗壮，蹄质结实。公牦牛头部粗重，体型高大，雄壮彪悍；母牦牛面部清秀，后躯发达，骨盆较宽，乳房丰满，性情温和。

（2）体重和体尺 15对肋骨的金川牦牛4.5岁公牛平均体重为（422.97±67.19）kg，母牛为（262.17±27.26）kg；14对肋骨的金川牦牛4.5岁公牛平均体重为（374.48±56.77）kg，母牛为（235.90±23.60）kg。

5. 生产性能

（1）产肉性能 15对肋骨的金川牦牛成年公牛屠宰率为53.64%，净肉率为42.00%，眼肌面积为60.61cm²，14对肋骨的成年公牛屠宰率为51.21%，净肉率为40.08%，眼肌面积为57.36cm²，肉骨比为3.3∶1。

（2）泌乳性能 在自然放牧条件下，每日早上挤乳1次，经产牛6—10月份150d挤乳量为190~250kg。乳中含干物质16.0%，乳蛋白质3.5%~4%，乳糖5.2%~5.6%，乳脂5%~7%。

（3）繁殖性能 金川牦牛公牛初配年龄为3.5岁，5~10岁为繁殖旺盛期；母牦牛初配龄为 2.5 岁，发情季节为每年的 6—9 月，7—8 月为发情旺季，发情周期为 19～22d，发情持续期为 48～72h。80％以上的母牦牛一年一胎，繁殖成活率为 85％～90％。

6. 饲养管理　金川牦牛以全年放牧饲养为主。冷季收牧后对妊娠母牛、犊牛补饲青干草。对 3 岁初产母牛补饲，并减少挤乳量，以保障第二年的发情配种。

>> 十四、环湖牦牛

青海环湖牦牛属肉、乳兼用型地方牦牛品种，2018 年中华人民共和国业部第 2637 号公告通过列入国家畜禽遗传资源品种目录（图 1-27、图 1-28）。

图 1-27　环湖牦牛种公牛　　　　图 1-28　环湖牦牛母牛

1. 历史渊源　环湖牦牛是青海牦牛中固有的一种，环湖牦牛与民族形成、演变、迁移相关。根据《中国牦牛杂志》《青海省志》等有关资料推断，环湖牦牛是在距今万年前后在青藏高原地区被驯化，并逐渐移向青海省东南部和青海湖周围。环湖牦牛的形成，除受产区生态条件的影响外，也不排除与公元 310 年北方蒙古族进入这一产区而继续驯化昆仑山、祁连山山系中的野牦牛，从而与迁入的蒙古黄牛长期进行杂交，不同程度地导入了黄牛血统有关，并在外貌、生产性能方面与青海境内其他类型牦牛有一定差异。

2. 产区自然及生态环境 主产区位于祁连山与阿尼玛卿山之间的广阔地带，中部由青海湖盆地、共和盆地等组成。平均海拔为3 200m，包括海南藏族自治州（以下简称"海南州"）共和县、贵南县、同德县、兴海县，海北州祁连县、刚察县和海西州天峻县等。区域内自然地理总特点是南北高山对峙，青海湖位于其中，北有祁连山，南面有鄂拉山，地貌多样，高山、丘陵、盆地、台地、河谷、沙漠、湖泊错综分布。主产区属高原干旱气候，春季干旱多风、夏季凉爽、秋季短暂、冬季漫长。年均气温一般在0～4℃，全年多大风，太阳辐射强烈，年日照时数在2 900h左右。平均降水量为200～400mm，平均无霜期为40d左右，年平均蒸发量为1 473mm。环湖地区可利用草场主要为半干旱草原草场，平均亩①产鲜草在130～180kg。禾本科牧草多，豆科牧草少，常形成以针茅属为主的草场，并有赖草、苔草、早熟禾伴生，豆科牧草仅有少量分布，牧草繁茂。

3. 中心产区及分布 青海环湖牦牛主要分布在青海省海北州、海南州、海西州境内的半干旱草原草场等。中心产区为海北州刚察县，海南州贵南县、共和县、同德县等。2016年末环湖牦牛中心产区共存栏环湖牦牛76.85万头，其中能繁母牛41.88万头，已登记核心群基础母牛17 643头，种公牛1 067头。

4. 品质特性

（1）外貌特征 环湖牦牛被毛主要为黑色，部分个体为黄褐色或带有白斑；体侧下部周围密生粗长毛夹生少量绒毛、两型毛，体侧中部和颈部密生绒毛和少量两型毛。体型紧凑，体躯健壮，头部大小适中，眼大而圆，眼球略外凸，有神。鼻梁窄唇薄灵活，耳小。部分无角，有角者角细尖，弧度较小。鬐甲较低，胸深长，四肢粗短，蹄质结实。公牦牛头型短宽，颈短厚且深，肩峰较小；母牦牛头型长窄，略有肩峰，背腰微凹，后躯发育较好，四肢相对较短，乳房小呈浅碗状，乳头短小。

---

① 亩为非法定计量单位，1亩＝0.067hm²。——编者注

（2）体重和体尺 据青海省畜牧兽医科学院畜禽遗传资源调查小组对 11 头公牛和 101 头母牛的测定，环湖牦牛成年公牛体重为（273.13±45.16）kg，体高为（119.18±7.90）cm，体斜长为（132.64±5.68）cm，胸围为（171.82±10.63）cm，管围为（19.12±1.60）cm；环湖牦牛成年母牛体重为（194.21±44.26）kg，体高为（110.27±6.75）cm，体斜长为（121.1±10.46）cm，胸围为（150.15±11.46）cm，管围为（16.16±1.51）cm。

5. 生产性能

（1）产肉性能 据青海省畜牧兽医科学院畜禽遗传资源调查小组的测定，环湖牦牛成年公牛宰前体重为（276.68±14.32）kg，胴体重为（145.92±9.7）kg，屠宰率为 52.71%，肉骨比为 2.93：1；成年母牛宰前体重为（202.50±18.70）kg，胴体重为（97.48±14.18）kg，屠宰率为 48.14%，肉骨比为 4.25：1。

（2）泌乳性能 据测定日挤乳 1 次的 153d 泌乳量，初产牛平均产乳 104kg，日均挤乳 0.68kg；经产牛平均产乳 192.13kg，日均挤乳 1.26kg。

（3）产毛绒性能 环湖牦牛 3 岁以前粗毛、绒毛各占一半，4 岁以后粗毛偏多，每头平均产绒 1.73kg，绒毛细度随着年龄增长而逐渐变粗。据青海省畜牧兽医科学院调查组测定，公牦牛粗毛长 8.01cm，绒毛长 4.08cm，绒毛细度为 24.54μm，绒毛比为 4.14：1；母牦牛粗毛长（11.72±3.09）cm，绒毛长（4.66±1.21）cm，绒毛细度为（20.93±4.77）μm，绒毛比为 1.13：1。

（4）繁殖性能 环湖牦牛公牛初配年龄一般为 3～4 岁，公、母配种比例为 1：（15～20），利用年限为 10 年左右。环湖牦牛母牛初配年龄一般为 2～3 岁，成年母牛多两年产一胎，使用年限在 15 年以上。发情周期平均为 21.3d，发情持续期平均为 41.6～51h，发情终止后 3～36h 排卵，妊娠期平均为 256.2d。

6. 饲养管理 环湖牦牛终年放牧，饲养管理粗放。暖季到夏秋草场放牧抓膘，冷季转入冬春草场。长期以来在冷季基本不补饲，部分在冷季补饲少量青稞、燕麦草，补饲精饲料较少。

>> 十五、昌台牦牛

昌台牦牛属肉、乳、役兼用型牦牛品种，2018 年列入国家畜禽遗传资源品种名录（图 1-29、图 1-30）。

图 1-29 昌台牦牛种公牛　　　　图 1-30 昌台牦牛母牛

1. 历史渊源　据相关文献记载，昌台牦牛是由野牦牛逐步驯化而成，东汉时期四川雅砻江以西的白玉县等地区大量饲养牦牛；元代时期，昌台牦牛在新龙、理塘、白玉、德格等地远近闻名；1949 年后，白玉县建立了昌台种畜场，并成立了牦牛生产队从事昌台牦牛的繁育工作。

2. 产区自然及生态环境　中心产区白玉县位于青藏高原东南缘，四川省西北部，境内平均海拔在 3 800m 以上。全县属大陆性高原寒带季风气候，年平气温为 7.7℃，最高气温为 28℃，最低气温为 -30℃，年降水量为 725mm，相对湿度为 52%，年日照时长为 2 133.6h，日照率为 60%。白玉县属纯牧区，境内可利用草原面积为 58.35 万 hm²，生长的牧草种类繁多，包括禾本科、莎草科、豆科等 40 多种牧草。

3. 中心产区及分布　昌台牦牛中心产区位于四川省甘孜州白玉县的纳塔乡、阿察乡、安孜乡、辽西乡、麻邛乡及昌台种畜场。主产区分布在白玉县除中心产区的其余乡镇，包括：德格县，甘孜县的南多乡、生康乡、卡攻乡、来马乡、仁果乡，新龙县的银多乡和理塘县、巴塘县的部分乡镇。2016 年昌台牦牛存栏 46.45 万头，其中种公牛 0.87 万头，能繁母牛 19.24 万头，后备母牛 3.56 万头。

4. 品质特性

（1）外貌特征　昌台牦牛的被毛为黑色，部分个体为青灰色或头、四肢、尾、胸和背部有白色斑点。前胸、体侧及尾部有长毛。90％的个体有角，头大小适中，额宽平，颈细长，胸深，体窄，背腰略凹陷，腹稍大而下垂，胸腹线呈弧形，近似长方形。公牦牛头粗短，角根粗大，向两侧平伸而向上，角尖略向后、向内弯曲；眼大有神，鬐甲高而丰满，体躯略前高后低。母牦牛面部清秀，角较细而尖，角形一致；颈较薄，鬐甲较低而单薄；后躯发育较好，胸深，肋开张，臀部较窄略斜；体躯较长，四肢短，蹄小，蹄质坚实，尾毛呈帚状。

（2）体重和体尺　据试验测定，昌台牦牛公牛初生重为（12.44±2.53）kg，母牛初生重为（11.67±57）kg；6.5 岁公牛体重为（379.03±51.1）kg，体高为（125.63±7.54）cm，体斜长为（56.07±10.93）cm，胸围为（188.33±14.59）cm，管围为（20.73±1.89）cm；6.5 岁成年母牛体重为（260.86±40.3）kg，体高为（111.39±3.42）cm，体斜长为（135.14±9.86）cm，胸围为（168.71±9.84）cm，管围为（16.46±1.29）cm。

5. 生产性能

（1）产肉性能　据甘孜州畜牧站和四川省草原科学研究院的测定结果，4.5 岁公牦牛宰前活重为（232.04±34.92）kg，胴体重为（109.60±18.02）kg，净肉重为（79.08±11.85）kg，屠宰率为（47.19±1.34）％，净肉率为（34.10±1.19）％，胴体产肉率为（72.28±1.51）％，肉骨比为 3.46∶1；6.5 岁母牦牛宰前重为（266.83±3.21）kg，胴体重为（125.67±1.76）kg，净肉重为（100.83±1.44）kg，屠宰率为（49.34±0.37）％，净肉率为（37.66±0.9）％，胴体产肉率为（80.24±0.50）％，肉骨比为 4.02∶1。

（2）泌乳性能　昌台牦牛经产母牛（2～3 胎次）6—10 月挤乳

量为182.53kg。每年8月挤乳量最高，10月最低。乳中脂肪、乳糖、蛋白质含量随月份不断上升。

（3）产毛绒性能 昌台牦牛在每年6月初进行一次性剪毛，部分地区亦有先抓绒后剪毛者。3～7岁昌台牦牛平均产毛（绒）量为1.46kg。

（4）繁殖性能 昌台牦牛公牦牛的初配年龄为3.5岁，6～9岁为配种盛期，以自然交配为主。母牦牛为季节性发情，发情季节为每年的7—9月，发情周期为（18.2±4.4）d，发情持续时间为12～72h，妊娠期为（255±5）d，母牛利用年限为10～12年，一般为三年两胎，繁殖成活率为45.02%。

6. 饲养管理 昌台牦牛主要以定居和游牧相结合的方式饲养，每年11月至翌年6月在海拔3 500～4 500m的冬春季草地上定居放牧，每年6—10月在海拔4 500～6 000m的夏秋草场放牧。冷季夜间对犊牛及虚弱牛利用暖棚饲养，并用少量青干草进行补饲。母牛产犊15～45d之内不挤乳，犊牛与母牛在一起放牧，随时哺乳，之后进行挤乳至干乳期，7—9月早、晚各挤乳1次，其他月份只在早晨挤乳1次，9—10月为出栏最佳时期。

>> 十六、类乌齐牦牛

类乌齐牦牛属兼用型牦牛，2018年中华人民共和国农业部第2637号公告通过列入国家畜禽遗传资源品种名录（图1-31、图1-32）。

图1-31 类乌齐牦牛种公牛

图1-32 类乌齐牦牛母牛

1. 历史渊源　类乌齐县饲养牦牛具有悠久的历史,从秦汉时代开始,类乌齐牦牛的饲养就已经有了一定规模,并一直延续至今。

2. 产区自然及生态环境　类乌齐县地势从西北向东南倾斜,地势呈现出不规则的下降;气候属内陆干燥类型,随海拔升高和纬度的变化,依次为山地暖温带、高原温带、寒温带等气候类型,属高原大陆性气候。平均海拔在4 500m左右。按形态和地表切割深度可分为高山峡谷地貌和高原湖盆地貌。气温由西北向东南随海拔递减。一年中,月、旬平均气温变幅较大,日平均气温在0℃以上的持续期为250d左右,在5℃以上的持续期在120d左右。年平均日照时长为2 183.7h,平均日照时数最多的是11月,可达208.1h,最少的是9月,为151.3h。县内历年地面平均温度为6℃,比气温高3.6℃。降水集中在夏季半年(5—9月份),平均为773mm,多年平均干季(10月至翌年4月)降水量为101.9mm。年平均蒸发量为132.74mm。平均相对湿度为59%。年平均有霜期为313.3d;相对无霜期为46～52d,平均为51.7d。降雪日数在30d左右,年平均降雪量在80～160mm之间,积雪日数为50d左右,最大积雪深度为15cm。植被类型分为干热河谷有刺灌丛植被、针阔叶混交林植被、暗针叶林植被、亚高山草甸与灌丛草甸植被、草甸与灌丛草甸植被、高山稀疏垫状植被等。

3. 中心产区及分布　类乌齐牦牛在西藏自治区昌都市类乌齐县的2个镇8个乡均有分布,其分布区域集中、地域相对封闭,其中类乌齐镇、卡玛多乡、长毛岭乡和吉多乡的牦牛数量较多,分别占类乌齐牦牛总数的13.83%、12.48%、17.34%和15.07%,为类乌齐牦牛的主要产区。2015年类乌齐牦牛存栏21.67万头。

4. 品质特性

(1) 外貌特征　类乌齐牦牛体格健壮,嘴筒稍长,面向前凸,眼大有神,肩长,背腰稍平,前胸开阔发达,四肢粗短。全身毛绒密布,下腹着裙毛,尾毛丛生,毛色不一,但以黑色居多。类乌齐公牦牛头型短宽,耳型平伸,耳壳厚,耳端钝,一般都有角,肩峰较小,无颈垂、胸垂及脐垂,尾蒂大,尾长达跗关节。基础毛色为黑色，少部分有白斑等，无季节性黑斑。鼻镜为黑褐色，部分为粉色，角色为黑褐色，蹄色为黑褐色。被毛为长覆毛，有底绒，额部一般无长毛，少部分有长毛，无局部卷毛。

（2）体重和体尺　类乌齐牦牛成年母牦牛体重、体高、体斜长、胸围及管围分别为（243.56±51.02）kg、（105.70±6.67）cm、（127.96±10.03）cm、（156.10±11.96）cm 和（15.01±1.87）cm；成年公牦牛体重、体高、体斜长、胸围及管围分别为（318.27±110.96）kg、（115.08±12.48）cm、（135.54±16.62）cm、（171.67±23.96）cm 和（16.71±3.24）cm。

5. 生产性能

（1）产肉性能　类乌齐牦牛成年公牛宰前体重为 343.9kg，胴体重为 177.70kg，净肉重为 146.30kg，屠宰率为 55.67%，肉骨比为 4.67∶1；成年母牛宰前体重为 197.40kg，胴体重为 95.80kg，净肉重为 84.34kg，屠宰率为 48.53%，肉骨比为 7.36∶1。

（2）泌乳性能　产奶期主要集中在青草季节的 5—10 月，当年产犊母牛全年平均产奶 250kg，乳脂率为 6.96%；上年产犊母牛全年平均产奶 130kg，乳脂率为 7.5%。一般上年产犊母牛每年留 1/4 奶量饲喂犊牛，当年产犊母牛每头每年平均可生产酥油和奶渣各 24kg，上年产犊母牛每头每年平均可生产酥油 14kg。

（3）产毛绒性能　成年公牛每头年均产毛绒 1.4kg，其中毛 0.86kg、绒 0.54kg；成年母牛每头年均产毛绒 0.88kg，其中毛 0.48kg、绒 0.4kg。

（4）役用性能　经过训练后的牦牛具有役用性能，公牦牛采用抬杠法每天可耕地 0.13～0.2hm^2，一般能连续耕地半个月，一头驮牛可负重 60kg，日行 25km，可连续驮运半个月。

（5）繁殖性能　类乌齐牦牛一般 4 岁开始配种，可持续到 15～16 岁。种公牛和母牛的比例一般为 1∶13，每年 8—9 月发情配种期。母牛一般发情周期为 21d，发情持续时间为 24～26h，妊娠期为 270～280d，翌年 5—6 月为产犊盛期。成年母牛一般两年产一胎，每年产 1 胎的比例不高，占适龄母牛的 15%～

20%。当年犊牛成活率为85%，繁殖成活率为45%。繁殖情况与母牛膘情成正比，也与草地利用程度和年度牧草产量有较大关系。

6. 饲养管理　每年6月以后，沼泽地蚊蝇活跃，肝片吸虫滋生，此时对于类乌齐牦牛的母牛群应选择在沼泽少的较干燥的地方放牧，公牛群和小牛群应选择在山脚下或半山坡放牧。7—8月份牧草生长旺盛，营养丰富，有利于脂肪蓄积。在管理上也十分简单，春、夏季节放牧员跟群放牧，早出晚归，牛群没有棚圈，晚上远牧群将牛赶进山洼或水湾，将犊牛栓系以控制牛群的游动，以防丢失。冬末天气寒冷，时有风雪侵袭，牛群出牧比较晚，天黑前收牧。母牛在整个冬季应多在温暖向阳的地方放牧，并有固定的棚圈，牛圈用石砌或用泥筑成，一般有顶棚，整个冬季牛群生活范围比较固定。

>> 十七、雪多牦牛

雪多牦牛属肉用型牦牛品种。2018年经中华人民共和国农业部第2637号公告通过列入国家畜禽遗传资源品种名录（图1-33、图1-34）。

图1-33　雪多牦牛种公牛　　　　图1-34　雪多牦牛母牛

1. 历史渊源　雪多牦牛是由青海省河南蒙古族自治县（以下简称"河南县"）境内的野牦牛经长期的自然选择和人工驯化培育

而逐渐形成的。"雪多"一词源自蒙古语，是河南县赛尔龙乡的一个地名，意为"沼泽多"。雪多牦牛最早被当地牧民群众称为"黑帐蓬黑牦牛"，随着省内及甘肃、新疆等地牛贩的频繁来往，常以牦牛生活的地名来称呼和区别各地牦牛，"雪多牦牛"的名称即由此出现并一直沿用至今。

2. 产区自然及生态环境 青海省黄南藏族自治州（以下简称"黄南州"）河南县位于青藏高原东部，青海省的东南部，海拔高、地势复杂、受季风影响，高原大陆性气候特点明显。每年5—10月温暖多雨，11月至翌年4月寒冷干燥、多大风天气。四季不分明，无绝对无霜期。年均气温为9.2～14.6℃，年降水量为597.1～615.5mm。平均年蒸发量为1 349.7mm。常年风向为西北风，年平均风速为2.6m/s。年均积雪55.3d。年平均气压为67.2kPa。境内河流丰富，水量充沛，水质好；草场资源丰富，优质草场面积大，以山地草甸和高寒草甸为主。

3. 中心产区及分布 雪多牦牛主要分布于青海省黄南州河南县境内，中心产区位于赛尔龙乡兰龙村。2017年初中心产区存栏雪多牦牛10 773头，其中能繁母牛6 033头，核心群母牛1 912头，种公牛802头。

4. 品质特征

（1）外貌特征 雪多牦牛被毛多为黑褐色、黄褐色、青色、青花色者不超过群体的2%～3%，白色极少。鬐甲处多为褐红色，极少数呈灰白色，部分牛眼、唇及鼻下短毛呈灰白色。体型深长、骨粗壮、体质结实。头较粗重而长，额宽而短，鼻梁窄而微凹，躯体发育良好，侧视呈长方形。眼睛圆而有神，眼眶大、眼珠略外凸，嘴唇宽厚，耳小而短。公牛角基较粗，角粗圆且长，角间距宽，呈双弧环扣不密闭的圆形，少数角尖后张，呈对称开张形；母牛角细，部分无角，无角牛颅顶隆突。前肢粗短端正，后肢多呈弓状，筋健坚韧，肢势较正。蹄圆而坚实，蹄缝紧合，蹄周具有马掌形锐利角质，两悬蹄较分开。公牦牛睾丸偏小而紧贴腹壁；母牦牛乳房小，乳静脉深而不显，乳头短小且发育匀称。

（2）体重和体尺　据青海省畜牧总站、河南蒙古族自治县畜牧兽医站 2011—2016 年测定。雪多牦牛成年公、母牦牛平均体高为（130.1±9.9）cm 和（115.4±6.8）cm，体斜长为（138.9±10.7）cm 和（135.3±3.9）cm，胸围为（194.4±19.3）cm 和（174.9±11.5）cm，管围为（22.0±1.1）cm 和（17.3±1.3）cm，体重为（375.6±83.8）kg 和（296.7±20.8）kg。

5. 生产性能

（1）产肉性能　据青海省畜牧总站试验测定，雪多牦牛成年公牛宰前体重为（250±14.3）kg，胴体重为（130.8±9.7）kg，屠宰率为 52.3%；成年母牛宰前体重为（216.8±18.70）kg，胴体重为（108.2±14.1）kg，屠宰率为 49.8%。

（2）泌乳性能　2014 年河南蒙古族自治县畜牧兽医站对 4 头初产、7 头经产母牦牛进行了挤乳量测定：初产牛全期挤乳 123kg，日均挤乳 0.82kg；经产牛全期挤乳 195kg，日均挤乳 1.3kg。

（3）产毛绒性能　2011 年河南蒙古族自治县畜牧兽医站对雪多牦牛绒毛产量进行了测定，成年公牛平均产绒毛 1.64kg，去势公牛产绒毛 1.08kg，成年母牛产绒毛 0.95kg。

（4）繁殖性能　雪多牦牛公牛 2.5～3.5 岁开始配种，初配至 6 岁为配种旺盛期。公牛自然交配 15～20 头母牛，受胎率最高，公牦牛使用年限为 10 年左右。母牦牛一般 3.5 岁初配，多为两年产一胎。产犊季节在 4—6 月，4—5 月为产犊旺季。上年空怀母牛发情较早，当年产犊的母牛发情推迟或不发情，膘情好的母牛多在产犊后 34 个月发情。发情周期个体间差异较大，平均为 21d。发情持续期因年龄、个体不同而有差异，妊娠期平均为 256d。

6. 饲养管理　雪多牦牛夏秋季日放牧时间为 10h，冬春季为 7～8h。一般 6—9 月为放牧抓膘和配种时间。犊牛出生 1～2 周后就开始采食牧草，但采食时间较短，卧息时间长。每年 4—6 月为集中产犊期，无棚圈设施的，夜间在犊牛体躯裹以旧帐篷或毡片，以防感冒，不远牧。长期以来，当地牧民仅对体弱、瘦小的个体在冷季补饲少量青稞、燕麦草等，其余个体不补饲。

第二节　牦牛的培育品种

　　大通牦牛属肉用型牦牛培育品种，是我国第一个人工培育的牦牛品种，也是世界上首个牦牛培育新品种（图1-35、图1-36）。

图1-35　大通牦牛种公牛　　　　　　图1-36　大通牦牛母牛

　　1. 培育的历史背景　长久以来，国内外对牦牛的品种改良收效甚微。国内自20世纪50年代起曾引入多个优良普通牛品种（荷斯坦、安格斯、海福特、西门塔尔、利木赞等）的冷冻精液，与高原牦牛进行杂交试验并取得成功，解决了直接引进良种公牛在高原适应上的困难，在牦牛杂交改良上，取得了历史性的技术突破，加快了牦牛杂交改良的速度。利用荷斯坦牛和娟姗牛改良牦牛产奶性能也取得了显著效果。所以充分利用牦牛种间杂交优势，可大幅度提高其乳、肉生产性能，进而提高其商品率的方法是可行的，其经济效益也十分显著。但由于牦牛与普通牛的杂交后代雄性不育，种间杂交改良牦牛所获得的优良性状和生产性能不能通过横交固定自群繁育的方式稳定遗传，只能通过经济杂交用于商品生产，限制了对杂交后代的进一步利用。

自 1983 年起，大通种牛场和中国农业科学院兰州畜牧与兽药研究所、青海省畜牧兽医科学院及青海省畜牧总站全面开展了牦牛新品种培育工作，"大通牦牛"是中国农业科学院兰州畜牧与兽药研究所和青海省大通种牛场利用野牦牛作父本，用青海省大通种牛场的家牦牛做母本，经过连续 20 年执行"六五""七五""八五""九五"农业领域重点项目而培育成功的牦牛新品种。在 20 余年的科研工作中，该场利用野牦牛作为育种父本，经过驯化野牦牛、制作冷冻精液、采用人工授精技术，生产具有强杂交优势、含 1/2 野牦牛血统的杂种牛，通过组建育种核心群、适度近交、进行闭锁繁育、强度选择与淘汰，培育出产肉性能、繁殖性能、抗逆性能远高于家牦牛的体型外貌及毛色高度一致、遗传性能稳定的牦牛新品种，并于 2004 年 12 月通过了国家畜禽品种委员会的审定，定名为"大通牦牛"。2005 年 3 月 8 日，农业部颁发了《畜禽新品种（配套系）证书》，大通牦牛成为世界上第一个人工培育的牦牛品种。2011 年以来大通牦牛被确定为中国青藏高原及其毗邻高山地区的主导品种。

2. 产区自然条件   大通牦牛主要生活在产地范围内海拔 2 800～4 600m 的天然草场，大通回族土族自治县（以下简称"大通县"）独特的地理环境集中了高寒草地草甸、灌丛、草原、沼泽、疏林等五大类草场类型，草场种群数量较多，草的营养品质好，形成了草地植物的多样性。大通种牛场拥有可利用的天然草场面积 5.13 万 hm²。草地类型主要以高寒草甸和山地草甸为主。牧草以冷地早熟禾、垂穗披碱草、黑褐苔草、珠芽蓼、圆穗蓼、矮生嵩草为主，同时分布有一定比例的冬虫夏草、雪莲、防风、贝母、龙胆、黄芪、大黄、蕨麻、红景天、沙棘、柴胡、绿绒蒿等特色植物，牧草生长期为 120d 左右。由于海拔高、太阳辐射强、光合作用强，使产区草地牧草生长旺盛，营养丰富，具有粗蛋白质、粗脂肪、无氮浸出物含量高，粗纤维含量低的特点。青海省大通种牛场草地资源相关调查报告中的统计分析表明：青海省大通种牛场氮碳型草地占多数，该营养型草地牧草粗蛋白含量较高，质量较好；其次为碳氮型，该营养型草地牧草碳水化合物含量较高。

3. 培育技术与方法

（1）建立健全野公牦牛站 青海省大通种牛场于1986年建立了世界唯一的野公牦牛站。二十多年中，先后引进和驯养不同类型纯种野公牦牛16头，野母牦牛4头。2002年，在此基础上投资扩建了37 500m²的国内外第一座高标准的野公牦牛采精站（包括采、制精液，胚胎研究等）。使其成为牦牛新品种培育、推广及牦牛生物工程综合研究基地。

（2）野公牦牛的驯化及饲养管理的科学化、规范化 驯化包括种牛选择、饲养员的选择及培训，使牛听从指挥、服从命令，做到完善统一的"视""听""嗅"觉的条件反射和因人工诱导完成规范的人工采精程序。编制和生产了本技术工程中相关的"牦牛育种规划""育种细则"等一系列章程和指标。日粮营养全面，多样配合，容易消化，对青年牛和老年牛采精期和非采精期分别给予不同营养成分的配合饲料。采精期除昼夜加强在围栏草场放牧外，每天每头牛还应加喂配合饲料、鸡蛋、牛奶、各种维生素、矿物质添加剂等，并供给足够的青刈草。

（3）人工授精 将驯化野牦牛作为育种父本，集中采精液，对当地家牦牛开展大面积野外人工授精工作，大量繁殖1/2野牦牛血统的牦牛，实施含1/2野牦牛血统的低代牛横交，使优良基因及基因型组合体系迅速固定，扩大育种核心群，实行闭锁繁育，适度近交，并进行一定强度的选择与淘汰（公牛最终留种率为11%，母牛淘汰率为30%）：以生长发育速度、体重、抗逆性、繁殖力为主选性状，向肉用方向培育，横交了3～4个世代，稳定遗传性，获得体型外貌相似，重要经济性状明显提高的群体——大通牦牛品种。冷冻精液及人工授精是繁殖育种工作中一项成绩显著的实用技术，为了加快"大通牦牛"的培育，加大我国野牦牛牛种的利用率，利用专用工具，利用发情母牛采集符合种用标准和价值的种公牛精液，并对其进行处理、生产制作成冷冻精液。

（4）培育出的幼年牛的饲养管理　以牦牛相关标准中所规定的有关高原牦牛条款为参考，严格筛选培育出的被毛呈黑褐色，背线、眼眶周围呈褐色短毛，体态高大，角基粗，腹毛密厚，整体外观品样良好，外貌特征明显的幼年牛。年龄达 3～8 岁时，以牦牛健康且含 1/2 野牦牛血统为侧重点，结合母体繁殖、哺乳本能和所产后裔品质等方面进行全面鉴定，并组群。此项工作是生产管理的首要条件，更是关键环节。对培育出的大通牦牛实施全哺乳和 12 月龄期犊牛的断乳、分群技术工作，对幼年后公牛选育进行常规化生产管理。

4. 品质特征　大通牦牛的外貌特征与其生产水平有密切的联系。外貌状况方面，它具有明显的野牦牛特征，尤其是在体型方面，属紧凑结实型，垂皮小；机体发育良好，鬐甲隆起，前胸开阔，肢势端正，肢稍高而结实，背腰平直；体躯毛色呈黑色或夹有棕色纤维，肩部、胸腹下部以及大腿部还紧密生长着长度在 40cm 以上的长毛，有清晰的灰色背脊线；嘴、鼻、眼睑为灰白色；公牛均有角，母牛多数有角，体重、体尺均符合育种指标。

5. 生长发育规律与性能指标　赵寿保等（2013）对不同年龄阶段大通牦牛的体重进行了测量以及分析，分析结果（表 1-1）表明，从出生到 6 月龄，大通牦牛的生长发育速度较快。这是因为大通牦牛在出生后的前 2 个月依靠母乳提供充足的营养物质；2～6 月龄依靠优质牧草供机体生长发育；从 6 月龄开始大通牦牛的生长发育速度先减缓，呈现负增长，之后其生长速度又加快。这是因为春季为枯草季节，牧草青黄不接且适口性较差，大通牦牛采食的牧草仅仅可维持其基础生命活动。在枯草期后，秋季牧草虽然渐渐发黄，但含有一定的水分，草质比较好，大通牦牛的体况开始恢复，生长发育呈现出正增长。6～12 月龄是大通牦牛分群选育的重要时期，体重指标在育种中占据着重要的比重，因此应在该时期选择出具有体重优势的优良个体以作种用。

表1-1 大通牦牛不同年龄体重统计（单位：kg）

性别	项目	个体数	初生	6月龄	1岁	2岁	3岁
公	体重	32头	26.00± 1.94	105.50± 46.26	127.97± 11.64	227.94± 773.83	310.72± 114.81
	增重	32头		79.50	22.47	99.97	82.78
	日增重	32头		0.44	0.12	0.27	0.23
母	体重	32头	23.55± 5.43	79.80± 40.53	123.20± 27.95	196.80± 27.31	263.50± 130.11
	增重	32头		56.25	43.40	73.60	66.70
	日增重	32头		0.31	0.24	0.20	0.18

6. 生产性能

（1）产肉性能 梁春年等对大通牦牛产肉性能与年龄的关系进行了研究，研究结果表明，从18月龄起，大通牦牛的产肉性能更加突出，18月龄时大通牦牛产肉性能的各项指标均优于当地其他品种的牦牛。但与南阳牛（胴体重为233.2kg，屠宰率为55.6%，净肉率为46.6%）、秦川牛（胴体重为232.1kg，屠宰率为56.5%，净肉率为48.9%）、鲁西牛（胴体重为213.2kg，屠宰率为57.8%，净肉率为48.1%）相比，大通牦牛产肉性能指标相对较低。产肉性能与黄牛相比较低是由多种原因导致的，引入野牦牛的基因通过育种、繁殖本可使大通牦牛得到较高的产肉性能，但当地牧民对其仍采用落后、古老的饲养管理方式，不重视犊牛培育，不注重种公牛的选留，致使畜群平均生产水平下降。大通牦牛的体重、体尺、生长发育的速度、抗逆性、生产性能等群体平均遗传水平远高于家牦牛。

（2）泌乳性能 陆仲璘等对大通牦牛核心育种群所生一世代牦牛的头胎产乳母牛的产乳性能进行研究与分析，大通牦牛的日平均产乳量为（1.77±1.16）kg，高于家牦牛的（1.53±1.10）kg，差异极显著；乳脂率为（5.20±0.29)%，低于家牦牛的（5.35±0.41)%，差异不显著；120d产乳量为（212.18±20.18）kg，高于家牦牛的（184.59±10.54）kg，差异极显著。分析结果表明，大通牦牛的产乳性能优于家牦牛，其日产乳量与乳脂率呈现负相关（$r=-0.609\ 0$）。

（3）繁殖性能 马国军等对青年期大通牦牛的受胎率进行了测定，其受胎率为70%，比同龄其他品种牦牛提高15%～20%。措毛吉等对大通牦牛后代的成活率及初生重进行了研究，研究结果表明，大通牦牛的后代成活率以及初生重均高于家养牦牛及许多当地牦牛品种。柏家林等对大通牦牛的发情受孕现象进行了研究，研究结果表明，18月龄的大通牦牛体重达到150kg左右时可发情受孕，18～20月龄受配怀孕的牛占8%～10%，24月龄的占25%～40%，24月龄以上的占47%～62%。综合分析马国军等的研究结果后得到结论，大通牦牛在繁殖性能方面充分体现出其杂种优势，与家牦牛相比，其繁殖性能得到进一步提高。

7. 饲养管理 大通牦牛一般采取四季全放牧方式，每年12月至翌年5月适时补饲。成年牛每日补500～1 000g配合饲料，犊牛每日补100～300g配合饲料。

第二章 牦牛繁殖生理及调控技术

第一节 牦牛繁殖生理基础

>> **一、生殖器官**

1. 公牛生殖器官 公牛生殖器官由性腺（睾丸）、输精管道（附睾、输精管和尿生殖道）、副性腺（精囊腺、前列腺和尿道球腺）以及外生殖器（阴茎）等4部分组成。

（1）睾丸 正常公牛的睾丸成对存在，分别位于前腹股沟区阴囊的两个腔内，多呈长卵圆形。

睾丸的功能主要为产生精子和分泌雄性激素，研究表明，公牛每克睾丸组织平均每天可产生1 300万～1 900万个有效精子。正常情况下，阴囊使睾丸温度比体温低3～4℃，这对于维持睾丸的生精机能至关重要。

（2）附睾 附睾附着于睾丸，由附睾头、附睾体和附睾尾三部分组成。

睾丸细精管生产的精子进入附睾后，大部分睾丸液被附睾吸收，并分泌必要的磷脂和蛋白质，维持附睾液的渗透压，保护精子并促进精子成熟，最后将成熟精子储存在附睾尾部。一头成年公牛两侧附睾内储存的精子数可达700亿个，等同于睾丸在3～4d内的精子产量。由于附睾内环境为弱酸性，温度也较低且缺乏精子代谢所需要的糖类，因此，精子在附睾中呈休眠状态，贮存 60d 后仍具有受精能力。

（3）输精管　附睾管在附睾尾端延续为输精管，起始端弯曲，然后变直，与血管、淋巴、神经等包于睾丸系膜内形成精索，经腹股沟管进入骨盆腔，向后延伸变粗形成输精管壶腹，末端变细穿过尿生殖道背侧壁与精囊腺的排泄管共同开口于精阜后端的射精孔。

输精管的主要作用是借助于管壁的肌肉层蠕动，将精子送到尿生殖道内，同时分解、吸收死亡和老化的精子。

（4）尿生殖道　尿生殖道起始于膀胱颈末端，止于阴茎的龟头，是尿液和精液排出的共同管道。

（5）副性腺　精囊腺、前列腺及尿道球腺统称为副性腺，公牛达到性成熟时，副性腺的形态及机能快速发育，其分泌物与输精管壶腹的分泌物混合在一起统称为精清，对精子的稀释、活化、营养以及尿生殖道的冲洗等都具有重要作用。

（6）阴茎和包皮　阴茎是公牛的交配器官，主要由勃起组织（海绵体）及尿生殖道阴茎部组成。公牛阴茎较细，在阴囊之后折成一个 S 形弯曲。

包皮是由游离的皮肤凹陷而发育成的阴茎套，对阴茎起保护和滋润作用。

2. 母牛生殖器官　母牛生殖器官包括性腺（卵巢）、生殖道（输卵管、子宫和阴道）以及外生殖器官（尿生殖前庭、阴唇和阴蒂）等（图 2 - 1）。母牛的生殖器官通过子宫阔韧带悬挂在腹腔中。

（1）卵巢　卵巢是卵子发生的器官，可分泌雌激素和孕激素调节生殖过程。卵巢的形状、大小及解剖结构随年龄、发情周期和妊娠状态而变化。一般为扁椭圆形，左右两侧各一个，附着在卵巢系膜上，经输卵管与子宫相连。牦牛卵巢较小，形如蚕豆，长 1～1.5cm，宽、厚为 0.5～1cm。

卵巢的组织结构分为皮质和髓质两个部分，外周为皮质部，中

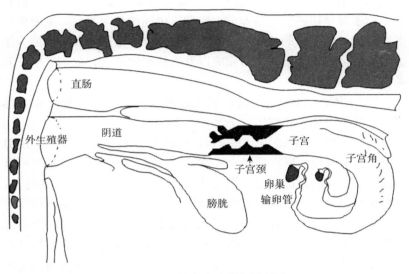

图 2-1 母牛生殖器官示意图

间为髓质部。两者的基质都是结缔组织,这种结缔组织在皮质的外面形成一层白膜,白膜外面覆盖有一层生殖上皮,是生殖细胞发生的部位。皮质部分布有许多原始卵泡,经过次级卵泡、生长卵泡和成熟卵泡阶段后可排出卵子,之后在排卵处形成黄体。髓质部内有大量血管、淋巴管和神经,经卵巢门出入,在卵泡膜上形成血管网。

(2)输卵管 输卵管是连接卵巢和子宫的一条弯曲管道,包被在输卵管系膜内,长 15～30cm。靠近卵巢的一端,呈漏斗状,称为输卵管伞部,其边缘有很多不规则的突起和皱襞,中心有输卵管腹腔口,可以保证从卵巢排出来的卵子进入输卵管内。输卵管的前1/3 段较粗,称为壶腹部,是精卵相遇受精的部位;靠近子宫角尖的一端较细,称为狭部。

输卵管的管壁从外向内由浆膜、肌层和黏膜组成。黏膜表面盖有一层柱状上皮细胞,一部分上皮细胞有纤毛,发情时随着黏液分泌增多,纤毛运动加快,起到运送卵子的作用;同时上皮的分泌细胞能够分泌各种氨基酸、葡萄糖、黏蛋白及黏多糖等物质，给精子、卵子及早期胚胎提供养分。输卵管中间组织为肌层，主要由环形肌组成。环形肌的分节运动及蠕动，结合纤毛运动及黏液的分泌为配子的运行、受精作用的完成以及受精卵向子宫转移创造了有利条件。

（3）子宫　母牛的子宫是胎儿获取营养、生长发育的主要器官，包括子宫颈、子宫体、子宫角3部分。

母牦牛子宫颈长为2.5～5cm，直径为1.5～3cm，是一个由肌肉壁形成的管道，壁厚而硬，不发情时管壁封闭很紧，发情时稍微松弛；子宫颈阴道部突出于阴道内约2cm，黏膜上有放射状皱褶，称为子宫颈外口；子宫颈肌的环形层很厚，分为内层和黏膜的固有层，构成2～5个横向的新月形皱褶，彼此嵌合，使子宫颈管成螺旋状；在子宫颈管靠近子宫的一端，有一段发达的括约肌，使子宫颈管关闭较紧，称为子宫颈内口；子宫颈是精子进入子宫和胎儿产出的通道。

子宫体位于子宫颈和子宫角之间，长约2.5cm，是人工授精的最佳输精部位。

母牦牛的子宫角长为10～15cm，两侧各1条，弯曲如绵羊角，一般位于骨盆腔内，部分经产母牛子宫角不能完全恢复到原来的形状和大小，往往垂入腹腔；子宫角存在两个弯曲，即大弯和小弯，大弯凸向前上方，距子宫体较近；小弯转向后上方，供子宫阔韧带附着，血管神经由此出入；两个子宫角汇合的部位，有一个明显的纵沟状的缝隙，称为角间沟；在子宫角黏膜上有突出于表面的子宫肉阜，在未妊娠时很小，妊娠后便增大呈蘑菇状，形成母体胎盘。

子宫的组织结构由内到外分别为黏膜层、肌层和浆膜层。黏膜层由黏膜上皮和固有膜构成。黏膜上皮为柱状上皮细胞，有分泌作用；在固有膜内有大量的淋巴、血管和子宫腺。外层浆膜同子宫韧带的浆膜连在一起。中间的肌层很发达，分娩时即靠肌肉收缩的力量将胎儿娩出。肌层由较厚的内环肌和较薄的外纵肌组成，在两层肌肉之间，有一血管层，内有大量血管及神经，为胎儿提供营养。

（4）阴道 阴道是母牛的交配器官，又是胎儿娩出的产道，其背侧为直肠，腹侧为膀胱。前端腔隙扩大，有子宫颈阴道部突入其中，并在子宫颈阴道部周围形成阴道穹窿。后端与尿生殖前庭之间以尿道外口及阴瓣为界。阴道是个肌性管道，伸缩性很大，在生殖过程中具有多种功能，通过收缩、扩张、复原、分泌和吸收等功能，不仅可以排出生殖道内的分泌物，还是胎儿排出的产道。

（5）外生殖器 外生殖器包括尿生殖前庭、阴唇和阴蒂。

尿生殖前庭是从阴瓣到阴门的部分，在腹侧壁阴瓣后方有尿道开口，因此在向阴道内插管或伸进手臂时，其方向要向前上方，否则插管会误入尿道。在前庭两侧壁的黏膜下层有前庭大腺，为分支管状腺，发情时分泌活动旺盛。

阴唇在母牛生殖道最末端，由左右两片组成，上下联合在一起，中间形成阴门裂。

阴蒂也叫阴核，位于阴门下角的阴蒂窝内，由两个勃起组织构成，相当于公牛的阴茎。阴蒂黏膜有丰富的感觉神经末梢，因而非常敏感。

>> 二、生殖激素

1. 生殖激素的种类 动物的繁殖行为以性腺活动为基础，即性腺产生雌雄配子，受精后形成合子继而发育为新的个体。生殖激素在性腺活动过程中起着至关重要的作用，参与调节发情、排卵、配子运行、受精、胚胎附植、妊娠、分娩、泌乳等一系列生殖环节。根据来源和功能可将生殖激素分为以下4种类型：由丘脑下部合成分泌的促性腺激素释放激素，负责控制垂体有关激素的释放；由垂体前叶合成分泌的促性腺激素，负责调控配子的发育成熟及性腺激素的分泌；由性腺合成分泌的性腺激素，负责调控性行为及生殖器官的发育和维持；由子宫、胎盘等分泌的激素，参与多个生殖过程。

牛场实际生产中常用的主要生殖激素及其功能见表 2 - 1。

表 2 - 1 主要生殖激素来源及功能

激素	激素类型	主要来源	功能
促性腺激素释放激素（GnRH)	多肽类	下丘脑	促进垂体前叶释放 FSH 和 LH
促卵泡素（FSH）	糖蛋白类	垂体前叶	刺激卵泡生长和雌激素合成及分泌
促黄体素（LH）	糖蛋白类	垂体前叶	促进卵泡成熟排卵，黄体生成及黄体酮分泌
雄激素（A）	类固醇类	睾丸	促进雄性性行为和精子发生
雌激素（E）	类固醇类	卵泡	控制发情行为，促进子宫发育及 LH 分泌
孕激素（P）	类固醇类	黄体	维持妊娠，抑制子宫自发性活动及 GnRH 释放
前列腺素（PG）	脂肪酸类	子宫	溶解黄体，促进子宫收缩
催产素（OXT）	多肽类	下丘脑	促进子宫收缩和黄体溶解，引起排乳

（1）促性腺激素释放激素 促性腺激素释放激素（gonadotrophin - releasing hormone，GnRH）是下丘脑特异性神经核合成分泌的十肽类激素，主要作用为促进垂体前叶释放促卵泡素和促黄体素；生产上常用来诱导母畜同期排卵、提高受胎率，也用于治疗内分泌异常而引起的不孕症。

（2）促卵泡素 促卵泡素（follicle - stimulating hormone，FSH）是在 GnRH 有节律的刺激下，由垂体前叶合成和释放的糖蛋白类激素，主要作用为促进卵泡生长发育，促进卵泡颗粒细胞的增生和雌激素的合成分泌，能刺激公牛生精上皮和次级精母细胞的发育；生产上常用来进行母牛的超数排卵，也用于治疗母牛卵巢静止和公牛性欲不强及生殖能力衰退。

（3）促黄体素 促黄体素（luteinizing hormone，LH）也是由

垂体前叶合成和释放的糖蛋白类激素，主要作用为促进母牛卵泡的成熟和排卵，促进排卵后的颗粒细胞黄体化，维持黄体细胞分泌孕酮，同时能够促进公牛睾丸间质细胞合成和分泌睾酮，促进副性腺的发育和精子成熟；生产上常用来诱导排卵，也用于治疗黄体发育不全、卵泡囊肿等繁殖疾病。

（4）雄激素 雄激素（androgen，A）是由肾上腺和性腺合成的类固醇激素，其中睾丸合成为主，以睾酮和双氢睾酮为主要存在形式，主要作用为促进雄性外生殖器官发育、启动和维持精子发生、刺激副性腺发育及促进雄性性行为；生产上常用来治疗雄性性欲低下或性机能衰退。

（5）雌激素 雌激素（estrogen，E）是由卵巢、胎盘、肾上腺等合成分泌的类固醇激素，其中以卵巢上卵泡颗粒细胞分泌为主，以雌二醇和雌酮为主要存在形式，两者在 17β-羟基类固醇脱氢酶催化下可以相互转化，主要作用为促进母牛性器官发育和维持正常的性机能；生产上常用来诱导母牛发情，也用于治疗母牛乏情和持久黄体等繁殖疾病，与催产素协同作用可用来促进子宫收缩，进而治疗子宫内膜炎、子宫蓄脓等疾病。

（6）孕激素 孕激素（progestin，P）主要是由卵巢上的黄体细胞分泌的类固醇激素，以孕酮（P4）活性最高，与雌激素相互作用，共同调节雌性的生殖活动。在黄体期或妊娠初期，孕激素可促进子宫内膜增生，使腺体发育及功能增强，便于胚胎附植；在妊娠期间，孕激素抑制子宫的自发活动，起到降低子宫肌层兴奋的作用，以维持正常妊娠；少量的孕酮与雌激素协同作用可诱导母牛发情，与促乳素协调则可促进乳腺发育。生产上常用来诱导母牛同期发情和保胎，也可用于治疗母牛乏情及卵巢囊肿。

（7）前列腺素 前列腺素（prostaglandin，PG）广泛存在于机体多种组织中，如子宫内膜、胎盘、卵巢、下丘脑、肾等，其中以子宫内膜合成为主，因最早被认为来源于前列腺而得名，是一类有生物活性的长链不饱和羟基脂肪酸。目前，已知的天然PG分为三类九型，即根据环外双链的数目分为PG1、PG2、PG3

三类，又根据环上结构的不同而分为 A、B、C、D、E、F、G、H、I 九型，其中和繁殖关系密切的是 PGF 和 PGE；主要作用为溶解黄体，促进子宫平滑肌收缩，有利于分娩；生产上常用来诱导母牛同期发情，诱导流产和分娩，也可用于治疗生殖机能紊乱和持久黄体。

(8) 催产素　催产素（oxytocin，OXT）是由下丘脑合成、经垂体分泌的一种多肽类神经激素。在分娩过程中，OXT 可刺激子宫平滑肌收缩，促进分娩，同时能强烈地刺激乳腺导管肌上皮细胞收缩，引起排乳反应；与 PG 协调作用，能够促进黄体溶解。生产上常用来促进动物分娩，治疗胎衣不下及产后子宫出血和子宫积脓等疾病。

2. 生殖激素的调控机制　母牛的生殖活动受下丘脑-垂体-性腺轴的复杂反馈调节（图 2-2）。

(1) 卵泡期　每个卵泡发育波开始出现前，下丘脑分泌 GnRH 增加，进而促进垂体 FSH 和 LH 的合成及分泌；FSH 促进卵巢上有腔卵泡的发育，当最大卵泡直径达到 8mm 时，其生长速度显著快于其他卵泡，成为优势卵泡；而在卵泡发育过程中，卵泡膜细胞合成和分泌雌激素（主要是雌二醇）增加，雌激素负反馈作用于下丘脑（减少 GnRH 的合成与分泌）和垂体（减少 FSH 的合成与分泌），非优势卵泡在缺少 FSH 的作用下逐渐闭锁退化；随着优势卵泡不断发育，其颗粒细胞的 LH 受体增加，同时子宫内膜细胞合成 PG 溶解黄体，使体内孕酮浓度降低，消除孕酮对优势卵泡发育的抑制作用，优势卵泡发育成熟并在 LH 脉冲式分泌刺激下排卵。

(2) 黄体期　排卵后的卵泡颗粒细胞逐渐黄体化，并刺激黄体细胞分泌孕酮，孕酮负反馈调节使下丘脑减少 GnRH、垂体减少 FSH 及 LH 的分泌；若此时母牛妊娠，则黄体持续分泌孕酮，维持妊娠直至分娩；若此时母牛未妊娠，则在发情周期的 13d 后子宫内膜合成 PG 增加，溶解黄体，孕酮浓度降低，孕酮对下丘脑-垂体的抑制作用解除，新的生殖活动开始。

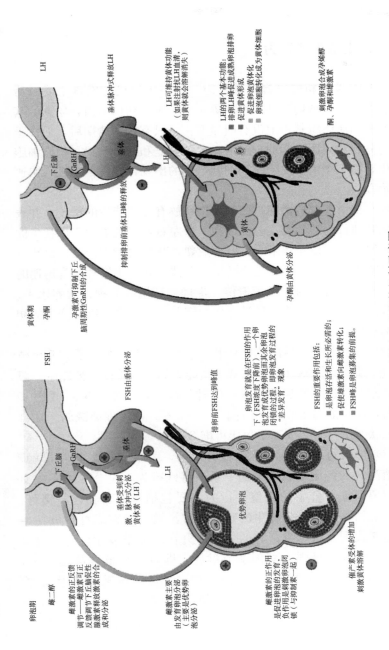

图 2 - 2 母牦牛生殖调控机制示意图

母牛发情周期——生殖系统解剖彩色图谱）

（朱化彬等，2014.

>> 三、生殖生理行为

1. 公牛生殖机能发育及性行为　公牛生殖机能发育主要经历胎儿、幼年、初情期和性成熟期等 4 个阶段。初情期前，睾丸的基本结构和间质组织基本上没有明显变化，只有在初情期后，促性腺激素的分泌和间质细胞的分泌活动才能恢复和逐步增强，精原细胞的分化和第一个精子发生序列细胞组合的出现，使得睾丸进入快速生长阶段。

（1）初情期　初情期指公牛初次释放有受精能力的精子，并表现出完整性行为的年龄。公牦牛在 1 岁左右就表现了爬跨母牦牛的行为，但此时生殖器官未完全发育成熟，其繁殖能力很低，几乎不能使母牦牛受孕，该阶段是公牦牛生殖器官和体躯发育最为迅速的生理阶段。初情期的早晚受遗传、生理、环境、品种、营养水平、体重等诸多因素的影响，科学合理的饲养管理方式可以使公牛的初情期早日到来。

（2）性成熟期　性成熟期是继初情期后，公牛的性器官及生殖机能进一步发育成熟并具备正常生殖能力的生理阶段。公牦牛一般在 2 岁左右时达到性成熟，具备配种的能力，其使用年限可达 10 年左右，配种能力最旺盛的时间是 2～7 岁，以后逐渐减弱。在自然交配状态下，一头公牦牛每年可配 20～40 头母牦牛。

（3）性行为　性行为是在初情期后，公牛和母牛相互接触，在生殖激素的刺激下表现出的一系列特殊行为，是公母牛完成交配的重要保证。公牛的完整性行为主要包括求偶、勃起、爬跨、交配和射精等过程。公牦牛的嗅觉异常灵敏，能在成百头母牦牛群中迅速找到发情母牛；有的公牦牛只在配种季节才合群于母牛群中，且护群性极强，配种季节过后，即自动离群到高山中去，翌年配种季节再回到母牛群中，这一习性，与某些野生动物相似。

2. 母牛生殖机能发育及性行为 母牛生理上性机能的发育是一个从发生到衰老的过程，为便于区分母牛的不同生理发育时期，一般人为将其分为初情期、性成熟期、适配年龄、体成熟期和繁殖能力停止期等五个阶段。因品种、地域环境、饲养管理水平等因素不同，不同牛种甚至是同一牛种不同个体之间的生理发育时期都可能存在差异。

（1）初情期 母牛初次发情并排卵的年龄称为初情期。初情期前的母牛因卵巢上无黄体产生而缺少孕酮分泌，不能与体内雌激素协同作用引起外部发情表现，因此初情期前期母牛往往表现为安静发情。母牦牛一般初情期为 $1\sim1.5$ 岁左右，此时期母牦牛的生殖器官尚未发育成熟，即未达到完全性成熟状态，因此，不适宜参加配种。

（2）性成熟期 初情期后一段时间，母牛的生殖器官逐渐发育成熟，具备了正常的繁殖能力，称为性成熟期。此时体内其他组织器官尚未达到完全成熟阶段，因此为避免母牛及胎儿正常发育受到影响，此时期也不适宜参加配种。

（3）适配年龄 性成熟期后，母牛继续发育，待其体重达到群体平均成年体重（体成熟）70%时即可参加配种，此时称为母牛的适配年龄。母牦牛的适配年龄一般为 $2\sim3.5$ 岁，该阶段虽然母牦牛体内其他组织器官仍未完全发育成熟，但此时配种受胎并不会影响母牛及胎儿的后期发育。

（4）体成熟期 母牛出生后达到成年体重的年龄即为体成熟期。

（5）繁殖能力停止期 正常状态下，母牛生长到一定年限后其繁殖能力逐渐消失，即进入繁殖能力停止期。初情期后到生殖能力停止的时间称为母牛的繁殖年限。理论上，牦牛的繁殖年限可达 $10\sim15$ 年，但是在实际生产中，牦牛的繁殖年限受到生长环境、草场质量、营养条件等影响。

第二节　牦牛繁殖调控技术

>> 一、公牛精液采集和保存技术

1. 精液采集　精液采集和保存技术是开展人工授精的前提，能够有效提高优良种公牛的配种效率和种用价值，一般包括采精、精液品质检查、精液稀释分装和精液保存等四个环节。

采精必须严格按照操作规程执行，以保证公牛正常的性行为表现，从而采集到足量合格的精液。一般来说，成年公牛每周可采精2次，每次间隔0.5h后进行第2次采精，也可以每周采精3次，即隔日采精1次。

公牛采精方法有假阴道法、按摩法和电刺激法三种，其中假阴道法最为常用，对于种用价值高但失去爬跨能力的优良公牛往往采用按摩法和电刺激法。

（1）假阴道法　假阴道法是通过模拟母牛阴道环境，诱导公牛射精的一种采精方法，通常需要借助假台畜以诱导公牛的爬跨行为。假阴道一般是一个圆筒状结构，由外壳、内胎、集精杯及其附件构成，在使用前一定要注意清洗和消毒。

该方法的3个核心条件是假阴道的温度、压力和润滑度适宜。

温度：假阴道内胎的温度通过注入温水来保持，一般控制在38～40℃，温度不当往往会造成采精失败，同时集精杯的温度也应保持在34～35℃，以防止射精后环境温度变化对精子造成损伤。

压力：假阴道的压力通过注水和空气来调节，以假阴道内胎入口处形成Y形为宜，压力不足不能刺激公牛射精，压力过大会影响公牛阴茎正常插入。

润滑度：用消毒好的润滑剂均匀涂抹在假阴道前 1/3～1/2 处，加以润滑，但应注意涂抹的润滑剂不宜过多，避免混入精液影响精液品质。

（2）按摩法　按摩法适用于无爬跨能力的优质种公牛。操作时，剪去包皮口的长毛，将直肠内粪便排除干净后，在膀胱背侧稍后位置反复轻柔按摩精囊腺，以刺激其分泌精清排出包皮，起到清洗尿道的作用；然后按摩输精管末端的壶腹部，通过反复前后滑动并轻轻施以压力，引起公牛射精。

该方法操作时应注意手法和力度，避免对公牛阴茎造成损伤。

（3）电刺激法　电刺激法是通过电流刺激公牛腰荐部神经引起射精反射的采精方法，需要借助电刺激仪。采精时，需要根据公牛的大小和特性适当调节好频率、刺激电压、电流及时间等。一般来说，公牛的采精频率为 20～30Hz，刺激电压由 3、6、9、12、16V 依次缓慢提高，刺激电流保持在 150～250mA，通电间隔时间为 5～10s，单次持续时间为 3～5s。该方法采集的精液量一般较多，但是精子密度相对较低。

2. 精液品质检查　精液品质检查的目的在于评定精液质量，以判断精液是否具备受精能力和保存的必要性，同时为精液稀释及分装提供依据。精液品质检查一般包括精液量、色泽、气味、状态、pH 等外观检查和精子活率、精子密度、精子形态、存活时间、细菌数等实验室检查。

（1）精液量　精液量指公牛一次采精所射出的精液体积，公牛的精液量一般为 5～10mL。精液量过多可能是操作过程中混入异物所导致，精液量过少则可能是采精操作不当或者采精频率过高所导致。

（2）色泽　公牛正常精液的色泽为乳白色或浅乳黄色。精子密度越高，色泽越深。如果精液颜色异常，则表明公牛可能存在某些疾病，应立即丢弃精液并停止采精，及时查明病因对症治疗。

（3）气味　公牛精液一般略有腥味和膻味，如有其他异常气味，则可能是混入尿液、脓液及其他异物，应立即丢弃。

（4）状态　正常情况下，精子密度大和活力强的精液，在玻璃容器中或低倍显微镜下可观察到云雾状，质量越好，云雾状态越明显。

（5）pH　一般情况下，新采集的公牛精液呈弱酸性，可通过pH试纸检测。

（6）精子活力　精子活力指精液中直线前进运动的精子数所占的比例，是评定精液质量的重要指标。正常情况下，新鲜精液的活力为 0.7～0.8，用于冷冻保存的精液活力不能低于 0.65，解冻后活力不应低于 0.35。

（7）精子密度　精子密度指每毫升精液中所含的精子数量。精子密度直接关系到精液稀释倍数和输精剂量的有效精子数，也是评定精液质量的重要指标。正常情况下，公牛原精液的精子密度应不低于 10 亿个/mL。

（8）精子形态　精子形态是否正常与受精能力密切相关，一般要求公牛的精子畸形率不应高于 15%。

（9）存活时间　精子存活时间是指精子在体外一定保存条件下具有受精能力的时间，是反映精子活力下降速度的指标。一般优质的精液用良好的稀释液保存，在 0～5℃低温条件下应存活24～48h。

（10）细菌数　正常精液中不含有任何微生物，但是在采集及体外保存过程中，不可避免地会混入一定量的微生物，通过微生物学检测，每毫升精液中细菌菌落数不超过 800 个即视为合格。细菌数过高会严重影响精子活力及存活时间。

3. 精液稀释及分装　精液稀释是指向精液中加入适量有利于精子存活、保持其受精能力的稀释液的过程，其目的是扩大精液量、延长精子在体外的存活时间、增强其受精能力、提高优良种公牛的配种效率。

精液稀释液主要包含果糖、葡萄糖、卵黄、奶类等能量物质和维持精液 pH 的缓冲剂、防止精子冷休克的抗冻剂以及抑制细菌繁衍的抗生素等。根据精液的用途和性质，稀释液可分为现用稀释液、常温保存稀释液、低温保存稀释液和冷冻保存稀释液等4种类型。

凡是需要保存的精液，都需要经过稀释，不能原精保存。稀释前，首先要确定好稀释倍数，公牦牛精液的稀释倍数一般为5~40倍，具体倍数视精子密度和活力而定；稀释时，向原精液中加入总稀释液量的1/3~1/2，充分混匀后再加入剩余的稀释液，混匀后进行活力和密度检测，如活力与稀释前一致，则可以进行分装保存。

4. 精液保存 精液保存是为了延长精子的存活时间，便于长途运输，扩大精液使用范围。常用的精液保存方法有常温保存（15~25℃）、低温保存（0~5℃）和冷冻保存（−196℃液氮中保存），牦牛精液常用的保存方式为冷冻保存。

精液经过特殊处理后，保存在超低温条件下，精子的代谢活动完全受到抑制，其生命活性可以在静止状态下长期保持，当温度回升后复苏且具备受精能力。

精液冷冻方式有颗粒精液冷冻法和细管精液冷冻法，目前常用的是细管精液冷冻法，即将细管精液包裹棉花放置在4℃冰箱，使其缓慢降温到4~5℃，并在该温度下平衡2~4h，然后放在踞液氮面2~2.5cm的铜纱网上停留5~7min，此时冷冻温度为−120~−80℃，待精液冻结后移入液氮中长期保存。批量化精液冷冻可以使用程序冷冻仪，即从5℃降至−60℃时按照4℃/min的频率逐渐降温，−60℃后迅速降温到−196℃完成冷冻程序，最后放置到液氮罐中即可实现长期保存。

国标要求，牛冷冻精液解冻后活力应不低于0.35，有效精子数不低于800万个。

>> 二、母牛发情鉴定技术

1. 母牛发情行为 发情是指母牛发育到一定阶段时所发生的

周期性性活动的现象，在行为上表现为吸引和接纳异性，在生理上表现为排卵、准备受精和妊娠。从上一次发情开始到下一次发情开始的时间间隔即为发情周期。

因品种及生活环境影响，牦牛表现为季节性发情，主要集中在生态条件好的月份发情，一般在每年 6 月中下旬开始发情，7—8 月进入发情盛期，个别牛只可延后到年底，母牦牛的发情时间与上年的繁殖状况及营养状况有密切关系。上年未产犊的母牦牛一般发情最早，上年产犊的母牦牛次之，当年产犊的母牦牛发情最晚，甚至不发情；体况良好的母牦牛发情早，体况差的母牦牛发情晚，甚至不发情。

母牦牛的发情周期平均为 21d，个体间差异较大，一般为 14～28d；发情持续时间为 24～36h。母牦牛产后到第一次发情的间隔时间多为 100d 左右，3—4 月产犊的第一次发情间隔时间最长，以后逐渐减少。

发情周期中，随着卵泡和黄体交替发育，引起母牛体内内分泌（主要是雌激素及孕酮水平）变化，刺激母牛卵巢、生殖道、行为等发生一系列变化（表 2-2）。

表 2-2　发情周期不同时期母牛生理和行为主要变化

发情周期	卵巢特点	生殖道特点	子宫腺体活动	行为特点
发情前期	上次形成的黄体萎缩退化，卵泡开始发育	生殖道上皮开始增生，外阴轻度充血肿胀，子宫颈松弛	腺体分泌开始加强，稀薄黏液逐渐增多	食欲减退，兴奋不安，接近其他母牛
发情期	卵泡迅速发育，体积不断增大	生殖道充血，外阴充血肿胀，子宫颈口开张，子宫输卵管蠕动加强	腺体活动进一步增强，阴道中流出透明黏液，可呈棒状悬挂	大声哞叫，常举起尾根，后肢开张作排尿状，稳定接爬

（续）

发情周期	卵巢特点	生殖道特点	子宫腺体活动	行为特点
发情后期	成熟卵泡破裂排卵，新黄体开始形成	阴道充血状态消退，黏膜上皮脱落，外阴肿胀消失，子宫颈逐渐收缩	腺体活动减弱，分泌量少而黏稠的黏液，子宫腺体肥大增生	性欲减退，逐渐安静下来，尾根紧贴阴门，不再接爬
间情前期	黄体逐渐发育完全	子宫内膜增厚，黏膜上皮呈高柱状	子宫腺体高度发育，分泌活动旺盛	无
间情后期	未受精时，黄体逐渐退化；受精后，黄体转为妊娠黄体	增厚的子宫内膜回缩，呈矮柱状	子宫腺体缩小，分泌活动停止	无

母牦牛的发情症状不像普通牛那样明显。在发情初期，外阴部略有充血肿胀，阴道黏膜充血呈粉红色，这时仅有育成后备公牛追逐，成年公牛不追逐；发情10～15h后，逐渐达到发情旺期，精神不安，兴奋，吼叫，爬跨其他母牛，食欲减退，产奶量下降，阴唇肿胀并有黏液流出，常作举尾排尿姿势，阴户频频扩张，阴道湿润潮红，引诱公牛并接受爬跨；此后，发情表现逐渐减弱，阴道黏液变浓，逐渐进入间情期。

母牦牛在整个发情季节，多数只发情一次或两次，发情三次以上的比例不到10％。因此，抓好第一次发情的配种工作，对提高牦牛的繁殖效率具有重要意义。

2. 发情鉴定方法 发情鉴定指通过一定的方法将母牛的发情行为鉴定出来。如上述所述，母牦牛的发情症状不像普通牛那样明显且整个发情季节多数只有1～2次发情，因此准确有效的发情鉴定对牦牛繁殖至关重要。

目前牦牛上适用的发情鉴定方法主要有外部观察法、直肠检查法、尾根涂蜡法和仪器诊断法等 4 种。

（1）外部观察法　外部观察法指人为观察母牛的行为变化、爬跨、外阴部肿胀程度及黏液状态等来判断母牛是否发情的方法。其发情判断依据为母牛不同发情周期生理及行为特征（表 2 - 2），最可靠依据为母牛开始接受爬跨并站立不动（稳定接爬）。该方法操作简单、容易掌握，是目前最常用的发情鉴定方法。

但是一般情况下，约 70% 的母牦牛在 18：00 到第 2 天 6：00 之间表现发情（图 2 - 3），尤其是牦牛在放牧状态下，不利于人为观察发情，因此需要借助于其他发情鉴定方法。

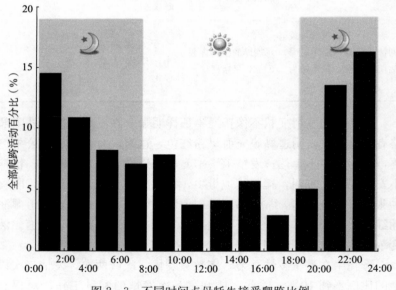

图 2 - 3　不同时间点母牦牛接受爬跨比例

（2）直肠检查法　直肠检查法指通过直肠触诊检查两侧卵巢上卵泡发育状态从而判断母牛是否发情的方法。其发情判断依据为卵泡大小、卵泡壁厚度、卵泡饱满程度等。

在正常发情周期中，母牛卵巢卵泡发育呈现一定的规律性，大体可分为四个时期，即卵泡出现期、卵泡发育期、卵泡成熟期和排卵期，各期特点如下：

卵泡出现期：发情前期，一批卵泡开始发育。直肠触诊时可感觉到卵巢上有多个卵泡，且可能会触摸到一个或几个较大的卵泡。此时母牛已有轻微发情征兆，处于发情前期。

卵泡发育期：随着发情时间推移，优势卵泡形成，触诊可感觉到卵泡直径达 1.5cm 左右，卵泡内充满卵泡液，触诊卵泡有波动感，此时母牛进入发情盛期。

卵泡成熟期：优势卵泡发育成排卵卵泡。触诊可感觉到卵泡体积较大，卵泡壁变薄，有一触即破的感觉。此时母牛发情征兆可能已减弱，进入发情后期。此时是人工输精的最佳时期。

排卵期：卵泡破裂，排出成熟的卵母细胞和卵泡液，卵巢上形成明显的排卵窝（排卵点）。触诊可感觉到卵巢上有一个凹陷，此时母牛已停止发情。排卵后 6～8h，黄体即开始生成，再也摸不到凹陷。排卵一般发生在性欲消失后的 10～15h，夜间排卵较白天多。

直肠检查法可以直观地了解卵泡发育的阶段和状态，有助于确定最佳配种时间，同时可检查子宫和卵巢情况，有助于甄别子宫及卵巢疾患，但要求操作人员具有一定的直肠把握经验和技巧，操作不当容易造成卵巢及输卵管粘连，因此建议只针对久配不孕、久不发情等异常牛只采用直肠检查法判断其繁殖状态。

（3）尾根涂蜡法　尾根涂蜡法是根据母牛发情时接爬或爬跨其他母牛的特点，通过在母牛尾根涂抹有色染料或者放置带染料装置以监测其是否发生爬跨行为的方法。

目前使用最广泛的涂蜡工具为家畜标记蜡笔，有红、蓝、绿等多种鲜亮颜色，便于区分。涂抹时，操作人员应侧身站立在牦牛尾部侧面，保持一定的安全距离防止被牛踢，然后在牦牛脊柱尾根背侧涂抹长为 15～18cm（不超过 20cm）、宽为 3～4cm（不超过 5cm）的长条状，注意涂抹时上下反复涂抹 2～4 次，保证涂抹处尾毛和皮肤上均有颜色即可，涂抹过浅或过深均会影响观察效果。

被爬跨的母牛，因多次磨蹭，尾毛被压，染料被蹭掉或者颜色明显变浅（极少部分残留）；未被爬跨的母牛，尾毛保持直立，染料颜色仍然鲜艳或轻微褪色；而爬跨其他牛只，则颈部会残留有色染料。

观察时注意区分接爬与尾部被其他牛只舔舐的不同。被舔舐的牛只，一般尾毛倒向一侧，且尾毛湿润有舔舐痕迹，染料颜色只有部分褪去。

尾根涂蜡法操作简单，容易掌握，不需要进行专业培训，发情揭发率高，比较适用于放牧状态下的牦牛使用，但需要定期涂抹蜡笔，抓牛工作量相对较大。

（4）仪器诊断法　仪器诊断法目前主要包括排卵测定仪法和 B 超诊断法两种。

①排卵测定仪法　排卵测定仪法是指利用牛排卵测定仪检测母牛阴道分泌物电阻值变化进而判断母牛是否发情的方法。

正常情况下，母牛发情时随着卵泡发育成熟，阴道前庭逐渐充血，导致局部血流量增多，进而引起电解质含量增多，导电性增强，相应的电阻值降低到一定范围。研究表明，不发情的母牛阴道分泌物电阻值在 300Ω 以上，发情时电阻值会降低到 200Ω 以下，然后随着发情结束，电阻值重新恢复到 300Ω 以上，此时就是最佳的输精时间。

使用排卵测定仪读数时，需要连续进行三次检测，当检测数值差异不大时，取平均值作为最终检测结果；当检测数值差异较大时，需要间隔 $2\sim3h$ 重新检测读数。同时注意在检测前清洗检测棒，避免携带尿液、粪便等污物影响检测结果。

②B 超诊断法　B 超诊断法是指利用 B 型超声仪通过直肠检查两侧卵巢上卵泡发育情况，从而判断母牛是否发情的方法。该方法能够在屏幕上更加直观地观察到卵巢上卵泡的数量和大小等情况，进而准确判断母牛的发情阶段。

兽用 B 超仪的作用原理是根据卵巢不同组织反射声波的差异，以回声形式在显示屏上形成明暗不同的光点，从而判断卵泡发育阶段、大小以及黄体结构和大小等。卵泡由于卵泡液吸收声波多，反射声波少，因而在显示屏上呈现为黑色；卵巢组织和黄体组织较致密，吸收的声波少，反射声波多，因此显示屏上呈现为白色（图2-4）。

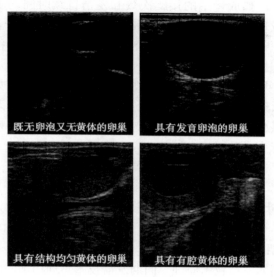

既无卵泡又无黄体的卵巢　　　具有发育卵泡的卵巢

具有结构均匀黄体的卵巢　　　具有有腔黄体的卵巢

图2-4　B超检查卵巢结构图

B超诊断法直观准确，同时能够检查出子宫及卵巢疾患，但对操作人员技术要求高，需要进行专业的培训，同直肠检查法类似，往往只针对久配不孕、久不发情等异常牛只使用以判断其繁殖状态。

3. 发情鉴定注意事项　　发情揭发率是评价发情鉴定水平的重要指标，受发情鉴定方法、母牛个体和环境因素等影响，在进行发情鉴定时，应注意这些影响因素，以提高发情揭发率。

4. 发情揭发率影响因素　　不同发情鉴定方法对应的母牦牛发情揭发率不同，尤其是外部观察法，受人员责任心、观察时间、观察次数、单次观察持续时间等多方面影响。为了保证发情揭发率，外部观察法要求每天的观察次数应不少于4次，单次单点观察持续时间不低于30min，部分地区甚至安排专职人员定时定点观察发情，以保证发情揭发率不低于90％。

（1）母牛个体因素　不同母牛因个体差异、生理状态、体况、健康程度等的不同而表现出不同程度的发情行为，从而影响母牛的发情揭发率。如成母牛的接爬次数和发情持续时间均少于青年母牛；过肥或过瘦母牛的接爬次数和发情持续时间均少于正常体况母牛。因此，针对不同牛群应特别注意其特有的行为特征，注重细节，准确把握发情鉴定时机。

（2）环境因素　饲养方式（如放牧）、气候变化（如海拔、温度、突发天气）等环境因素对母牛发情行为表现有显著影响。因此，应尽量减少牛群环境因素的变化，平时注意避免频繁性的转群、转场行为。

>> 三、母牛同期发情调控技术

1. 同期发情技术

（1）同期发情技术原理　同期发情技术是利用不同的外源生殖激素或其类似物处理母牛，通过延长或缩短牛群的黄体期，从而使一群母牛在相对集中的时间内发情的技术方法。目前常用的技术路径主要有两种，即缩短黄体期和延长黄体期。

①缩短黄体期　通过肌内注射外源性PG或其类似物可诱导母牛卵巢上功能性黄体退化，黄体细胞分泌孕酮量减少，母牛体内孕酮含量降低，解除孕酮对卵泡发育的抑制作用，卵泡继续发育成熟并排卵，发育中的卵泡分泌雌激素，使母牛在相对集中的时间内发情（图2-5）。

②延长黄体期　通过对母牛持续性给予外源孕激素处理（如埋置孕酮阴道栓或连续注射黄体酮）类似于增加了一个人工黄体，处理期间无论母牛卵巢上是否存在功能性黄体，外源孕激素都会使母牛体内孕酮含量维持在较高水平，抑制母牛卵巢上卵泡发育和发情行为；当处理一段时间后停止给予外源孕酮，母牛体内孕酮水平迅

速下降，卵泡发育的抑制作用被解除而恢复正常发育，形成优势卵泡并发育成熟，此时卵泡分泌大量雌激素，使母牛在相对集中的时间内发情（图2-5）。

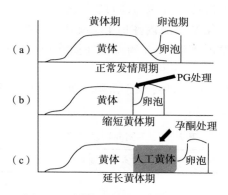

图2-5 同期发情技术原理示意图

（2）同期发情方法 常用同期发情方法主要有3种，分别是一次PG法、两次PG法和孕酮诱导法。

①一次PG法 在母牛发情周期内任意一天肌内注射PG或其类似物，然后观察发情，一般情况下约50%的母牛在注射PG后的2～5d内集中发情。

②两次PG法 在母牛发情周期内任意一天肌内注射PG或其类似物，间隔10～14d后再次肌内注射PG或其类似物，然后观察发情，一般情况下约70%的母牛在第二次注射PG后的2～3d内集中发情。

③孕酮诱导法 孕酮诱导法分为单一孕酮诱导法和PG混合诱导法两种类型。

单一孕酮诱导法是在母牛发情周期内任意一天开始给予外源孕酮处理（阴道埋置孕酮栓、每天肌肉持续性注射黄体酮或者口服孕酮类制剂），9～14d后停止孕酮处理，一般情况下约70%的母牛在停止孕酮处理后的2～5d内集中发情。

以埋置孕酮栓为例，PG混合诱导法又分为7d埋置法和12d

埋置法两种。7d 埋置法指在母牛发情周期内任意一天阴道埋置孕酮栓（CIDR），7d 后撤除孕酮栓并同时肌内注射 PG 或其类似物，一般情况下约 80% 的母牛在撤除孕酮栓后的 2～3d 内集中发情；12d 埋置法指在母牛发情周期内任意一天阴道埋置孕酮栓（记为第 0 天），第 9 天肌内注射 PG 或其类似物，第 12 天时撤出阴道栓，一般情况下约 90% 的母牛在撤除孕酮栓后的 2～3d 内集中发情。

不同的同期发情方法在保定次数、处理天数和同期效率等方面存在不同（表 2-3）。

表 2-3　　不同同期发情方法对比

同期方法	保定次数	激素成本	处理天数	集中发情天数	同期发情率
一次 PG	1	低	2～5	2～5	50%～60%
两次 PG	2	适中	12～16	2～3	60%～80%
单独孕酮	2	高	11～17	2～3	60%～80%
CIDR+PG（7d）	2	高	8～10	1～3	80%～90%
CIDR+PG（12d）	3	高	12～14	1～3	90%～95%

2. 同期排卵-定时输精技术

（1）同期排卵-定时输精技术原理　　同期排卵-定时输精技术（timed artificial insemination，TAI）是根据卵泡发育波特点，利用不同的外源生殖激素或其类似物按照一定的程序处理一群母牛，使其在相对集中的时间内同步发情和同步排卵，并于相对固定的时间内进行人工授精的技术方法。与同期发情技术相比，TAI 技术更加侧重在使处理母牛在相对集中的时间内同步排卵，即排卵同期化。

正常情况下，母牛发情周期过程中有 2～3 个卵泡发育波，即 2～3 批数量不等的生长卵泡经历募集、选择、优势化等过程，其中最大的卵泡发育成为优势卵泡，但是只有黄体退化后的优势卵泡能够发育成熟并排卵，其余卵泡均在不同发育阶段闭锁退化

（图 2 - 6）。

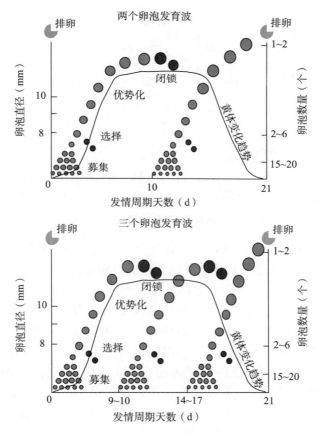

图 2 - 6 母牛卵泡发育波示意图

同期排卵-定时输精技术经典程序（ovsynch）由 Pursley 等人于 1995 年提出，处理方法为在母牛发情周期内任意一天对其肌内注射 GnRH，7d 后肌内注射 PG，再过 2d 后第 2 次注射 GnRH，16～18h 后不管牛只是否发情对所有处理母牛进行定时人工授精，有效解决了奶牛发情检出率低和久不发情等问题。其技术原理见图 2 - 7。

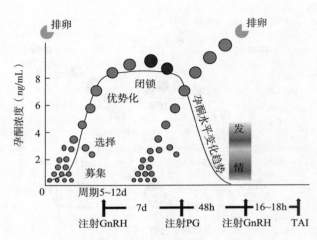

图 2-7　同期排卵-定时输精技术原理示意图

第 1 次注射 GnRH 时，促进垂体合成分泌 FSH 和 LH 增加，使卵巢上优势卵泡发育成熟并排卵形成新的黄体，诱导新卵泡发育波发育；7d 后注射 PG 可溶解此时新形成或之前残留的功能性黄体，黄体溶解引起体内孕酮含量降低，解除了孕酮对卵泡发育的抑制作用，优势卵泡具备发育成熟的能力，并合成分泌雌激素，诱导母牛发情；2d 后第 2 次注射 GnRH 再次促进垂体 LH 的合成分泌，诱导母牛体内发育成熟的优势卵泡在 LH 峰刺激下同步排卵。研究表明，约 90% 的母牛能够在第 2 次注射 GnRH 后的 28h 内排卵，因此在第 2 次注射 GnRH 后的 16～18h 不管牛只是否发情，均采用定时方式对其进行人工授精。

（2）同期排卵-定时输精技术方法　为了提高母牛同期排卵-定时输精的受胎率，基于 Ovsynch 程序，通过调整激素搭配及定时输精时间衍生出了其他一系列 TAI 方法（图 2-8）。

①选择性同期排卵程序（select synch）　省去 ovsynch 原程序的第 2 次 GnRH 注射，即在母牛发情周期任意一天注射 GnRH，7d 后注射 PG，然后集中观察发情，约 70% 的母牛在注射 PG 后 5d 内发情并排卵。该程序可省去第 2 次 GnRH 注射，节省激素成本，

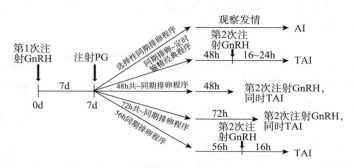

图 2-8 不同同期排卵-定时输精程序对比

但仍依赖于发情鉴定，参配率不能达到100%。

②48h 共-同期排卵程序（cosynch-48） 将 ovsynch 原程序的定时输精时间提前到第2次注射 GnRH 时，即注射 PG 2d 后第2次注射 GnRH 的同时进行人工授精。该程序省去了1次保定处理次数，减少处理应激，不管发情与否均进行人工授精，参配率可达100%，但因为提前配种，相对于原程序来说，受胎率降低约5%。

③72h 共-同期排卵程序（cosynch-72） 将 cosynch-48 程序中第2次 GnRH 注射时间推迟24h，即注射 PG 后72h 进行第2次 GnRH 注射并同时人工授精。该程序相对于 cosynch-48 程序而言，保证了卵泡有更充分的发育时间，配种受胎率能够与 ovsynch 原程序持平。

④56 小时同期排卵程序（ovsynch-56） 将 ovsynch 原程序中第2次注射 GnRH 的时间延后8h，即注射 PG 后56h 第2次注射 GnRH，16h 后再进行定时输精。该程序可使处理后的母牛卵泡有更多的时间生长发育，并且优化了第2次注射 GnRH 到定时输精的时间，相对于其他定时输精程序而言，配种受胎率最高，成为目前普遍选择使用的定时输精程序。

⑤孕酮诱导同期排卵程序（CIDR-synch） 指在原定时输精程序第1次注射 GnRH 和 PG 期间增加 CIDR 处理，其他程序不变。该方法对于诱导卵巢静止、久不发情等异常牛只具有较好效果。

不同 TAI 程序在保定次数、激素成本及处理效率等方面存在不同（表 2-4）。

表 2-4　不同同期排卵-定时输精程序对比

定时输精程序	保定次数（次）	激素成本	处理天数（d）	参配率	配种受胎率
select synch	3	较低	10	70%～80%	40%～50%
ovsynch	4	适中	11	100%	30%～40%
cosynch-48	3	适中	10	100%	25%～35%
cosynch-72	3	适中	11	100%	30%～40%
ovsynch-56	4	适中	11	100%	35%～45%
CIDR-synch	4	较高	11	100%	40%～45%

3. 同期调控技术应用　需要注意的是，牦牛属于季节性发情动物，因此只有在繁殖季节应用同期调控技术才有意义，否则将影响调控效果。

同期调控技术是调控母牛发情周期以提高配种效率的有效方法，尤其当结合定时输精技术时可以使一群母牛在一定时间内全部参配，通过提高参配率进而提高配种效率，有效解决了母牛久不发情及发情检出率低的难题，但是在应用过程中应注意以下事项。

（1）选择适合的同期调控程序　同期调控方法往往不是单独存在的，需要多种方式相互结合才能达到最佳的调控效果。使用时应该根据牛群实际状态和繁殖管理目标，结合人力和物力条件，选择适合实际情况的同期程序，切不可盲目照搬别人的程序。

（2）采用及时有效的再同期程序　牦牛繁殖季节相对集中，错过最佳配种时机就需要再等一年才能配种妊娠，因此及时有效的再同期程序至关重要（图 2-9），此时需要结合早孕检测以尽早发现未妊娠母牛，保证未孕牛及时再次参配。

（3）注意严格按照所选程序执行，避免激素滥用　不管选用哪

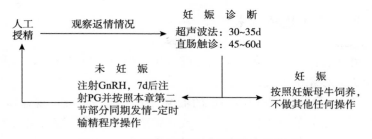

图 2-9 空怀母牛及时再同期处理流程图

种同期调控程序，都应该严格按照程序进行激素处理，缺少任一环节都将影响整体效果，造成程序处理失败的后果；同时应注意不同厂家、不同种类的同期药品有效含量可能不同，使用时应该依据药品使用说明书推荐剂量使用，切勿私自加大剂量或者不按照程序频繁使用激素产品，激素滥用有可能会造成母牛内分泌系统紊乱，影响母牛正常发情。

（4）注意观察发情　虽然同期调控程序可以不经过发情观察而直接定时输精，但是并不代表可以完全取缔发情鉴定工作。在实际应用过程中，应遵循母牛自然发情周期，在程序处理过程中的任何阶段母牛有明显发情表现都应该适时进行人工输精，省去后续不必要的激素成本，定时输精的目的只是保证程序结束时母牛全部参配。

（5）预防流产和感染　同期处理时常用的 PG 可溶解母牛卵巢上的妊娠黄体，引起妊娠牛只发生流产，因此在注射 PG 前，务必确认母牛妊娠状态，不确定妊娠状态及已妊娠牛只禁用；同期处理时常用的 CIDR 一般需要埋置到母牛阴道内，与子宫颈外口相邻，因此在埋置时应注意清洗母牛外阴和全程操作的无菌，避免操作不当引起阴道及子宫感染。

（6）注意药品保存环境　同期处理常用药品一般要求低温避光保存，保存不当可能会使药效降低，影响同期效率。

>> 四、人工授精技术

牦牛传统繁殖方式以自然交配为主,但随着技术推广,逐渐转变为人工授精的方式。

人工授精技术是利用一定的器械(人工输精枪或可视输精枪)将事先准备好的公牛精液(鲜精或者解冻后的冷冻精液)输入到发情母牛子宫内使其妊娠的繁殖技术。因其具备以下 5 大优势,目前该技术已经逐渐被农牧民所接受。①极大地提高了优秀种公牛精液的使用效率和范围。与自然交配相比,人工授精技术可使公牛的配种效率提高几千倍甚至是上万倍,从而极大地提高了优秀种公牛的利用效率,减少牧民养殖种公牛的数量。②能够克服种公牛生命时间和利用年限的限制。③避免了自然交配时公母牛生殖器官直接接触所引起的疾病感染与传播。④克服了某些母牛生殖道异常所引起的受孕困难问题。⑤结合精液分离性控技术,可实现后代的精准性别控制。

1. 人工授精最佳时机 合理把握人工授精时机是影响配种受胎率的重要因素,过早或过晚输精都会错过精卵结合的最佳时机。一般来说,母牛发情结束后 10~16h 内排卵的概率可达90%,而发情持续时间可达 8~16h,输精后精子在母牛子宫内运动到受精部位并获能具备受精能力需要 2~6h 的时间,同时遵循精子等卵子的原则(精子在母牛体内具有受精能力的时间可达24~30h,而卵子排卵后具有受精能力的时间只有 10~12h),则最佳的输精时间是首次看到母牛接受爬跨后的 12~18h(图 2-10)。

生产实际中为了便于操作,一般采用上下午法,在牦牛每个发情期配种两次,即早晨到上午看到母牛稳定接爬,则在傍晚进行第 1 次配种、第 2 天上午再配种一次;下午到晚上看到母牛稳定接爬,则在第 2 天上午进行第 1 次配种、下午再配种一次,以提高精卵结合的概率。

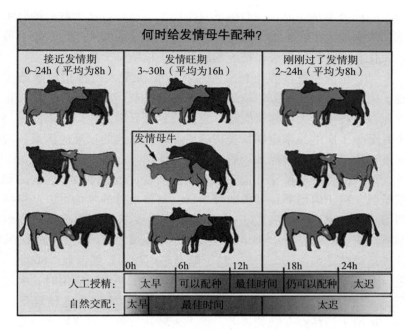

图 2-10　人工授精与自然交配最佳配种时间示意图

2. 人工授精最佳部位　正常情况下，母牛人工输精最佳的输精部位为子宫体前端，即过了子宫颈内口即可推枪输精，无须进行深部输精，便于精子自行运动到两侧子宫角；输精过浅，即枪尖未完全通过子宫颈时输精，部分精液会被截留在子宫颈内部，只有少数精子能够成功运动到受精部位，降低受孕概率；输精过深，即枪尖到达子宫体深部、子宫角分叉处或者单侧子宫角处，此时输精有可能伴随推枪过程将精液全部或大多数推送到单侧子宫角，也会降低受孕概率。

在特殊情况下，如因外界原因无法准时输精导致输精时间延后，又不想浪费一次输精机会时，可以考虑进行子宫角深部输精。

3. 人工授精操作过程　牛人工授精操作过程包含精液制作（采精、精液质量检查、精液稀释、精液冷冻保存）和人工授精（精液解冻、人工输精）两个技术环节，其中精液制作环节主要由专业的种公牛站完成，一般牛场只需要选购适合自己牛群的种公牛冻精来完成人工输精操作即可，因此，牛场层面的人工授精技术可以简化为精液质量检查、精液解冻和人工输精 3 个环节。

（1）精液质量检查　精液质量检查是决定人工授精成败的关键，但往往也是大多数牛场最容易忽视的环节。一般情况下，在正常保存过程中（无运输、倒罐、忘加液氮等异常发生）应该保持每个月至少 1 次的频率定期检查精液质量，新采购的精液应该第一时间进行质量检查，确保无误后方可投入使用。

标准的精液质量检查包括细管精液剂量、精子活力、前进运动精子数、精子畸形率、细菌数等指标，具备条件的牛场可以严格按照国标（《牛冷冻精液》GB 4143—2008）要求（细管冻精解冻后剂量应符合：微型≥0.18mL，中型≥0.40mL；精子活力≥0.35，前进运动精子数≥800 万个，精子畸形率≤18%，细菌数≤800 个）进行全面检查，具体检查方法可参考国标要求。实际应用时，牛场至少应该定期检查精子活力，即将 1 支解冻后的细管冻精轻甩混匀，推出 1 滴精液在载玻片上，盖上盖玻片放置到预热好（38℃左右）的光学显微镜载物台上，放大 100～400 倍观察直线前进运动的精子数占总精子数的百分比，通过目测法进行评定，精子活力≥0.35 即为合格。

（2）精液解冻　精液解冻应遵循现配现解的原则。解冻时左手提出精液提桶，右手持长柄镊子迅速（5s 内）取出需要的细管冻精后，立即将提桶放回液氮罐内，同时将右手的细管冻精在空气中短暂停留后（约 2s）放入 36～38℃温水中解冻 30～45s，用干净纸巾擦干细管外壁水分后即可装枪备用。

在精液解冻时注意提桶切不可提出液氮罐罐口，避免精液反复冻融影响精子活力；同时，精液解冻后应保证尽快完成人工输精操作，尽量不超过 15min，避免精液在体外长期停留影响精子活力。

（3）人工输精　人工输精的方法主要有直肠把握法和可视输精法两种，其中直肠把握法最为常用。

①直肠把握法操作流程

A. 输精前的准备　在正式进行人工输精之前应该首先准备好所需要的物品，主要包括人工输精枪（常用 0.25mL 规格，此外还有 0.5mL 规格和通用输精枪）、输精外套（如果是裸露的输精外套还需要额外配备外套软膜）、长臂手套、解冻杯、温度计、精液细管剪刀、石蜡油、纸巾等。

B. 牛只保定与检查　放牧条件下的牦牛场，需要设置专门配种用保定架，方便保定牛只以进行技术操作。保定好的牛只，要通过直肠把握检查子宫及黏液状态，排除炎症、确保子宫正常后方可进行输精。技术熟练的配种员也可以检查卵巢及卵泡状态，判断牛只是否处于最佳配种时间。

C. 精液解冻及装枪　用干净纸巾擦干细管外壁水分后，将细管精液棉塞端平行装入输精枪管套内，封口端预留 1.2～1.5cm 在输精枪外，用精液细管剪刀剪去封口，最后装入输精外套内。

D. 人工输精操作　直肠把握法输精既可以使用左手操作也可以使用右手操作，以不同配种员操作习惯为准。下面以左手操作为例介绍输精操作流程。

配种员左手佩戴长臂手套，右手把握牛尾，用石蜡油或清水浸湿长臂手套后，五指并拢成锥形缓慢插入母牛直肠内，不熟练的配种员要彻底清除粪便，以便于操作；右手将尾巴摆放到左手臂外侧并通过左手臂将尾巴挡在操作区外，腾出的右手取干净纸巾擦去外阴的粪便（注意要彻底擦拭干净，避免进枪过程带入粪便污染子宫内环境）；直肠内的左手臂轻微下压分开外阴门，右手持输精枪斜向上倾斜 45°缓慢插入母牛阴道，沿着阴道上壁缓缓插入以避开尿道口，然后再平行插入到子宫颈外口；拔掉输精枪外套保护软膜，左手把握子宫颈外口，双手配合依次通过子宫颈外口、颈内褶皱、子宫颈内口，检查确定枪尖到达子宫体前端后推送精液完成输精操作。

②可视输精法操作流程　可视输精法指通过可视输精枪屏幕观察，准确找到子宫颈口的位置，再将细管输精枪插入到子宫颈口，

穿越褶皱进入子宫体完成输精的方式（图 2 - 11）。该方法可以直观地看到子宫颈外口位置及形态，适用于初学者及作为教学材料使用。

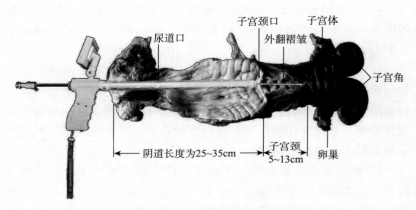

图 2 - 11　可视输精操作示意图

可视输精法操作流程大体可以分为以下 6 个步骤。

A. 可视输精设备清洗消毒　可视输精枪在使用前需要对可视输精枪的探杆和探头进行清洗消毒，避免其在输精过程中污染母牛阴道。使用清水将探杆冲洗干净，然后用纸巾擦拭干净即可。如果使用酒精擦拭消毒，需要注意等待酒精自然挥发之后再使用，避免酒精刺激引起母牛不适影响后续操作。

B. 安装外保护膜　可视输精枪清洗完成后，开机检查是否正常，确认设备正常后安装外保护膜，避免操作过程带入粪便等污染子宫内环境。

C. 操作设备进入母牛阴道　手持可视输精枪斜向上倾斜 45°缓慢插入母牛阴道，沿着阴道上壁缓缓插入以避开尿道口，然后再平行插入到阴道深部，直至受到阻力停止，拉破探杆外保护膜。

D. 确定子宫颈外口位置并调整角度　借助屏幕通过前后、上下调整位置以寻找子宫颈外口，如果阴道黏液过多影响屏幕清晰度，可连续按压手柄前端吹气按钮，以吹开探头前方黏液；根据子宫颈口的形态调整可视输精枪的角度，直到大部分屏幕能看到完整的子宫颈口为止，并时刻保持子宫颈口处于屏幕正中间位置。

E. 插入输精枪完成输精　手握细管输精枪从可视输精枪的输精通道插入，到达子宫颈外口后，顺子宫颈口的方向上抬，顺势轻轻将细管枪头插入其中，插入过程需时刻注意调整角度，保证输精枪与子宫颈平行进入，并同时感受通过子宫颈三道褶皱时的卡顿感，待插入深度为6~13cm（在子宫颈口形态不变的情况下，以输精枪进入深度为准）或手感有通过2~3层褶皱后即到达最佳输精部位，推动输精枪内芯完成输精操作。

F. 清洗设备　输精完成后，先拔出细管输精枪，再退出可视输精枪，然后清洗探杆和探头。

4. 人工授精注意事项

（1）人工授精时应注意灵活运用输精技巧　人工输精操作过程中，掌握输精技巧和灵活搭配双手是快速通过子宫颈完成输精操作的前提。尤其是对新手而言，输精操作往往面临两大难题：第1个难题是在直肠中如何把握子宫颈能够准确定位子宫颈外口位置并顺利将输精枪放入子宫颈内；第2个难题是输精枪如何顺利通过子宫颈内褶皱。

针对第1个难题，把握子宫颈时一定要将子宫颈外口把握在手心中（图2-12），便于准确定位子宫颈口的位置并能稳定把握子宫颈外口，保证过枪时子宫颈外口不会随着枪尖移动；同时注意避开阴道壁穹窿和阴道穹窿，当过枪时受到阻力，很有可能是枪尖进入到阴道壁穹窿或者阴道穹窿内，此时可以后退输精枪，手持子宫颈口向母牛体内拉伸，将子宫颈口外阴道壁伸展平整，且时刻保持枪尖平行向手心处插入，便于进枪。

针对第2个难题，输精枪通过子宫颈时，双手要灵活配合，通过左右调整使进枪方向始终与子宫颈进口方向平行（图2-12），切不可使用蛮力强行插入，以免造成子宫颈损伤。

（2）人工授精时应注意严格执行无菌操作　细菌是影响人工授

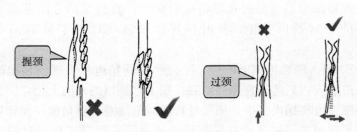

图 2 - 12   准确的握颈和过颈手法

精受胎率的重要因素，人工授精全程任何环节都应注意无菌操作，特别是输精器械日常消毒、输精枪携带方式及输精操作细节等容易忽视的环节。

输精器械日常消毒环节，有条件的牛场可以配备高温消毒柜，每次使用完之后，将输精枪、细管剪等重复性用品放入高温消毒柜中消毒后备用；无条件的牛场可以在每次使用前通过 75％酒精或者酒精灯进行消毒，但是应注意待酒精自然挥发之后方可使用。

输精枪携带环节，严禁将装好精液的输精枪裸露插在身上或者含在口中，有条件的牛场可以配备输精枪专用保温外套，起到保温和无菌的作用；无条件的牛场可以将输精枪先装入洁净的长臂手套中，再插在身上保温，避免衣物及身上的细菌直接污染输精枪外套。

输精操作细节方面，注意进枪前的外阴清洗消毒以及输精外套保护软膜的正确使用方法，即待输精枪顺利到达子宫颈外口后再撕破输精外套保护软膜，保证输精外套在进入子宫颈前尽可能少地接触外界环境，避免输精过程带入过多细菌影响受胎率。

（3）规范填写输精记录   及时填写输精记录是人工授精操作完成后不可忽视的环节，规范的输精记录能够使饲养管理人员准确掌握牛群的繁殖状态，便于及时发现异常牛只。

输精记录至少应该准确记录发情牛号、发情时间及症状、配次、输精时间、精液号及用量、配种员、返情日期及孕检结果等信息。

（4）注意定期检查液氮容量及冻精质量　冷冻精液需要全程保存在液氮环境中，因此需要定期检查液氮罐中液氮容量，避免液氮面过低造成精液裸露在液氮面上方，影响精液活力；一般情况下，牛场长期保存精液的液氮罐建议使用容量在 30L 以上且保温性能良好的液氮罐，并保持每周至少 1 次的频率检查液氮容量；同时应注意定期检查冻精质量，保证人工授精所用精液无任何异常。

（5）注意输精过程应该做到"轻、柔、快"　人工输精过程中，不管任何情况下都要尽量做到"轻、柔、快"。"轻"指输精时应尽量减少母牛应激，在直肠内操作及过枪等各环节误用蛮力操作；"柔"指输精过程应尽量顺应母牛反应及子宫颈结构柔和操作，减少对直肠壁及子宫颈损伤的风险，尤其在母牛努责时应停止操作，待努责结束后再继续操作；"快"指在精液解冻后应尽快平缓地完成输精操作，减少精液在体外的停留时间和母牛保定时间。

（6）注意不要盲目检查卵巢及卵泡状态　人工授精前检查发情母牛环节，应重点检查子宫及黏液状态，以排除炎症及子宫其他异常为主要目的，一般情况下不需要检查卵巢及卵泡状态，尤其针对新手而言，盲目检查卵泡可能会造成卵巢粘连及触破卵泡的现象发生，影响人工授精受胎率，严重者可能造成牛只卵巢粘连而使其被动淘汰。

>>　五、妊娠诊断技术

1. 妊娠维持　妊娠诊断是基于妊娠母牛生殖生理及行为变化规律，通过一定的方法检查配种后一定时间的母牛判断其是否妊娠的技术方法，生产上通常称之为孕检。

及时有效的孕检能够尽早确定配种后母牛的妊娠状态，便于后续繁殖管理。一方面能够尽早发现配种后返情症状不明显的未妊娠牛只，通过及时处理完成未妊娠母牛的再次配种工作，减少母牛空怀时间；另一方面能够确定配种后妊娠牛只，避免因管理不善或重复配种造成妊娠牛只出现流产，造成不必要的损失。因此，及时有效的孕检是繁殖工作必不可缺少的重要部分。

正常情况下，母牛配种后如果妊娠，其生殖生理和行为上会发生一系列变化。

（1）妊娠母牛生殖生理变化

①发情周期停止　母牛配种后如果妊娠，卵巢上的周期性黄体会转化为妊娠黄体长期存在，并分泌大量孕酮，孕酮负反馈作用于下丘脑中 GnRH 以及垂体中 FSH、LH 的合成与分泌，从而抑制卵泡发育，使雌激素分泌量降低，周期性发情活动停止。

②子宫变化　母牛妊娠期间随着胎儿不断生长发育，子宫孕角增大，子宫内膜腺体数量增加，并分泌黏稠液体封闭子宫颈口，形成子宫颈栓，防止异物和病原微生物侵入子宫，影响胎儿发育；妊娠后期，尤其是妊娠 6 个月后，子宫生长减慢，胎儿生长迅速，子宫肌层逐渐变薄，肌纤维被拉长，胎儿随着子宫逐渐沉入母牛腹腔，此时直肠触诊很难摸到胎儿。

③外生殖道变化　母牛妊娠期间，因发情周期停止，阴道黏膜渗出液减少，阴道干涩，黏膜苍白，阴门紧缩；分娩前，阴道黏膜潮红，阴唇肿胀，组织变软。

（2）妊娠母牛行为变化

①食欲增加　母牛妊娠后，随着胎儿快速生长发育，母牛新陈代谢水平提高，表现为食欲增加，消化能力增强，膘情及体重增加，被毛光亮润泽。

②性情温顺　母牛妊娠后，体内孕酮发挥主导作用，周期性发情活动停止，肌肉收缩活动减缓，母牛表现性情温顺、行动谨慎。

③腹围增大　母牛妊娠中后期，随着胎儿体积增加，子宫体积增大，并逐渐沉入腹腔，引起外部腹围增大，并向一侧突出，妊娠后期甚至可隔着腹壁触诊到胎儿。

牦牛妊娠期一般为 250～260d，若本胎次使用其他牛种进行改良，则妊娠期会适当延长到 270～280d。根据季节性配种特点，一般每年 3—7 月为产犊期，4—5 月为产犊高峰期，个别会延长到 10 月产犊。

2. 妊娠诊断方法 基于妊娠不同时期母牛生殖生理及行为变化规律，牛场可以在不同时间段使用相应的妊娠诊断方法进行孕检，主要包括常规孕检和早期孕检两大类，其中常规孕检方法主要为直肠触诊法，早期孕检方法主要为B超诊断法和早孕试剂检测法。一般来说，多数牛场会在配后28d左右采用早孕检测方法进行初检，以尽早发现未孕牛只便于及时对其进行相应处理，同时在配后45~60d采用直肠触诊方法进行复检，以矫正早孕检测偏差及揭发胚胎早期死亡牛只。

（1）直肠触诊法 直肠触诊法是通过直肠触诊方式检查配后一定时间的母牛卵巢及子宫变化以判断其是否妊娠的方法。正常情况下，触诊流程为先寻找子宫颈，再将中指向前滑动寻找角间沟，然后顺着角间沟向前、向下触摸子宫角形态变化，必要时再进一步检查卵巢变化。

运用直肠触诊法进行孕检时，检查重点应根据母牛配种后时间长短不同而有所侧重。配后不同时间直肠触诊重点以及子宫、胎儿特征如下。

①妊娠30~45d 怀孕初期应以检查卵巢的变化、子宫角形状和质地为主。此时孕侧卵巢存在妊娠黄体，且黄体丰满，常凸出于卵巢表面，卵巢体积较对侧卵巢大1倍左右；角间沟仍较清楚，两侧子宫角不对称，孕角较空角稍粗，质地较柔软，子宫壁薄，用手指轻握孕角从分叉处向子宫角尖端滑动能感觉到胎泡从指间滑落，并有液体波动的感觉；孕角对刺激不敏感，触诊时一般不会收缩，而空角常会收缩，感觉有弹性且弯曲明显。该阶段触诊的孕检结果受牛只个体及操作员技术水平影响较大。

②妊娠50~60d 孕角明显增大且向背侧突出，孕角比空角约粗1倍且变长，孕角壁软而薄，触诊液体波动感明显，用手指按压有弹性；角间沟平坦，但两角之间的分岔仍能区分出来。此时触诊孕检结果准确率较高，接近100%。

③妊娠90d 孕角如排球大小，触诊液体波动感更加明显，可触及漂浮在子宫腔内的胎儿（此时胎儿发育到15cm左右）；子宫

角间沟消失，子宫开始沉入腹腔，子宫颈移至耻骨前缘；孕角一侧子宫动脉增粗至约3mm，部分牛只子宫动脉开始出现轻微的妊娠脉搏。

④妊娠120d 子宫部分或全部沉入腹腔，子宫颈越过耻骨前缘，触摸不清子宫的轮廓形状，可触摸到子宫背侧突出的子叶，如蚕豆大小，偶尔能摸到胎儿；子宫动脉增粗至6～8mm，妊娠脉搏明显。

⑤妊娠150d 子宫完全沉入腹腔底部，子叶逐渐增大，大如胡桃或鸡蛋，能够清楚地触及胎儿；子宫动脉变粗至9～10mm，妊娠脉搏十分明显。

⑥妊娠180d以上 胎儿逐渐增大，只能摸到一部分子宫壁，不易摸到子宫颈和胎儿；孕角子宫动脉粗约12mm，妊娠脉搏明显，空角侧也开始有微弱的搏动。

运用直肠触诊法进行孕检时，操作人员必须具有一定的技术基础，检查时直肠内的手不能掐捏子宫，只能用手掌和手指轻轻感受子宫，也不能用力触摸卵巢上的黄体，否则，可能由于操作不当引起母牛流产。

(2) B超诊断法 B超诊断法是将兽用B型超声波诊断仪探头紧贴直肠壁放置在子宫角上方，通过探头发射出多束超声波，经不同组织反射回来后的超声波强弱不同，进而转换成不同的电流信号，在显示屏上以明亮不同的光点呈现出子宫及胎儿结构，从而判断母牛是否妊娠的方法。

B超诊断图像中主要以黑白灰三种颜色为主，分别代表不同组织或结构的反射状态。硬组织（如胎儿骨骼、子宫内膜增生层等）密度大，反射回来的声波强度高，一般会在图像中呈现为亮白色；软组织（如胎儿肌肉、子宫角肌肉等）密度适中，反射回来的声波强度适中，在图像中往往呈现为灰色；液体（如羊水、子宫内积液、胎儿血液等）密度较低，反射回来的声波较弱，在图像中呈现为黑色。

实际生产中，B超诊断法一般作为早孕诊断方式用于配后牛只的初次孕检（初检）。青年牛配后28～30d、成母牛配后30～32d就可以利用B超诊断母牛是否妊娠。

①检查子宫状态

A. 未孕子宫 在发情周期不同阶段，子宫的回声反射强度不同。当牛处于间情期或发情前期时，正常子宫角结构匀称，子宫壁厚薄一致，且子宫内无积液，因此反射强度相当，呈现出结构匀称的环状子宫角轮廓（图2-13a）；当牛处于发情期时，子宫内膜肿胀，从而使子宫内膜褶皱突出，且发情期子宫内膜腺体数量增加，分泌大量黏液导致子宫内液体不反射超声波，进而在显示屏上呈现为黑色（图2-13b）。应注意区分发情期子宫图像与妊娠早期子宫图像的不同，这两种状态都会呈现出子宫内黑色区域，不同的地方在于发情期子宫内膜褶皱一般突出而呈现出不规则的子宫结构，而妊娠早期的B超图像往往是规则的环状子宫结构（图2-13）。

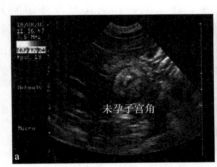
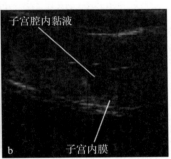

图2-13 未孕子宫B超诊断显示图

B. 妊娠子宫 母牛妊娠天数不同，其子宫腔内容物大小及形态轮廓也会发生变化。图2-14展示了不同妊娠天数对应胎儿大小及尿囊膜、羊膜、胎盘及其附属物B超诊断图。如果在B超诊断时，未能清晰检测到胎儿结构，但是顺利检测到尿囊膜、羊膜、胎盘及其附属物，也代表该母牛妊娠。

对于大多数牛只，通过B超诊断可以准确判断配后30d左右的母牛是否妊娠，孕检准确率接近100%。

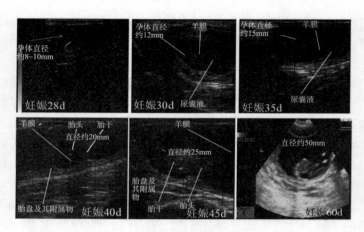

图 2-14 妊娠不同天数 B 超诊断显示图

　　②检查胎儿状态　B 超诊断时，能够顺利检测出胎儿结构是判断母牛妊娠的最直接证据。通过 B 超诊断，我们还可以测量胎儿大小、确定胎儿数量及性别，便于后期繁殖管理。

　　A. 胎儿大小　使用 B 超可以测量不同时期的胎儿大小，进而核对妊娠天数是否准确。一般测量顶臀长度，即胎儿头顶到臀部的长度。

　　B. 胎儿数量　使用 B 超还可以准确鉴定母牛是否怀双胎。判断依据主要有两个方面，一方面是直接观察到 2 个胎儿图像，另一方面是观察卵巢上是否存在两个以上妊娠黄体。

　　C. 胎儿性别　通过 B 超诊断，观察胎儿的生殖结节（阴茎和阴蒂的前体）与其周围结构的位置关系，能够准确判断胎儿的性别。

　　雄性和雌性的生殖结节外观类似，区分性别的关键是观察生殖结节的位置。雌性的生殖结节一般位于尾部和后腿之间，而雄性的生殖结节则移向脐带进入体内（图 2-15）。最佳的性别鉴定时间为妊娠 55～70d 之间，过早或过晚都会影响观察。

　　雄性胎儿相对容易判定，检查顺序为：首先找到脐带，然后顺着脐带进入腹部，仔细观察脐带连接胎儿的部位是否存在雄性生殖

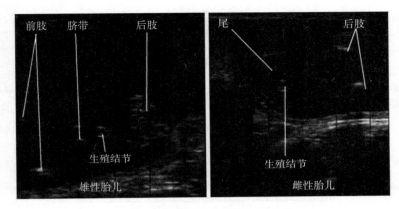

图 2-15　雄性及雌性生殖结节位置 B 超诊断图

结节。雄性生殖结节一般为两条明亮的并行白线（双叶结构），胎龄大的可能显示为三叶结构（位于后肢之间的阴囊可与双叶结构形成三叶结构）。

雌性胎儿的判定需要首先找到胎儿尾巴，然后在尾巴与后腿之间寻找雌性生殖结节，同样是双叶结构。但是在判断时，要注意清晰的同时找到尾巴、生殖结节和后肢结构，避免将尾巴或者后肢误判为生殖结节。

（3）早孕试剂检测法　早孕试剂检测法主要是通过一定的方法检测乳汁或血液中孕酮或妊娠相关糖蛋白的含量以判断母牛是否妊娠的方法。该方法也常常作为牛场早孕检测的一种方式。

①孕酮检测法　母牛配种后如果妊娠，周期性黄体转为妊娠黄体长期存在，则血液或乳汁中孕酮水平不断升高。相反，母牛配种后如果没有妊娠，黄体溶解，血液或乳汁中孕酮水平在配种后 20～24d 将会达到最低点（图 2-16）。因此，根据该原理，在母牛配种后 20～24d 时，收集血样或乳汁，应用酶联免疫法、胶体金免疫层析法或放射免疫法等均可测定孕酮含量，进而判断母牛是否妊娠。

正常情况下，母牛体内的孕酮主要来源于卵巢上的黄体，因此只要有黄体存在，血液或乳汁中的孕酮含量就会处于较高水平，所

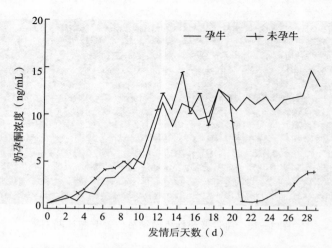

图 2-16　母牛妊娠与否奶中孕酮浓度变化曲线

以单次孕酮检测假阳性率较高；同时不同检测方法的准确性及灵敏度存在明显差异，影响早孕检测结果，因此在实际生产中，牛场很少使用孕酮检测产品。

②妊娠相关糖蛋白检测法　妊娠相关糖蛋白（pregnancy-associated glycoproteins，PAGs）是母牛妊娠后机体合成和分泌的一类糖蛋白，可以作为妊娠诊断的判断依据。

正常情况下，母牛妊娠后血液中 PAGs 含量开始缓慢上升，在配后 28~32d 时出现最高峰值，含量可达 2ng/mL 以上，显著高于未妊娠牛只（低于 0.2ng/mL），并在妊娠中后期维持在一个较高水平（图 2-17）。

PAGs 的检测方法主要有放射免疫法和 ELISA 法。为了便于快速检测及广泛推广，目前比较流行的是 PAGs-ELISA 检测法。

PAGs-ELISA 早孕检测试剂盒一般包含微孔板、检测溶液、辣根过氧化物酶标记抗体（酶标抗体）、阴性对照、阳性对照、TMB（3,3′,5,5′-四甲基联苯胺）底物溶液和终止液等。微孔板上已经包被了妊娠相关糖蛋白抗体，加入样品（全血、血清或血浆）孵育后，微孔板上抗体捕获的 PAGs 可以与检测溶液（特异性

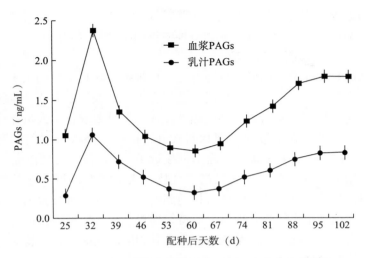

图 2 - 17 母牛配后血浆及乳汁中 PAGs 含量变化趋势图

PAGs 抗体）和酶标抗体相结合，通过洗板后，加入 TMB 底物溶液显色一定时间后再加入终止液即可。微孔内溶液颜色的深浅与样品中 PAGs 浓度成正比（图 2 - 18）。

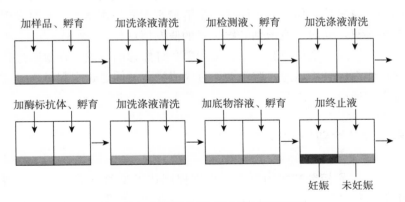

图 2 - 18 早孕检测试剂盒检测流程图

通过技术优化，妊娠相关糖蛋白检测法可以实现全血直接进行检测，操作方便，且检测效率及检测准确性较高（阳性准确度在

98％以上，阴性准确度接近 100％），因此，相关早孕检测试剂盒也逐渐得到牛场的青睐，成为一种主流的早孕检测方法。

3. 妊娠诊断注意事项

（1）选择合理的妊娠诊断方法　应根据牛场技术员的水平、经济实力和设备条件等实际情况，选择合理的妊娠诊断方法。直肠触诊法简单易行，不需要过多的额外投入，但是要求技术人员操作水平较高，且准确孕检的时间相对较晚；B 超诊断法可提前到配后30d 左右开展妊娠诊断，准确率也接近 100％，但是需要配备专用的兽用 B 超仪，单次投入较高，且技术人员需要进行专业的培训练习；早孕试剂检测法同样可提前到配后 28～32d 进行检测，操作简单，准确率也较高，但是需要持续性投入检测费用，长远看不够经济实惠。因此，不同孕检方法都有其相应的优缺点，牛场应结合实际情况合理选择。

（2）避免过度信赖单次孕检结果　不管采用哪种妊娠诊断方法，都有可能存在一定的诊断误差，因此不能过度信赖单次孕检结果，以免造成空怀牛只未能及时参配或者误处理妊娠牛只造成不必要的流产。在实际生产中，应建立健全配后孕检机制，做好各阶段的初检及复检工作，尽可能还原牛群最真实的妊娠状态，及时发现空怀牛只，同时注意识别妊娠牛只的假发情现象。

（3）减少操作应激　不管采用哪种妊娠诊断方法，在诊断过程中操作都应轻柔迅速，避免动作过大或操作时间过长引起母牛过度应激，造成意外流产。

>> 六、性别控制技术

1. 性别控制技术的原理　性别控制技术是通过适当的方法对正常生殖过程进行人为干预，使成年母畜产出所期望性别后代的技术方法。该技术在畜牧生产中具有重要意义，可以充分发挥受性别影响的生产性状（如母畜的泌乳性能、公畜的生长速度及肉品质性能等）的最大经济效益；同时通过控制后代性别，可以增加选种强度，加快育种进程。

牛性别控制的原理在于公母牛性染色体不同。正常情况下，牛含有 29 对常染色体和 1 对性染色体，公牛的性染色体为 1 条 X 染色体和 1 条 Y 染色体，因此其睾丸可以产生含有 X 染色体的精子（X 精子）和含有 Y 染色体的精子（Y 精子）；母牛的性染色体为 2 条 X 染色体，因此其卵巢只能产生含有 X 染色体的卵母细胞。当卵母细胞遇到 X 精子并受精时，产生的后代为母牛；相反当卵母细胞遇到 Y 精子并受精时，产生的后代则为公牛。

目前，牛性别控制方法主要有精液性别控制和胚胎性别控制两种方式，其中精液性别控制技术已得到了广泛应用。

（1）精液性别控制 精液性别控制是根据牛 X、Y 精子 DNA 含量的差异（牛 X 精子的 DNA 含量较 Y 精子的 DNA 含量高 3.8%），通过流式细胞分离技术将 X、Y 精子分离开来，从而得到 X 或 Y 精子比例高的性控精液的过程。

①精子分离流程 当前牛精子分离最准确的方法就是流式细胞分离法，其过程为：先用 DNA 特异性染料对合格的新鲜精液进行活体染色，然后连同少量稀释液逐个通过激光束，由于 X 精子 DNA 含量高，因而结合的荧光染料较多，在激光作用下产生的蓝色荧光强度较高，探测器就可以根据精子的荧光强度分辨出 X 精子和 Y 精子，同时将荧光信号转变为电信号，传递给信息处理芯片，进而指令液滴充电器使荧光强度高的液滴（X 精子液滴）带正电荷、使荧光强度低的液滴（Y 精子液滴）带负电荷，最后通过磁场将不同电荷的液滴分别收集到相应的收集管中，从而实现 X 精子和 Y 精子的分离。

②性控精液的应用 用分离后的精子进行人工授精或体外受精可以在精卵结合前就实现精准的性别控制，因此在实际生产中得到了广泛应用。但是在精子分离过程中，不可避免地会受到一定程度的氧化应激及机械损伤，影响性控精液解冻后的存活时间和精子活力，进而导致受胎率降低。

（2）胚胎性别控制 胚胎性别控制是运用细胞学、免疫学或分子生物学等方法对受精后的早期胚胎进行性别鉴定，通过移植已知性别的胚胎进而实现对所产后代的性别控制。目前胚胎性别鉴定最有效的方法是胚胎细胞核型分析法和性别决定基因-PCR法。

①胚胎细胞核型分析法　核型分析法是通过分析部分胚胎细胞的染色体组成判断其胚胎性别的方法。其主要操作流程为：先从6～7d的早期胚胎中取出部分细胞，用秋水仙素处理使细胞处于有丝分裂中期，再制备成染色体标本，通过显微成像系统分析染色体组成，进而确定胚胎的性别。该方法检测准确率为100%，但是获得高质量的染色体分裂中期细胞相比较困难，同时需要专门的实验室设备分析，因此很难在实际生产中广泛应用。

②性别决定基因-PCR法　牛雌、雄胚胎在DNA水平上存在很多差异，如Y染色体上的性别决定基因（SRY）、真核翻译起始因子（EIF）、热休克转录因子（HSF）、睾丸特异性蛋白Y基因（TSPY）、泛素特异性蛋白酶9（USP9）、锌指蛋白基因（ZFY）和牙釉质基因等，因此，可以利用分子生物学方法，从6～7d的早期胚胎上取出部分细胞提取DNA，根据雌雄胚胎差异基因设计引物，以胚胎细胞DNA为模板进行PCR扩增，进而通过特异性探针或者水平电泳仪进行胚胎性别鉴定。因通常使用Y染色体上的SRY基因作为差异基因用于检测，因此该方法常称为SRY-PCR法。根据鉴定PCR扩增产物方式的不同，又可细分为SRY特异性探针诊断法和电泳诊断法。

SRY特异性探针诊断法：PCR完成后，用SRY特异性探针对扩增产物进行检测。如果扩增产物与探针相结合，则为阳性，说明胚胎为雄性胚胎，如果扩增产物不能与探针结合，则为阴性，说明胚胎为雌性胚胎。

电泳诊断法：PCR完成后，取适量扩增产物用常规琼脂糖凝胶电泳检测扩增产物。在紫外灯下，出现两条电泳带的为雄性胚胎，出现一条电泳带的为雌性胚胎。

随着PCR技术的发展，现在只需要取出几个甚至是单个卵裂球就可以进行扩增，性别鉴定准确率高达90%以上。目前市面上已有牛胚胎性别鉴定试剂盒，整个操作流程几十分钟内即可完成，检测效率较高。

2. 性别控制技术的应用 鉴于性控精液的有效精子数少且精子在分离过程中不可避免地受到损伤，因此在使用性控精液时应注意以下事项。

（1）选择合适的与配母牛 因性控精液对与配母牛子宫环境要求较高，所以实际生产中只在青年牛前2次配种时使用性控精液，这是因为青年牛发情周期和排卵相对正常、生殖道环境健康，前2次配种使用性控精液能够获得较为理想的情期受胎率。对于扩群需求比较紧急的牛场，也可以考虑在成母牛产后第1次配种时使用性控精液。对于久配不孕、久不发情、排卵不规律、定时输精处理的牛只以及大龄牛只应尽量不使用性控精液，以避免这些繁殖重点关注牛只未能及时配妊。

（2）选择合适的输精时间 因性控精液解冻后精子存活时间较短，相对于常规精液而言，使用性控精液进行人工授精时可以适当延后2～4h。研究表明，青年牛在发情后12～14h使用性控精液配种受胎率较高，而成母牛在发情后12～18h使用性控精液配种受胎率较高。

（3）选择合适的输精部位 使用性控精液进行人工授精时可以采用子宫角深部输精法，即将性控精液直接输到发情母牛的子宫角内，从而提高性控精液的配种受胎率。但是在采用子宫角深部输精时，有经验的操作人员应先检查卵巢上卵泡发育情况，然后将精液全部输送到待排卵侧子宫角内；如果操作人员技术不成熟，则应在两侧子宫角内各输半支精液，切不可不经检查就盲目将精液随机输送到单侧子宫角。

>> 七、胚胎移植技术

1. 胚胎移植的概念及原理

（1）胚胎移植的概念 牛胚胎移植技术是指将良种母牛体内或

体外生产的早期胚胎移植到生理状态相同的母牛子宫内,使其发育成良种牛正常胎儿和后代的繁殖技术,亦俗称"借腹怀胎"。其中,提供早期胚胎的母牛称为供体母牛,接受胚胎移植的母牛为受体母牛。

胚胎移植是快速建立良种种群、增加良种数量的有效途径,能够充分挖掘优秀母畜的遗传潜力,尤其是对于繁殖周期长的单胎动物来说,其终生的种用价值可以提高 10 倍甚至几十倍,为发挥优良牛种遗传价值及快速扩繁提供了科学的技术保障。

(2) 胚胎移植的原理 胚胎移植技术之所以能够实现,主要基于以下 4 个生理学基础。

①无论受精与否,母畜发情后最初数日到十多日,其生殖系统的变化相同,在相同的发情时期,供体和受体母牛的生理状态一致。

②早期胚胎处于游离状态,取出或移入对母体及胚胎均无较大影响。

③移植后不存在免疫排斥,胚胎可以在受体子宫内存活,正常发育至分娩。

④胚胎的遗传特性不受受体牛品质的影响。

(3) 胚胎移植的原则 胚胎移植技术实施时,必须遵守以下 3 个基本原则。

①环境相同原则 胚胎在移植前后所处的环境应基本相同,这就要求供体和受体在分类学上属性相同、发情时间一致、生理状态相同,移植部位也应与胚胎原来的解剖部位一致。

②时间原则 耗牛非手术胚胎移植必须保证胚胎处于游离状态、周期黄体开始退化前、胚胎适合冷冻保存等条件,因此,耗牛非手术移植时间通常在发情后的 7d 前后。

③无伤害原则 胚胎在体外操作过程中不应受到不良环境因素的影响和损伤,包括化学损伤、有毒有害物质损伤、机械损伤、温度损伤和射线损伤等。

(4) 胚胎移植的类型 根据胚胎生产方式或来源的不同,胚胎移植可分为体内胚胎生产与移植和体外胚胎生产与移植两种类型（图 2-19），分别对应于超数排卵-体内胚胎生产技术体系和活体采卵-体外胚胎生产技术体系。

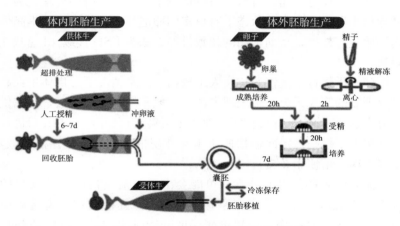

图 2-19　体内外胚胎生产及移植流程图

2. 体内胚胎生产技术　超数排卵-体内胚胎生产技术体系是指利用外源生殖激素超数排卵处理供体母牛，使母牛比自然状态下排出更多的卵子，人工授精后一定时间内通过非手术法从子宫角采集早期胚胎，然后将胚胎（新鲜胚胎或者冷冻-解冻胚胎）移植给受体母牛的技术过程。主要包括供体母牛选择、供体母牛超数排卵、供体母牛发情鉴定及人工授精、供体母牛胚胎回收、胚胎质量鉴定和胚胎冷冻保存等环节。

（1）供体母牛的选择　供体母牛的选择和饲养管理是体内胚胎生产的关键。供体母牛的选择标准如下。

①遗传性能　至少具有 3 代完整的系谱，生产性能优异，体型结构良好。

②繁殖性能　适配年龄、生殖道及卵巢机能正常，发情周期正常。

③健康状况　无遗传缺陷疾病，无传染性疾病，无子宫内膜

炎、乳腺炎等疾病，体况适中。

④饲养管理　草场旺盛，饲草料营养均衡，供体母牛使用前后避免转群、转场、免疫等应激。

（2）供体母牛超数排卵　对供体母牛进行超数排卵处理是为了诱导母牛卵巢比在自然状态下有更多的卵泡发育并排卵，以提高体内胚胎生产效率；目前常用的超数排卵方法为 FSH 连续 4d 递减注射法。

（3）供体母牛发情鉴定及人工授精　正常情况下，供体牛在超排处理后的第 9 天上午会表现发情，一般采用 2 次输精法，即在供体母牛发情后 8～12h 进行第 1 次人工授精，再间隔 8～12h 后进行第二次人工授精，每次输精使用 1 支常规精液（如果是性控精液，建议每次输精使用 2 支）。

需要注意的是，部分牛只可能会出现提前发情或延后发情的现象，针对这一类牛只应在原有输精基础上提前增加或者延后增加一次人工授精操作，以尽可能保证陆续排出的卵子都能遇到具有受精能力的精子；当然，也会有部分牛只未能观察到发情，针对这一类牛只也应该按照原方案时间进行定时输精，同时在第 1 次输精时额外注射适量的 GnRH 或 "促排 3 号"，以提高供体牛利用率。

（4）供体母牛胚胎回收

①回收时间　胚胎回收一般在供体母牛发情后的第 7 天（发情当天为第 0 天）进行，即在整个超排过程的第 16 天进行。

②回收方法　目前，牛体内胚胎采集方法主要是非手术采集法，即通过直肠把握方式，将冲胚管经子宫颈放入子宫角大弯与小弯连接处，然后使用气囊固定，再用一定量的冲胚液反复冲洗子宫，从而将胚胎冲洗出来。

③回收流程　牛胚胎回收又称为冲胚，主要包括供体牛的保定麻醉、卵巢检查、插入冲胚管、充气固定、用冲胚液冲洗子宫角、捡胚等过程。

A. 供体母牛保定及麻醉　将供体母牛赶入保定栏内保定，在其尾椎硬膜外注射 4～5mL 盐酸利多卡因注射液进行局部麻醉。

B. 供体牛卵巢检查　直肠触诊检查供体牛两侧卵巢上的黄体和卵泡发育情况，记录两侧卵巢上的黄体和卵泡数量。超排后的牛只卵巢上黄体及卵泡数量较多，容易混淆，检查时应注意区分。

C. 清洗外阴并插入冲胚管　清除直肠内宿粪，使用洁净的清水清洗母牛外阴，再用干净纸巾擦拭干净，并使用 75％酒精喷洒消毒；然后用消毒好的扩宫棒扩张子宫颈（特指青年牛，成母牛可以不扩宫），必要时使用黏液棒吸取子宫体内的黏液；将冲胚管插入阴道内，避开尿道口后依次通过子宫颈、子宫体，进入一侧子宫角，到达大弯处前端时停止。

D. 充气固定　冲胚管到达子宫角合适位置后，用 20mL 注射器向冲胚管的气囊充气，待固定气囊后拔出钢芯。

E. 回收胚胎　用 50mL 注射器吸入 20～30mL 冲胚液（具体冲洗液体量视牛只子宫大小而定），通过冲胚管注入子宫角，然后回收冲胚液（注意避免反复抽吸，以防遗漏甚至损伤胚胎），并将回收的冲胚液注入集卵杯内或无菌集卵瓶内。重复以上注入-回收冲胚液操作 4～5 次。每侧子宫角约需用 150～200mL 冲胚液；一侧子宫角采集结束后，再将冲胚管插入另一侧子宫角，重复上述操作过程。

F. 回收液处理及捡胚　将回收的冲胚液倒入侧壁滤膜为 75μm 孔径的集卵杯（过滤漏斗）内，过滤完毕后用冲胚液反复冲洗侧壁滤膜，以防胚胎粘在滤膜壁上；然后将集卵杯放在体视显微镜下进行捡胚。观察到胚胎后，用前端孔径为 300～400μm 的巴氏吸管吸出胚胎，移入装有新鲜胚胎保存液的培养皿内。集卵杯检查 2～3 遍确认所有胚胎均被捡出之后，将一头供体牛的所有胚胎用保存液洗涤 2～3 遍再移入新的含有保存液的培养皿中等待进行质量鉴定。注意核对捡出来的胚胎总数与检查的黄体数是否一致。

（5）胚胎质量鉴定　从供体母牛子宫采集发情后 7d 左右的胚胎，大多为桑葚胚到囊胚阶段，不同胚胎阶段对应的特征见表 2-5。

表 2-5 冲胚时胚胎阶段及特征

类型	常用缩写及相应全称	特征
桑葚胚	M，morula	卵裂球隐约可见，细胞团几乎占满卵黄周隙
致密桑葚胚	CM，compacted morula	卵裂球进一步分裂变小，看不清卵裂球界线，细胞团收缩至占卵黄周隙的60%～70%
早期囊胚	EB，early blastocyst	细胞团一侧出现较透亮的囊胚腔，难以分清内细胞团和滋养层细胞，细胞团占卵黄周隙的70%～80%
囊胚	BL，blastocyst	囊胚腔明显增大，内细胞团与滋养层细胞可以分清，滋养层细胞分离，细胞充满卵黄周隙
扩张囊胚	EXB，expanded blastocyst	囊胚腔充分扩张，体积增至原来的1.2～1.5倍，透明带变薄，相当于原厚度的1/3
孵化囊胚	HB，hatched blastocyst	透明带破裂，扩张胚胎细胞团孵出透明带外

目前主要采用形态学观察法鉴定回收胚胎的质量。一般将胚胎等级分为 A、B、C、D 4 个等级，具体分级标准见表 2-6。

表 2-6 胚胎分级标准

级别	胚胎情况	评定标准
A级	胚胎发育完好，可用于鲜胚移植或冷冻保存	胚胎发育阶段与时间相符。胚胎形态完整，胚胎细胞团轮廓清晰，呈球形，分裂球大小均匀，细胞界限清晰，结构紧凑，色调和明暗程度适中，无游离细胞
B级	胚胎发育尚好，可用于鲜胚移植或冷冻保存	胚胎发育阶段与时间基本相符。胚胎细胞团轮廓清晰，色调和细胞结构良好，可见一些游离细胞或变性细胞（10%～15%）

（续）

级别	胚胎情况	评定标准
C级	胚胎发育一般，可用于鲜胚移植，但不能进行冷冻保存	胚胎细胞团轮廓不清晰，色调发暗，结构较松散，游离及变性细胞较多，结构好的胚胎团仅占30%～40%
D级	胚胎发育停止或退化、未受精卵等	未受精卵或发育迟缓，细胞团破碎，变形细胞比例超过60%

（6）胚胎冷冻保存 生产的牛体内胚胎如果不能进行鲜胚移植，则需要进行冷冻保存。牛体内胚胎常使用的冷冻保存方法为程序化冷冻法（也叫慢速冷冻法），需要使用专用的程序降温仪。

程序化冷冻法操作过程如下。

①平衡 将A级或B级胚胎用保存液清洗3～5次后，使用过渡液（保存液与冷冻液1∶1混合）洗涤1次，然后移入冷冻液中平衡10min。

②装管 用0.25mL胚胎细管按5段装液法装入胚胎和冷冻液。

③封口标记 加热封口或使用专用塑料封口塞封口（建议采用封口塞），并使用永久性标记笔或打印标签（建议使用专用标签打印机）注明供体品种、供体牛号、胚胎发育阶段与级别、生产日期等信息。

④冷冻过程

A. 平衡 将含有胚胎的冷冻细管放入预先冷却至−6℃的程序降温仪的冷冻槽中平衡4min。

B. 植冰 胚胎细管在−6℃平衡4min后，将细管稍微提起，用在液氮中预冷的镊子前端夹住每只细管中胚胎段上面的冷冻液约3～5s，进行人工诱发结晶（人工植冰），诱发结晶后再平衡4min。

C. 降温 诱发结晶后，程序降温仪以（0.3～0.5）℃/min的速率降温至−35℃后停止。

D. 投入液氮 降温完成后，用镊子夹住胚胎细管迅速取出，并将细管插入液氮内快速降温，然后装入标记好的提桶内，放置于液氮罐内进行长期保存。

E. 记录存档　待冷冻完成之后，及时做好胚胎生产记录，建立档案并妥善保存。

3. 体外胚胎生产技术　活体采卵（OPU）-体外胚胎生产技术体系是指在活体状态下通过专用设备（活体采卵仪）采集供体母牛两侧卵巢上的卵母细胞，然后在实验室条件下完成卵母细胞体外成熟、体外受精及早期胚胎体外培养等过程，最后再将胚胎冷冻保存或鲜胚移植给受体母牛的技术过程。相对体内胚胎生产方式，该技术体系胚胎生产效率较高，因此，近几年逐渐被推广应用。

供体母牛在活体采卵前既可以通过适当的外源激素超排处理以提高活体采集的卵母细胞数量和质量，也可以不通过超排处理而直接进行活体采卵。下文以经超数排卵处理的方式详细介绍该技术体系，主要包括供体牛选择、供体牛超数排卵、供体牛活体采卵、捡卵及卵母细胞质量鉴定、卵母细胞体外成熟、体外受精、早期胚胎体外培养、体外胚胎质量鉴定及冷冻保存等技术环节。

（1）供体牛选择　选择的供体牛应符合本品种标准，遗传性能优良，繁殖性能良好，体格健壮，无传染性疾病，无遗传性疾病。另外对于子宫肌瘤、久不发情、久配不孕、妊娠早期（90～120d）等牛只也可用于采卵供体。连续采卵反应好的母牛，可优先选作供体，超数排卵时重复采卵最低间隔为15d。

（2）供体牛超数排卵

①处理前准备　准备好移动式保定架、手术推车、OPU探头及显示屏、OPU金属穿刺枪、OPU穿刺架、一米硅胶采卵管、20号穿刺针若干、利多卡因、石蜡油、耦合剂、一次性长臂手套、乳胶手套、注射器、透明胶带、卫生纸等。

②卵泡检查及穿刺　首先将OPU探头、穿刺枪、穿刺架、采卵管、采卵针头连接起来，在探头上涂抹耦合剂，用一次性长臂手套和透明胶带将探头保护好后放在手术推车上备用；其次对供体牛进行尾椎麻醉，清理宿粪并彻底清洗擦拭外阴；最后给OPU探头

上均匀涂抹上石蜡油，通过母牛阴道将其伸入阴道穹窿处，一手固定卵巢，一手操作探头手柄将卵巢和探头靠近，当显示屏出现卵巢图像时，通过调整卵巢和观察图像，检查并统计卵巢上卵泡数量和大小，对于卵泡直径大于 8mm 的优势卵泡，将 OPU 金属穿刺枪放入穿刺架内，两手协调操作，将优势卵泡全部穿刺，待卵泡液排出体外即可。

③超数排卵处理　检查后间隔 1d，采用两天四次早晚肌内注射适量 FSH 的方式进行超排处理，超排总剂量根据牛只大小和检查时卵泡状态而定，总体原则为不高于同等条件下体内超排剂量的 70%。

（3）供体牛活体采卵

①依次将 OPU 穿刺枪、采卵管、采卵针头、真空瓶、真空泵、集卵瓶等连接好，打开真空泵测试是否漏气，确定连接完好后抽取适量采卵液冲洗管道备用。

②将供体牛赶入采卵间保定架内，用 2% 盐酸利多卡因进行尾椎硬膜外麻醉，麻醉完成后彻底清理宿粪，清洗外阴，用卫生纸彻底擦拭干净备用。

③给采卵探头涂上石蜡油，由助手打开阴门，操作者将 OPU 穿刺架伸入阴道穹隆处，一手固定卵巢，一手操作探头手柄并将卵巢和探头靠近，当显示屏中出现卵巢图像时，检查并记录卵巢卵泡数量和大小。

④安装好采卵针头并将穿刺枪轻轻送入 OPU 穿刺架，然后打开真空泵开始穿刺直径大于 2mm 的卵泡且计数。

⑤待一侧卵巢采集完成后，拔出穿刺枪，使用无菌生理盐水冲洗 2～3 遍后按照上述操作采集另一侧卵巢。

⑥待两侧卵巢都采集完毕后，将集卵瓶保温、避光、快速运回室内进行捡卵。

（4）捡卵及卵母细胞质量鉴定

①将装有洗卵液的 50mL 离心管水浴加热（35～38℃），然后在预热好的四孔板中准备 1 孔的洗卵液待用，用 3 支 20mL 注射器

吸取 OPU 采卵液置于热板上待用。

②用盛有 OPU 采卵液的注射器湿润集卵杯底部和两侧滤网，放入不锈钢托盘中，轻轻晃动集卵瓶使其底部的卵母细胞-卵丘细胞复合体（COCs）漂浮，快速将回收液倒入集卵杯中，倾斜集卵瓶，使用 OPU 采卵液反复冲洗，以确保所有的回收液均进入集卵杯中。

③倾斜集卵杯使液体从两侧滤网流出，待剩余少量液体（液面高度约为 0.5cm）时，停止过滤，用装有 OPU 采卵液的注射器冲洗两侧滤网，直至滤网上尽可能不粘有任何细胞。

④重复上述操作 2～3 次，直到集卵杯中剩余少量清亮液体为止。

⑤将集卵杯置于体式显微镜下观察，用 $10\mu L$ 移液枪或口吸管捡出液体中的 COCs，放入洗卵液中。

⑥在四孔板中另制备 2～3 个洗卵液孔，转移洗涤 COCs，直至洗卵液中的 COCs 无多余碎片。

⑦观察洗卵液中的 COCs，根据卵丘细胞层数和胞质完整性分为 A、B、C、D 4 个等级，分级标准如下。A 级：透明带外侧的卵丘细胞层完整且紧密，包裹 3 层以上，胞质颜色均匀适中。B 级：透明带外侧的卵丘细胞层完整且紧密，包裹 1～3 层，胞质颜色均匀适中。C 级：透明带外侧的卵丘细胞层少于 1 层，但胞质颜色均匀适中。D 级：透明带外侧无卵丘细胞，且胞质不均匀、颜色发暗等。

（5）卵母细胞体外成熟

①向四孔板中加入 $500\mu L$ 预热好的成熟液，将洗卵液中的 A、B、C 级 COCs 移入成熟液中洗涤。

②将洗涤好的 COCs 转移入 1.5mL 运输管中，每头牛对应 1 管，管上标记好牛号，放入恒温运输箱，运回实验室进行后续操作。

③到达实验室后，将运输管消毒处理后转移到二氧化碳培养箱（38.8℃，5.5%～6.5%二氧化碳，21%氧气，100%相对湿度）

中，培养 21～24h。

（6）体外受精

①38℃水浴解冻细管冷冻精液 45s。

②用剪刀剪开无棉塞的一端，插入盛有 4mL 洗精液的离心管中，再剪开另一端，使精液流入离心管中，将麦管中残留的精液滴于干净温热的载玻片上，加盖盖玻片后在 200 倍显微镜下观察精子活力，同时离心管盖紧盖子，在离心机中离心。

③弃掉上清液，留底部沉淀，然后再加入 4mL 预热的洗精液，小心混匀，再次离心。

④弃掉上清液，约留 300μL 精子悬液，轻轻吹打混匀待用。

⑤利用精子计数板计算悬液中的精子浓度和需加入精子悬液体积（推荐受精浓度为 $1×10^6$ 个/mL）。

⑥按照计算好的体积将精子悬浮液加入平衡 2h 以上的 100μL 受精滴中，加入适量矿物油覆盖，放入培养箱中备用。

⑦在卵母细胞成熟 21～24h 后，从培养箱中取出 COCs 运输管，用经二氧化碳平衡的受精液微滴反复洗涤 3 次，将胞质均匀的成熟 COCs 轻轻转移到含有精子悬浮液的受精滴中。

⑧精卵在二氧化碳培养箱（38.8℃，5.5％～6.5％二氧化碳，21％氧气，100％相对湿度）中培养 18～20h。

（7）早期胚胎体外培养

①精卵共培养 18～20h 后，将受精滴培养皿从培养箱中拿出，观察精子存活情况；用预热好的胚胎培养液在四孔板中制备两个 400μL/孔的清洗孔，并立即用 10μL 移液枪在体式显微镜下将受精卵转移至清洗孔中。

②用剥卵枪连接直径 135μm 的剥卵针，轻轻吹打清洗孔中的受精卵，直至周围完全没有卵丘细胞及精子后，将受精卵移入另一清洗孔中洗涤。

③将洗涤过的受精卵转移入预热好的 100μL 胚胎培养液微滴中（每个微滴中不超过 25 个受精卵），并将培养皿置于三气培养箱（38.8℃，5.5％～6.5％二氧化碳，6％氧气，100％相对湿度）中

培养。

④培养48h后，从培养箱中拿出培养皿置于体式显微镜下，迅速观察每个微滴内胚胎的发育情况，分别记录1细胞、2细胞、4细胞、8～16细胞受精卵个数，并计算卵裂率；同时根据情况隔天半量换液。

（8）体外胚胎质量鉴定及冷冻保存

①培养到第7天时，从培养箱中拿出培养皿置于体式显微镜下，观察每个微滴内的胚胎发育情况，记录桑葚胚、早期囊胚、囊胚、扩张囊胚、孵化囊胚的个数，并计算囊胚率。

②观察结束后，通过形态学观察对胚胎进行质量鉴定，标准如下。A级：与期望的发育阶段一致。胚胎形态完整，轮廓清晰、呈球形，结构紧凑，色调和透明度适中。胚胎细胞团呈均匀对称的球形，透明带光滑完整。不规则胚胎相对较少，变性细胞占比不高于15%。B级：与期望的发育阶段基本一致。胚胎形态较完整，轮廓清晰，色调及密度良好，透明带光滑完整，存在一定数量形状不规则或颜色、密度不均匀的细胞，但变性细胞占比不高于50%。C级：与期望的发育阶段不一致。胚胎形态不完整，轮廓不清晰，色调发暗，结构松散，游离细胞较多，但变性细胞占比不高于75%。D级：死亡或退化。内细胞团有较多碎片、轮廓不清晰、结构松散，变性细胞比例高于75%，包括死亡或退化的胚胎、卵母细胞、1细胞及16细胞以下的受精卵。

其中，A级和B级胚胎可进行冷冻保存或鲜胚移植，C级胚胎只能用于鲜胚移植。

③为了提高体外胚胎冷冻效率，体外胚胎常采用玻璃化冷冻方式。目前已经有商品化的玻璃化冷冻试剂，按照试剂说明先后对需要冷冻的胚胎进行清洗、冷冻液预平衡后，将胚胎混合尽可能少（约0.3μL）的冷冻液迅速转移至冷冻载杆薄片前端，并立即投入液氮中。

④用镊子夹住液氮中的冷冻载杆，套入保护套管中，装入标记好的提桶内，置于液氮罐内保存即可。

4. 胚胎移植操作流程

（1）受体牛选择　受体牛应优先选择适配青年母牛，其次为繁殖状态良好的成母牛。受体母牛的选择标准如下。

①遗传性能　生产性能一般，体型较大、后躯相对发达，特别是选择小体型牛做受体时，应注意躯体结构，避免发生难产。

②繁殖性能　受体牛应处于适配年龄，生殖道及卵巢机能正常，发情周期正常，移植前至少具有两个正常的发情周期。

③健康状况　无遗传缺陷疾病，无传染性疾病，无子宫内膜炎、乳腺炎等疾病，体况适中。

④饲养管理　饲草料营养均衡，受体牛接受移植前后避免转群、转场、免疫等应激。

（2）受体牛同期处理　如果采用鲜胚移植，则受体牛需要进行适当的同期发情处理，使受体牛发情时间与供体牛发情时间一致，便于同期进行鲜胚移植。

（3）受体牛黄体质量检查　将发情后第 7 天（发情当天记为第 0 天）的受体牛固定在保定栏内或颈夹上，通过直肠触诊检查受体牛两侧卵巢上黄体情况，按照黄体大小、质地进行分级（分级标准见表 2-7）。

表 2-7　黄体分级标准

级别	黄体情况	评定标准
A 级	黄体结构完好，可作为移植受体	突出于卵巢表面，直径在 1.5cm 以上，质地软硬适中而具有弹性，与卵巢衔接良好，基部充实，可触到排卵点
B 级	黄体结构尚好，根据具体情况可选择性作为移植受体	突出于卵巢表面，直径在 1.0~1.5cm 之间，质地稍软或稍硬，与卵巢连接基部可触，排卵点不明显
C 级	黄体正在退化或已退化，不可作为移植受体	未明显突出于卵巢表面，直径明显小于 1.0cm，质地较软和较硬，无排卵点
D 级	新生黄体，不可作为移植受体	黄体较小或尚未形成，触摸较小或者触摸不到

记录受体牛卵巢和黄体情况，用记号笔在受体牛后驱标记出黄体侧，便于移植时确定胚胎移植的方向。

（4）移植前胚胎处理

①新鲜胚胎的准备　供体母牛采集的胚胎，如果有合适的受体母牛，就可以将新鲜胚胎直接转入0.25mL胚胎细管中移植给受体母牛。新鲜胚胎装管方法常采用"三段装管法"，即保存液-空气-含有胚胎的保存液-空气-保存液。

②冷冻胚胎的准备　如果是移植冷冻保存的体内外胚胎，移植前需要将胚胎解冻后进行移植。不同方法冷冻的胚胎解冻过程存在差异。

A. 程序化冷冻的体内胚胎解冻　程序化冷冻的体内胚胎解冻操作同冻精解冻操作类似，即从液氮中取出胚胎细管，在空气中停留5s后立即将细管插入32～35℃水浴中，停留20～30s后取出，用纸巾擦干后剪去细管塞子端，装入胚胎移植枪内进行移植即可。程序化冷冻的体内胚胎在使用时不需要逐个检查胚胎质量，可采用定期随机抽检的方式检查胚胎质量。

B. 玻璃化冷冻的体外胚胎解冻　玻璃化冷冻的体外胚胎解冻需要经过一定的复苏过程才能诱导胚胎恢复活性。目前已有配套的商品化解冻液，按照说明书中的解冻流程依次洗涤脱去冷冻液、诱导复苏后，将胚胎转移到胚胎保存液中，在体式显微镜下，根据冷冻前胚胎质量、发育阶段等鉴定解冻后胚胎质量并记录，然后按照鲜胚装管方式将合格胚胎转入胚胎细管等待移植即可。

（5）胚胎移植基本操作

①将需要移植的胚胎细管装入胚胎移植枪，并依次给移植枪套上移植外套管和外套膜。

②对检查合格的受体母牛进行尾椎硬膜外麻醉（2%盐酸利多卡因3～5mL），麻醉后清除直肠内粪便，使用一次性纸巾擦拭外阴部。

③移植人员将装有胚胎细管的移植枪通过阴门依次经过子宫颈外口、子宫体、黄体侧子宫角，当移植枪前端到达子宫角大弯前端

后，用力推动移植枪钢芯，将胚胎推出到移植部位。

（6）妊娠诊断　受体母牛移植胚胎后应注意观察返情。所有受体母牛在胚胎移植后 45～60d 时直肠触诊进行妊娠诊断（有条件的牧场可在胚胎移植后 28～33d 时进行早期孕检），并记录受体牛妊娠情况。

>> 八、繁殖障碍防治技术

繁殖障碍是繁殖机能紊乱和生殖器官畸形所引起的生殖活动异常的现象，是影响牦牛繁殖性能的重要原因。根据引起繁殖障碍的原因不同可将其分为遗传性繁殖障碍、免疫性繁殖障碍、机能性繁殖障碍和生殖性繁殖障碍等 4 种类型。

1. 公牛主要繁殖障碍及其防治技术

（1）遗传性繁殖障碍

①隐睾症　公牛隐睾症发病率大概在 0.7% 左右，因其睾丸位于腹腔，未成功下降到腹壁的阴囊内而使睾丸发育受阻，不仅体积较小，而且内分泌机能和生精机能受到影响，甚至不能产生成熟精子，根据隐睾程度分为单侧隐睾症和双侧隐睾症。患单侧隐睾症的公牛精液中有少量精子，但是精子密度极低；患双侧隐睾症的公牛精液中只有副性腺分泌液而没有精子，因此都会影响其正常生殖机能。

隐睾症为隐性遗传性疾病，后期防治难度较大，因此一旦发现隐睾症，应立即淘汰与之有亲缘关系的个体，避免隐睾基因遗传下去。

②睾丸发育不全　睾丸发育不全主要是指精细管生殖层的不完全发育，发病率比隐睾症高，临床上不易诊断，主要表现为精液量正常但是精子密度较低，严重者精子无活力甚至无精。发病后防治难度较大，因此一旦发现应立即淘汰与之有亲缘关系的个体。

③染色体畸变　染色体发生异常易位、嵌合等畸变会引起公牛无精，发病后防治难度较大，因此一旦发现应立即淘汰与之有亲缘

关系的个体。

（2）免疫性繁殖障碍　公牛免疫性繁殖障碍主要表现为精子发生凝集反应。公牛精子中至少含有 3～4 种与精子特异性有关的抗原。在病理状态下，如睾丸或附睾发生损伤、炎症、输精管道障碍等，导致精子抗原进入血液并与免疫系统接触，便可引起自身的免疫反应，产生抗精子抗体，从而引起精子相互凝集。发病后防治难度较大，只能淘汰。

（3）机能性繁殖障碍

①性欲缺乏　公牛性欲缺乏主要表现为交配欲望不强或阴茎勃起障碍等，大多数是内分泌机能失调导致的雄激素分泌不足或体内雌激素含量过高引起的。临床上可以通过肌内注射雄激素、人绒毛膜促性腺激素或促性腺激素释放激素进行治疗。

②精液品质不良　精液品质不良指公牛射出的精液达不到使母牛受孕的标准，主要表现为射精量少，无精，死精、畸形率高，活力差等现象。引起精液品质不良的因素有很多，包括环境因素、内分泌机能失调、采精操作不当等，因此在临床治疗时，应首先找到发病原因然后对症治疗。

（4）生殖性繁殖障碍

①生殖器官炎症　公牛生殖器官炎症有睾丸炎及附睾炎两种，主要由物理学损伤或病原微生物感染引起，表现为精子活力降低、精子数量减少等，轻度炎症通过治疗可以恢复，严重者只能淘汰。

②生殖道炎症　生殖道炎症包括阴囊炎、前列腺炎、精囊腺炎、尿道球腺炎、包皮炎等，主要由微生物感染引起，轻度炎症可通过治疗恢复。

2. 母牛主要繁殖障碍及其防治技术　母牛繁殖障碍表现为发情、排卵、受精、妊娠、分娩及哺乳等生殖活动异常，根据发病原因也可分为遗传性繁殖障碍、免疫性繁殖障碍、机能性繁殖障碍和生殖性繁殖障碍等四种类型。

（1）遗传性繁殖障碍

①生殖器官发育不全　母牛生殖器官发育不全主要表现为卵巢

和生殖道体积小或生殖器官畸形，导致母牛生殖机能减弱或丧失。大多数生殖器官发育不全是不可逆的，少部分可通过改善饲养管理条件而恢复。

②异性双生母犊不孕 异性双生母犊牛中95％以上患不孕症，表现为不发情或无子宫，一旦发现应立即淘汰。

（2）免疫性繁殖障碍 母牛免疫性繁殖障碍主要表现为受精障碍、早期胚胎死亡、死胎等，可引起母牛屡配不孕、流产或犊牛成活率降低。

①受精障碍 母牛对精子抗原既有体液免疫反应，又有细胞免疫反应。在生殖道出现严重炎症或机能障碍发生时，子宫可产生大量抗体，对精子抗原进行吞噬，造成精子损伤。此时应分析病原对症治疗，待母牛停止配种1～2个情期之后再进行配种。

②早期胚胎死亡 胎儿的一半遗传物质对于母体来说是异体蛋白，可能刺激机体产生抗体对胎儿引起排斥反应。正常情况下，母体和胚胎均可以产生输卵管蛋白、子宫滋养层蛋白、早孕因子等特殊物质产生免疫耐受性，从而维持胎儿不被排斥。当患有某些免疫性疾病的母牛不能分泌免疫耐受效应物质时，就会引起母体排斥反应，破坏胎盘结构从而造成早期胚胎死亡。自然状态下，母牛妊娠期间产生肾上腺类固醇皮质激素、雌激素及孕激素等，可抑制免疫应答反应，缓解母体自身免疫性疾病。临床上也可以通过肌注孕激素来起到保胎的作用。

（3）机能性繁殖障碍

①卵巢静止 卵巢静止指卵巢出现机能障碍而导致的无周期性活动的现象，多是由营养不良和内分泌紊乱所引起的。长时间的卵巢静止可能会引起卵巢组织萎缩、硬化，造成不可逆的后果。临床上应结合母牛体况进行处理，营养不良时注重加强营养调控，内分泌紊乱时可使用促卵泡素、人绒毛膜促性腺激素、孕马血清、雌激素等诱导卵巢恢复活性。

②卵巢囊肿 卵巢囊肿可分为卵泡囊肿和黄体囊肿两种类型。卵泡囊肿主要是卵泡在发育过程中卵泡上皮发生变性，导致卵

泡壁结缔组织增生变厚，无颗粒细胞，卵母细胞死亡或退化，卵泡液增多但不排卵，严重者表现为慕雄狂，持续性发情。主要诱因为母牛外周血中促卵泡素、抑制素和雌激素水平升高，但是缺乏促黄体素不能排卵，临床上可通过肌内注射 LH 或人绒毛膜促性腺激素治疗，也可以通过穿刺方式使其排卵。

黄体囊肿是由于未排卵的卵泡壁上皮发生黄体化或者排卵后黄体化不足而形成空腔蓄积液体产生。常表现为长期乏情，直肠触诊囊肿可达 5cm 以上，囊肿壁厚，内有大量液体，此时母牛外周血中含有大量孕激素。临床上可通过肌内注射 PG 或其类似物来治疗。

③持久黄体　持久黄体指妊娠黄体或周期性黄体超过正常时间而不消失的现象，诱因多为体内 PG 分泌不足或促黄体素及促乳素分泌过多造成的，母牛表现为长期不发情。临床上可通过肌内注射 PG 或其类似物来治疗。

（4）生殖性繁殖障碍

①子宫内膜炎　子宫内膜炎是子宫黏膜慢性发炎引起的，发病率在 20% 左右，有急性和慢性之分，慢性子宫内膜炎由急性转变而来，大部分是由链球菌、葡萄球菌及大肠杆菌感染所引起。输精操作不严格、胎衣不下、布鲁氏菌病等均会引起子宫内膜炎的发生。

慢性子宫内膜炎又可分为隐性子宫内膜炎、慢性卡他性子宫内膜炎、慢性卡他脓性子宫内膜炎和慢性脓性子宫内膜炎，临床治疗时以恢复子宫张力、改善子宫血液循环，促进子宫收缩，抑制和消除子宫感染为原则，治疗药物应以抗生素和激素结合使用，如土霉素和 PG 结合治疗效果较佳。

②子宫积脓　子宫积脓指子宫内积有大量脓性分泌物而无法排出的现象。一般情况下，子宫积脓的母牛黄体持续存在，发情周期停止。临床上可通过清洗子宫、灌注抗生素来治疗。

③难产　难产指母牛分娩时超出正常持续时间的现象。难产的原因一般包括产力不足、产道不通和胎儿体型较大等，一般胎儿性

难产率较高，约占80%。临床上治疗的关键在于及时有效的助产，必要时可辅助采用药物催产。

④胎衣不下 胎衣不下指母牛分娩后12h内全部或部分胎盘没有排出体外的现象。造成胎衣不下的原因很多，如妊娠后期日粮营养缺乏或营养不平衡，特别是蛋白质和矿物质、微量元素、维生素缺乏都可能导致母牛产后胎衣不下；妊娠后期运动不足、难产、接产不当也会引起胎衣不下。临床上治疗以抑菌和消炎为主，促进胎衣排出，尽量不要通过手动剥离，避免对子宫造成不可逆的损伤。

第三节 提高牦牛繁殖力的技术措施

>> 一、繁殖力评价指标

繁殖力是指维持牦牛正常繁殖机能并生育后代的能力，是评定牛生产力的综合指标。评定母牛繁殖力的指标有很多，实际生产上常用的主要为情期受胎率和年繁殖率。

1. 情期受胎率 情期受胎率指在一定时间内受胎母牛数占本期内参加配种母牛总发情周期数的百分率，是以情期为单位统计的受胎率。反映母牛发情周期的配种质量，在一定程度上能够反映出配种水平和受胎效果，能较快发现牛群的繁殖问题。根据实际需要，情期受胎率又可分为第一情期受胎率和总情期受胎率。

第一情期受胎率指第一次配种受胎的母牛数占第一情期配种母牛总数的百分率，包括青年母牛第一次配种或经产母牛产后第一次配种后的受胎率，主要反映配种质量和牛群的生殖能力。

总情期受胎率指配种妊娠母牛数占总配种情期数的百分率，反映母牛1个发情周期内的配种质量、人工授精的技术水平和公牛精液质量。

2. 年繁殖率 年繁殖率是本年度内出生的犊牛头数占本年度初可繁殖母牛头数的百分率，是反映牛群增殖效率的重要指标，此项指标与发情、配种、受胎、妊娠、分娩等生殖活动的机能以及饲养管理水平有关。

>> 二、影响牦牛繁殖力的因素

1. 遗传因素 遗传因素是影响母牛繁殖力的决定性因素，不但品种之间存在差异，而且同一品种内个体间也不相同。亲本繁殖力的高低能影响其后代，近交可明显引起繁殖性能的下降，而杂交能提高其繁殖性能。公牛的精液质量和受精能力与其遗传性有密切关系，精液品质差与受精能力低的公牛其后代也可能具有繁殖力低的遗传特性；母牛繁殖性状的遗传力较低，且产奶量与繁殖力呈负相关，近几年的相关研究表明，随着产奶量的增加，母牛的繁殖力有逐渐降低的趋势。

2. 营养因素 营养对奶牛的发情、配种、受胎以及犊牛成活起决定性的作用，其中，以能量和蛋白质对繁殖力影响最大。合理的饲养管理，尤其是合理的日粮营养水平能提高母牛的繁殖力。

（1）能量 若后备牛日粮能量不足，将导致性成熟明显滞后、初情期推迟，严重者导致卵巢及子宫发育异常；若能量过剩，则容易导致后备牛受胎率降低、难产率增加；若成母牛日粮能量不足，则容易导致母牛产后乏情、发情周期紊乱；若成母牛日粮能量过剩，则容易引起代谢紊乱，影响受胎率。

（2）蛋白质 若日粮蛋白不足或品质不佳，不但会影响发情、受胎和妊娠，还会使日粮适口性下降、采食量减少，进而使母牛体况下降，直接或间接影响母牛的繁殖性能。

但若日粮蛋白过量，则会引起：

①氮代谢的大量有毒副产物（氨和尿素）会损伤精子、卵子和胚胎发育，造成受胎率下降；

②日粮的能量和蛋白质的不平衡会影响代谢效率，引起排卵延迟、受胎率和血浆孕酮水平的下降；

③氮代谢的有毒副产物或能量利用效率会改变促性腺激素和孕酮的分泌，进而影响发情及妊娠。

（3）矿物质　日粮中钙、磷缺乏或过量可导致分娩时发生产乳热，这对牛奶生产和母牛繁殖有较强副作用；日粮中钙、磷比例不当也影响母畜的生殖机能，一般日粮钙磷比应保持在 1.5∶1。

铜是牦牛体内大多数酶的组成成分，缺乏时繁殖性能会发生紊乱。

锰参与牦牛体内胆固醇的合成，缺锰时容易引起性激素合成障碍。

锌属酶活化剂，缺乏时影响牦牛性腺活动和性激素分泌。

硒与维持细胞正常免疫功能相关，缺乏时可降低吞噬细胞功能，导致乳腺炎、胎衣不下、子宫内膜炎和卵巢囊肿发病率的增加。

硒和维生素 E 协同作用，能有效促进性激素分泌，提高母牛繁殖效率。

（4）维生素　维生素 A 不足会引起母牛繁殖系统紊乱，导致死胎率、弱胎率、胎衣不下比例、妊娠后期流产率和活犊牛死亡率等指标增高。

维生素 D 与维持体内钙磷代谢稳定密切相关，供应不足常导致犊牛钙营养不良，造成佝偻症，影响奶牛免疫系统，严重者发情停止。

维生素 E 俗称生育酚，对维持细胞膜完整、免疫和繁殖功能正常均非常重要。因此，维生素 E 缺乏常导致母牛胎衣不下、子宫内膜炎和乳腺炎发病率升高。

3. 环境因素　环境因素会通过各种渠道单独或综合地影响母牛的机体，改变母牛与其环境之间的能量交换，从而影响母牛的行为、生长、繁殖和生产性能。气候和环境因素如季节、温度、湿度和日照等，都会影响母牛的繁殖，尤其在炎热夏季，高温、高湿对母牛造成的热应激，将导致母牛不发情或发情症状不明显、受胎率直线下降、胚胎死亡或流产数量增加等。为了提高母牛的繁殖力，应尽可能给母牛提供适宜的饲养环境条件。

4. 疾病因素　繁殖和生理疾病均会影响母牛的繁殖力。卵巢囊肿、卵巢静止、持久黄体、胎衣不下、子宫内膜炎等繁殖疾病直接影响母牛的生殖过程，造成母牛繁殖力下降；消化、呼吸、循环、视觉系统等疾病也会直接或间接影响母牛的繁殖过程，造成母牛不孕或流产。

5. 管理因素　牦牛群管理的好坏对繁殖力的影响也很大。母牛管理不当，如过早参加配种、运动不足、过度追求其产奶量、牛舍卫生不佳、夏季过热或冬季过冷、保胎防流措施不利等，均可导致母牛繁殖机能紊乱，严重会造成不育；公牛管理不善，如缺乏运动、公牛之间互相顶撞踢咬等导致的损伤睾丸和肢蹄，采精过频及性欲低下等，会引起公牛正常交配行为障碍，精液品质下降甚至失去繁殖能力。

>>　三、提高牦牛繁殖力的技术措施

1. 长期、合理的选种选配方向　繁殖性状是一种受众多遗传和环境因素影响的复杂性状。有些繁殖性状仅受母牛的影响，如母牛的发情间隔、产后首次配种间隔等；有些繁殖性状仅受公牛影响，如精液量、精子密度、精子活力等；有些性状同时受公母牛的影响，如情期受胎率、产犊间隔等。从育种角度选择繁殖力高的公母牛亲本组合至关重要。长期、合理的选种选配有利于巩固优良性状，提高所产后代品质，使后代越来越优秀。

2. 及时、有效的繁殖管理流程　繁殖管理流程包含后备牛及时配种妊娠、新产牛管护、产后牛再次配种妊娠、繁殖障碍牛只防治等环节。及时、有效的繁殖管理流程能够保证空怀牛只尽早妊娠，减少空怀时间，缩短产犊间隔。

3. 完善、科学的饲养管理措施　饲养管理涉及范围较广，包

括牛群结构管理、繁殖流程管理、疾病防控管理、日常饲喂管理、人员结构管理等多个方面。完善、科学的饲养管理能够给母牛生殖机能的正常发育和维持提供充分的物质基础和环境条件，是提高母牛繁殖力的有效措施。

第三章 牦牛饲养技术

第一节 牦牛的生长发育及营养需要

>> **一、牦牛的生长发育**

1. 牦牛的生长发育过程 牦牛的生长发育是从精卵结合形成受精卵开始，经过胚胎、幼年、成年、衰老、死亡的整个生命周期过程。但是，由于人们饲养牦牛主要着眼于人类需要的性状，一旦充分发挥其有利于人类的收益后，就被淘汰或屠宰利用。因此，人们对牦牛生长发育的研究主要是在合理利用的最佳期以前，而很少对整个生命周期的全过程进行研究。

牦牛的生长是一个量变的过程，即牦牛经过机体同化作用进行物质积累，使细胞数量增多和组织器官增大，从而使牦牛整体的体重增长和体积增大的过程；牦牛的发育是一个质变的过程，即当某种细胞分裂到某个阶段或一定数量时，就出现质的变化，分化产生与原来细胞不同的细胞，并在此基础上形成新的组织和器官。牦牛的生长与发育既是相互联系，又是不可分割的两个过程。生长是发育的基础，而发育又反过来促进生长，并决定生长的发展方向。

以出生作为分界线，可将牦牛生长发育的全过程分为胚胎时期和出生后时期。每个时期又可根据其生理解剖特点和对生活空间的要求及生产的关系，分为若干个阶段。

胚胎时期是指从受精卵开始到胎儿出生为止的时期，是细胞分化最强烈的时期。在这个时期，受精卵经过急剧的生长发育过程，演变为复杂且具有完整组织器官的有机体。由于胚胎是在母体的直接保护和影响下生长发育的，在很大程度上，可以排除外界环境的直接干预与不良影响。牦牛的平均出生重为 13.2kg，胚胎时期的日增重为 51.8g。

生后时期是指从出生到死亡的一段生长发育过程。在这一时期中，牦牛个体直接与自然环境条件接触，生长发育特点与胚胎时期大不相同，许多生命活动方式也随之有所变化。按生理机能特点，这一时期可划分为哺乳期、幼年期、青年期、成年期、老年期 5 个时期。哺乳期指从出生到断奶这段时间。牦牛从出生至暖季结束约 6 个月为哺乳期，这是牦牛犊对外界条件逐渐适应的时期。牦牛在 0.5~2 岁期间，牦牛犊由依赖母乳过渡到食用饲草，食量不断增加，消化能力加强，消化器官、生殖器官、骨骼、肌肉等各组织器官生长发育强烈，逐渐接近于成年状态，性机能开始活动，绝对增重逐渐上升。但因受气候环境条件的影响，高寒草地的牧草生长呈现出季节性的变化，使幼年牦牛的生长发育，特别是体重的生长，出现随季节而消长的规律，即曲线生长的特性。青年期指牦牛由性成熟到生理成熟这段时间，年龄为 2~4.5 岁。这时牦牛生长发育接近成熟，体尺、体重的增长趋于平稳，体型基本定型，能繁殖后代，绝对增重达到最高峰。但牦牛的体尺、体重仍出现季节性的消长规律。成年期是指牦牛从生理成熟到开始衰老这段时间，年龄为 4.5~8 岁。成年期牦牛的各组织器官发育完善，生理机能成熟，代谢水平稳定，生产性能达最高峰，是利用牦牛的最佳期。老年期是指牦牛从机体代谢水平开始下降到死亡，在此时期牦牛各组织器官的机能逐渐衰退，饲草利用率和生产力随之下降。因此，除特殊需要的少数个体外，一般都不应将牦牛饲养到这个时期。

2. 影响牦牛生长发育的因素　影响牦牛生长发育的因素主要

有两类：一类是遗传因素，包括品种、性别、个体的差异；另一类是环境因素，包括母体大小，营养水平，生态因子的差异。

（1）遗传因素　牦牛的生长发育是在遗传和环境的共同作用下进行的，与其遗传基础有着密切的关系。不同品种的牦牛体型大小差异十分明显，且从出生到成年一直保持着这种差异。公、母牦牛间在体重和体尺上有较大差异，一般公牦牛生长快且体重体尺较大。

（2）母体大小　母体大小对牦牛犊胚胎时期和出生后时期的生长发育均有显著影响。

（3）饲养因素　饲养因素是影响牦牛生长发育的重要原因之一。合理的饲养是牦牛正常生长发育和充分发挥其遗传潜力的保证。不同的营养水平和饲养方法会导致不同的生长发育结果。例如，牦牛哺乳期增重，因哺育方式不同而有明显的差异，若母牦牛不挤乳，全部乳汁供给牦牛犊，以"全哺乳"的方式培育，那么牦牛犊的生长速度更快，增重更为显著。

（4）生态环境因素　环境因素中除饲草因素以外，其他如光照、温度、湿度、海拔、土壤等自然因素对牦牛的生长发育也有一定的作用，可对牦牛繁殖、生长、成活产生影响。

上述各种因素对牦牛生长发育的影响是多方面的、综合性的，不同因素所引起的变化也是多种多样的。

>>　二、牦牛的营养需要

1. 牦牛的消化特点　牦牛是反刍动物，饲料在消化道内经过物理的、化学的及微生物的作用，将大分子的有机物质分解为简单的小分子物质，被牦牛吸收利用。牦牛的胃分为瘤胃、网胃、瓣胃（三者合称前胃）和皱胃（真胃），几乎占据腹腔的3/4。牦牛对饲料的消化主要在于瘤胃，瘤胃庞大，容积为95～130L，是一个微生物连续接种的高效活体发酵罐，在其中栖居着数量巨大、种类繁多的微生物，它们协助宿主消化各种饲料（粗饲料中70%～85%

的干物质和 50% 的粗纤维），同时合成蛋白质、氨基酸、多糖和维生素，在供自身生长繁殖的同时，也将自己提供给宿主作为饲料。瘤胃中的微生物在牦牛的消化中起主导作用，每克瘤胃内容物中有细菌 150 亿～250 亿个、纤毛虫 60 万～180 万个。牦牛的瘤胃及其微生物、细菌、纤毛虫互相协调或制约，保持瘤胃内小生态的平衡，使瘤胃的消化过程顺利进行。待瘤胃内容物进入真胃或后段消化道时，微生物本身及其合成、分解的营养物质被牦牛消化吸收并利用，不能被利用的则成为粪尿等排出体外。所以，瘤胃微生物在牦牛对饲料的消化中起着重要作用，也是牦牛消化生理的主要特征。另外，牦牛不同于其他牛种的最大特点是消化粗纤维能力强。

2. 牦牛的营养需要　和其他家畜一样，牦牛生产、生活需要摄入蛋白质、能量、碳水化合物、脂肪、矿物质、维生素和水等营养。蛋白质是牦牛的肌肉、神经、结缔组织、皮肤、血管等的基本成分。牦牛瘤胃能充分利用碳水化合物中的粗纤维，碳水化合物在牦牛体内形成体组织，是组织器官不可缺少的成分，主要为牦牛提供热能。脂肪的功能主要是构成体组织、提供热能、供给犊牛必需脂肪酸，还是脂溶性维生素的溶剂，也是牦牛产品的组成成分。能量主要由碳水化合物、脂肪和蛋白质转化而来，这是牦牛生命和生产必不可少的营养成分。矿物质广泛参与体细胞的代谢过程，正确的牦牛矿物质营养不仅要符合其生理上的需要，还要考虑生产力提高的要求。牦牛的必需矿物质元素按其在饲料中的浓度划分为常量元素和微量元素。维生素和其他营养物质相比，机体需求量极微，但却是机体维持正常生理机能所必需的，在牦牛的饲养中要防止维生素缺乏症。水是牦牛机体一切细胞和组织的必需构成成分，要保证牦牛有充足、卫生的饮水。

牦牛每天的营养摄入量需要结合牦牛的年龄、性别、体重等多方面的数据进行最终确定。体重 100kg 的牦牛每天需要食用 10kg 中等品质的青草，200kg 的牦牛需要食用 14kg 中等品质的青草，250kg 的牦牛需要食用 16kg 中等品质的青草，300kg 的牦牛需要食用 18kg 中等品质的青草，300kg 以上的牦牛需要食用 20kg 以上中等品质的青草。牦牛除了需要摄入满足自身机能所必需的定量青草之外，还要根据产奶量补充相对应的青草量，一般情况下牦牛每生产 1kg 标准奶需要额外再摄入 3kg 的青草进行自身营养的补充。

第二节　牦牛的饲养管理

>> 一、牦牛牧场的划分

　　放牧场的季节划分是按季节条件或牧草、气候等生态条件来划分的，并不意味着按日历的四季划分或在某一季节只放牧利用一次。由于各地气候和牧场条件等的不同，牦牛产区有的为三季牧场（春季为 5—6 月，夏秋季为 7—9 月，冬季为 10 月至翌年 4 月），大多数只分为冷、暖两季牧场，冷季一般为 11 月至翌年 5 月，暖季为 6—10 月。

　　1. 冷季牧场　冷季牧场也叫冬春季牧场。冷季长达 8 个月之久。牧场应选在距定居点或棚圈较近、避风或南向的低洼地、牧草生长好的山谷、丘陵南坡或平坦地段，即小气候好、干燥而不易积雪的地段；有条件的地区，还可在冷季牧场附近留一些高草地或灌木区，以备大雪将其他牧场覆盖时急用。到翌年 5—6 月，天气变化大，风雪频繁而大风雪多，牦牛处于一年中最乏弱的时期，应在山谷坡地、丘陵地或朝风方向有高地可以挡风的平坦地放牧。一般要求小气候或生态条件较为优越，避风向阳，牧草萌发较早，牛群出、归牧方便的区域。如果年景差或冷季贮草不足，还应增加 10%～25% 的面积作为后备牧场。

　　2. 暖季牧场　暖季牧场也叫夏秋季牧场。暖季是草原的黄金季节，牧草逐渐丰盛，是牦牛恢复体力、增产畜产品、超量采食和增重、为冷季打好基础的季节，也是牧民希望畜产品丰收的季节。暖季牧场要选择当地地势较高、远离居民点、降雪时间来临较早、气温低而且变化剧烈、只有暖季才能利用的边远地段作为暖季牧场，尽量推迟进入冷季牧场，以节省冷季牧场的牧草和冷季补饲的草料。

>> 二、牦牛的放牧

1. 牦牛放牧技术 实施牦牛草原放牧技术的关键是制订良好的放牧制度。放牧制度是草地在用于放牧时的基本利用体系，规定了牦牛对放牧地利用的时间和空间上的通盘安排。按放牧方式，可分为自由放牧和划区轮牧。

（1）自由放牧 自由放牧也叫无系统放牧或无计划放牧，放牧人员可以随意驱赶牛群，在较大范围内任意放牧。主要放牧方式有以下5种。

①连续放牧 在整个放牧季节内，甚至全年在同一放牧地上连续不断地放牧。优点：便于生产管理。缺点：草地容易遭受严重损坏。

②季节放牧 将草地划分为若干季节放牧地，各季节放牧地分别在一定的时期放牧，如冬春放牧地在冬春季节放牧，夏季来临时，牛群转移到夏秋放牧地放牧，冬季来临时再转回冬春放牧地。这种方法有利于减轻草地压力。

③羁绊放牧 用绳将牛腿两脚或三脚相绊，或几头牦牛以粗绳互相牵连，使牛不便走远，在放牧地上缓慢行动。对于挤乳管理或驯化调教的牦牛易采取羁绊放牧。这种方法多用于少量的役用牛、种公牛或病牛。

④抓膘放牧 夏末秋初，放牧人员专拣最好的草地放牧，使牦牛在短时间内育肥，以备出栏屠宰。优点：快速提高牦牛产肉性能。缺点：造成牧草浪费，且破坏草地，降低草地

生产能力。

⑤就地宿营放牧　根据生产生活需要，就地放牧。优点：牛粪散布均匀，对草地有利，可减轻螨病和腐蹄病的感染，可提高畜产品产量。

（2）划区轮牧　划区轮牧是有计划地放牧。把草原分成若干季节放牧地，再在每一季节放牧地内分成若干轮牧分区，按照一定次序逐区采食，轮回利用的一种放牧制度。主要放牧方式包括以下5种。

①一般的划区轮牧　把一个季节放牧或全年放牧地划分成若干轮牧分区，每一分区内放牧若干天，几个到几十个轮牧分区为一个单元，由一个牛群对其进行逐区采食，轮回利用。

②不同畜群的更替放牧　在划区轮牧中，采取不同种类的畜群，依次利用。如牦牛群放牧后的剩余牧草，可被羊群利用，如此可提高放牧地的载畜量。

③混合畜群的划区轮牧　在一般划区轮牧的基础上，把牦牛、羊混合组成一个畜群，可以得到均匀采食、充分利用牧草的效果。

④暖季宿营放牧　当放牧地与圈舍的距离较远时，从早春到晚秋以放牧为主的牛群，每天经受出牧、归牧、补饲、喂水等往返辛劳，可能降低畜产品数量。这时应在放牧地附近设置畜群宿营设备，就地宿营放牧。

⑤永久畜圈放牧　当牛群所利用的各轮牧分区在圈舍附近（0.5～2km）时，管理方便，即可利用常年永久圈舍。

2. 放牧牦牛的管理　牦牛属强健不平衡型动物，表现粗暴、性野、胆怯、易惊，但合群性强，经训练建立的条件反射不易消失，较能听从指挥。因而大群牦牛放牧，一般只需一个放牧员，不易发生丢失。根据牦牛易惊的特性，牦牛群进入放牧地后，放牧员不宜紧跟牦牛群，以免牦牛到处游走而不安静采食，宜在能顾及全群的高地进行守护、瞭望。

控制牦牛群使其听从指挥的方法为放牧员用特定的呼唤、口令声，伴以甩出小石块来指挥牦牛。用小石块投击离群的牦牛，一般多采用徒手投掷，投掷距离远至数十米。距离较远时也可用放牧鞭投掷。石块的落地声，以及它在空中飞行发出的"嗖嗖"声，和放牧鞭的抽鞭声，都是给牦牛的警告和信号。牦牛会根据石块落地点和声响的来源，判断应该前去的方向。放牧员利用放牧鞭驱使牦牛前进，集合或分散。走远离群的牦牛，听见放牧鞭和飞石的声音，会很快地合群。

牦牛群的放牧日程，因牦牛群类型和季节不同而有区别。总的原则是：夏秋季早出晚归、冬春季迟出早归，以利于采食、抓膘和提供产品。

（1）冷季放牧饲养　冷季放牧饲养牦牛的目的是为了保胎、保膘，防止因为过度寒冷而使牦牛的身体素质降低。养殖者需要事先划分好放牧草场和备用草场，在放牧草场的选择上首先要选择距当前居住地较远的地方，由远及近进行放牧；其次要尽可能选择山区，如果没有山地可以选择滩地，降低对定居点附近草场的消耗。放牧的时间比较短，通常情况下早上会晚点出牧，晚上会早点收牧。当牦牛群中有大量的已孕牦牛时，要避免去有大量结冰滩地的草场，防止牦牛因为意外滑倒造成流产或者摔伤。为了在较大程度上保膘，养殖者需要在放牧区搭建一些简易的牛棚，供牦牛休息。冷季的末期，是牦牛身体最为虚弱的阶段，也是牧草极易出现短缺的阶段，因此养殖者要注重加强对幼牛和孕牛的饲养管理，以保证其安全越冬。

（2）暖季放牧饲养　暖季放牧饲养牦牛的主要目的是为了抓膘。因此，一天中大量的时间都要用来放牧，平均每天要放牧13h以上，让牦牛吃好草，并且通过一定的方式方法促进牦牛对青草的摄入。夏季温度比较高，要尽可能将牦牛放牧在山顶等比较清凉的地方。牦牛在比较凉爽的环境中食欲比较大，所以通常情况下，当太阳开始下山时，养殖者并不会急于收牧，反而让牦牛继续进食，在天黑后才会收牧。

>> 三、放牧牛群的组织管理

1. 畜群结构　家畜的种类不同，其生活条件、牧食习性各有差异。为了减少经营上的困难，只有在分别成群之后，才能管理妥善，即使同种家畜，由于年龄、强弱、性别的不同，在采食及管理中，也有其不同的特点，为了使家畜营养均匀，每头家畜都能吃好，使畜群安静，同种家畜也应分群。

牛群组织的原则：应该根据放牧地具体条件，使不同品种，或在年龄、性别、健康状况、生产性能（经济价值）等方面有一定差异的牦牛分别成群；一般情况下，牧民按"大小分群""强弱分群""公母分群"的原则对牛群进行分群。

牦牛合理的畜群结构为：母牛占85%，其中1岁母牛10%、2岁母牛10%、3岁母牛10%、成年母牛55%；公、驮牛占15%，其中公牛5%、驮牛10%。年龄组成呈金字塔式结构能满足生产所需的递补需要，周转合理。

2. 作息安排　一般包括放牧、挤乳、饮水、补饲和休息等内容。完全放牧不给补饲的牛群，放牧时间一般不少于10h，如果放牧16h仍不能吃饱，则应设法补饲，不能无限延长放牧时间，防止家畜体力过分消耗。暖季应给牦牛补饲食盐，每头补饲量为（1～1.5）kg/月，可在圈地、牧地设盐槽，供牛舔食，盐槽要防雨淋。还可以制作食盐舔砖，放置于离水源较远、不被雨淋的牧地或挂在圈舍中让牛舔食。根据牦牛特点规定饮水次数，给牦牛饮水，冷季要定时供水，每天2次，暖季放牧时要有意识地放牧到有水源的地方，让牛群自由饮水。全天放牧时间应分2～3段，段与段之间是休息、饮水或补饲的时间。应避开酷暑与严霜期放牧。

3. 补饲

（1）干草补饲　在春季出圈转场时，应尽可能加喂些干草或其他补充饲料，使牦牛吃到七八成饱，然后再到放牧地上放牧。以后逐渐减少补饲数量、增加放牧时间，使牦牛放牧地饲料逐渐改变。

（2）食盐 泌乳期牦牛需盐较多，牧草水分多时也需盐较多，可制成盐砖供牦牛舔食。

（3）矿物质饲料 矿物质饲料可促进犊牛生长发育，防止妊娠母牛、泌乳母牛的钙、磷缺失。牦牛每天补饲 100～200g，可与其他添加剂饲料混合饲喂。

（4）微量元素 微量元素种类很多，但因牦牛易缺乏，需补饲的主要有铜、硒、钴等。

①铜 牧草中通常应含有不低于 5mg/kg 的铜。一般缺铜的情况很少发生，但当钼的含量高时，限制了铜的利用，发生牦牛缺铜症。主要症状是牦牛出现腹泻、贫血、骨骼畸形等。

②硒 牧草中硒的含量应不少于 0.1mg/kg，缺硒可导致维生素 E 缺乏症、白肌症或肌肉营养不良。防治硒缺乏症可口服或皮下注射硒酸钠。

③钴 牧草中应含有不少于 0.1mg/kg 的钴。缺钴将使维生素 B_{12} 的形成受阻，导致牦牛食欲不振、萎靡和消瘦。

4. 放牧卫生

（1）驱虫与防疫 驱虫对保膘具有重要作用。通常在牦牛出圈和转入舍饲之前，或在出入冬季放牧地前，应分别进行两次药物驱虫，预防寄生虫病的传播。

（2）称重 为了检查放牧的效果或因选育工作的需要，应当定期检查测定牦牛体重。称重次数不可过多，防止过分干扰牦牛，影响健康。

（3）疾病防治 以豆科牧草为主的草地，或多汁的青绿植物以及早晚牧草附着露水或雨水较多时，牦牛大量采食后，易引起瘤胃食物发酵而患膨胀症，严重时 30min 内即可导致牦牛虚脱死亡。发现膨胀症后，可采用插入胃管排气，同时灌服甲醛溶液或松节油的方法治疗，严重时请兽医诊治。

5. 牦牛越冬措施 牦牛因其生活环境的特殊性，即高山草地生态环境的制约，全年营养摄入存在季节性不平衡，全年 70% 的时间牧草的"供"小于牦牛的"求"，也就是漫长的草原冷季，为了保证牦牛安全过冬，应采取相应的越冬措施。

（1）贮备供冷季补饲的草料　做好草料准备，利用划区轮牧的办法留出冷季牧场，收贮足量青干草，有条件的可利用青贮饲料。

（2）修建暖棚牛舍　要通盘考虑、合理布局，把棚圈建设同产业化生产相结合。修建暖棚牛舍，做好冬季疫病防治和饲养管理。对原有棚圈要注意维修。冷季牛只进棚圈之前，要对棚圈进行清扫和消毒，搞好防疫卫生。

（3）合理补饲　做好前一个暖季的放牧抓膘工作，高山草原约有3个月的牧草暖季生长期，此时牧草的贮草量大于牦牛的需求量，此时，应做好放牧工作，使牦牛在提供畜产品的同时迅速增加体重。在贮备的补饲草料较丰富的情况下，补饲越早则牛只减重（或掉膘）越迟。根据对体弱的牛只多补饲、冷天多补饲、暴风雪天日夜补饲的原则，及早地合理补饲。在冷季虽有补饲草料，也要坚持以放牧为主、补饲为辅的原则，重视放牧工作。

（4）调整牦牛群结构　冬季来临前要调整牦牛群结构，及时淘汰弱残牛，出栏育肥牛，保持最低数量的牦牛群，减少草料压力。

>> 四、牦牛的组群

为了便于放牧管理和合理利用草场，提高牦牛生产性能，对牦牛应根据性别、年龄、生理状况进行分群，并避免混群放牧，使牛群相对安静、采食及营养状况相对均衡、减少放牧的困难。牦牛群的组织和划分，以及群体的大小并不是绝对的，各地区应根据地形、草场面积、管理水平、牦牛数量的多少，以提高牦牛生产的经济效益为目的，因地制宜地合理组群和放牧。

1. 泌乳牛群　泌乳牛群是指由正在泌乳的牦牛组成的牛群，每群100头左右。对泌乳牦牛群，应分配给最好的牧场，有条件的地区还可适当补饲，使其多产乳，及早发情配种。在泌乳牦牛群中，有相当一部分是当年未产犊但仍继续挤乳的母牦牛，数量多时可单独组群。

2. 干乳牛群 干乳牛群是指由未带犊牛而干乳的母牦牛，以及已经达到初次配种年龄而尚未产乳的母牦牛组成的牛群，每群150～200头。

3. 犊牛群 犊牛群是指由断奶至周岁以内的牛只组成的牛群。幼龄牦牛性情比较活泼，合群性差，与成年牛混群放牧相互干扰很大。因此，一般将幼龄牦牛单独组群，且群体较小，以50头左右为宜。

4. 青年牛群 青年牛群是指由周岁以上至初次配种年龄前的牛只组成的牛群，每群150～200头。这个年龄阶段的牛已具备繁殖能力，因此，除去势小公牛外，公、母牦牛最好分别组群，隔离放牧，防止早配。

5. 育肥牛群 育肥牛群是指由将在当年秋末淘汰的各类牛只组成，育肥后供肉用的牛群。每群150～200头，在牛只数量少时，种公牛也可并入此群。对于这部分牦牛，可在较远的牧场放牧，使其安静、少走动，快上膘。有条件的地区还可适当补饲，加快育肥速度。

>> 五、牦牛的饲养管理

1. 公牦牛 公牦牛放牧管理的好坏，不仅直接影响当年配种和来年任务，也影响后代质量，公牦牛选择对整个牦牛群的改良利用方面有着重要的作用。优良公牦牛优异性状的遗传和有效利用，只有在良好的放牧管理条件下才能充分发挥出来，因此必须加强公牦牛的饲养管理。

（1）配种季节的放牧管理 牦牛配种季节一般在6—11月。在配种季节公牦牛容易乱跑，整日寻找和跟寻发情母牛，消耗体力大，采食时间减少，因而无法获取足够的营养物质来补充消耗的能量。因此，在配种季节应1日或几日补喂一次谷物，豆科粉料或碎料中添加曲拉（干酪）、食盐、骨粉、尿素、脱脂乳等蛋白质丰富的混合饲料。刚开始补喂时牦牛可能不采食，应留栏补饲或将料撒在石板上、青草多的草地上诱其采食，待形成条件反射后牦牛就对补饲习以为常了。总之，应尽量采取一些补饲及放牧措施，减少种公牦牛在配种季节体重的下降量及下降速度，使其保持较好的繁殖力和精液品质。在自然交配情况下，公、母比例为 1：(15～25)，最佳比例为 1：(15～20)。

（2）非配种季节的放牧管理　为了使种公牛具有良好的繁殖力，在非配种季节应和母牦牛分群放牧，与育肥牛群、阉牦牛组群，在远离母牦牛群的放牧场上放牧，有条件的仍应进行少量补饲，在配种季节到来时达到种用体况。

2. 母牦牛　参配母牦牛的组群，可根据当地生态条件，在母牦牛发情前一个月内完成，并从母牛群中隔离其他公牦牛。选好参配母牦牛是提高受配、受胎牦牛数的关键。选择体格较大、体质健壮、无生殖器官疾病的"干巴"（牛犊断奶的母牛）和"牙儿玛"（产肉量高的母牛）作为参配牛。参配牛群集中放牧，及早抓膘，促进发情配种和提高受胎率，也便于管理。参配牛应选择有经验、认真负责的放牧员放牧。对于准确观察和牵拉发情母牛的工作，放牧员、配种员应实行承包责任制，做到责任明确、分工合作。冷冻精液人工授精时间不宜拖得过长，一般约 70d 即可。抓好当地母牦牛发情时期的配种工作，在此期间严格防止公牦牛混入参配牛群中配种。人工授精结束后放入公牦牛补配零星发情的母牦牛，这样可大大降低配种工作中人力、物力的消耗，提高经济效益。

妊娠母牦牛的饲养管理十分重要，营养需要从妊娠初期到妊娠后期随胎儿的生长发育呈逐渐增加趋势。一般来说，在妊娠 5 个月后胎儿营养的积聚逐渐加快，同时，妊娠期母牛自身也有相当的增重，所以要加强妊娠母牛营养的补充，防止营养不全或缺失造成的死胎或胎儿发育不正常。放牧时要注意避免妊娠母牛剧烈运动、拥挤及其他易造成流产的事件发生。

母牦牛在干乳前期应注重母牦牛体况调整，加强母牦牛营养，确保母牦牛能达到中等以上膘情，为繁殖奠定坚实基础，此时可向母牦牛投喂优质干草，让其自由采食。进入干乳后期后，应逐步提高日粮中精饲料的投喂量，进入围产前期后则要确保饲料中有15%的蛋白质投入，并严格控制食盐，增加钙、磷投入量，避免母牦牛产后出现瘫痪。在分娩前1～2d可向母牦牛投喂适量的麸皮水，并向其中加入适量的食盐，增加机体矿物质代谢平衡，补充分娩过程中水分和盐分的流失。母牦牛分娩后应逐步增加饲料中蛋白质、能量的含量，并投喂容易消化的优质干草和精饲料，促进胃肠道消化，避免生殖系统疾病和胃肠道疾病发生。进入泌乳旺盛期后，由于母牦牛机体代谢较为旺盛，泌乳量较高，此时应向母牦牛投喂高蛋白高能量的精饲料和优质粗饲料，延长母牦牛的泌乳旺盛期。

养殖中要强化母牦牛繁殖管理，严格观察母牦牛的发情情况，一旦发现发情，将母牦牛及时挑选出来进行配种。配种结束后关注母牦牛返情情况，发现没有成功受胎的母牦牛要及时进行复配，针对多次配种都不能正常受孕的母牦牛，要进行进一步生殖系统疾病检查。发现患有生殖系统疾病的母牦牛应立即停止配种，确保母牦牛恢复健康后方可在下一个情期配种。母牦牛分娩过程中相关接产人员一定要密切观察，发生难产时，要切实做好助产工作，分娩结束后应对母牦牛的生殖器官进行检查，存在损伤的应及时进行处理。做好养殖场母牦牛繁殖疾病管理，尤其是对生殖系统疾病，如子宫内膜炎、宫颈炎、乳腺炎、乳腺炎的诊断治疗，对提高母牦牛繁殖能力有很大帮助。对于已达到适配年龄而不能正常发情或发情不规律的母牦牛要进行严格的检查，根据病因采取相应的措施进行治疗。

3. 犊牛 牦牛犊出生后，被母牦牛经5～10min舔干其体表胎液后就能站立、吮食母乳并随母牦牛活动，说明牦牛犊生活力旺盛。牦牛犊在2周龄后即可采食牧草，3月龄可大量采食牧草，随月龄增长和哺乳量减少，母乳越来越不能满足其需要时，促使犊牛加强采食牧草。同成年牛比较，牦牛犊每日采食时间较短（占20.9%），卧息时间长（占53.1%），其余时间游走、站立。犊牛采食时间短且一昼夜内有一半以上时间卧息的这一特点，在牦牛犊放牧管理中应给予重视，除应给牦牛犊分配好的牧场外，还应保证其所需的休息时间，应减少挤乳量，以满足牦牛犊迅速生长发育对营养物质的需要。

（1）哺乳 充分利用幼龄牛的生长优势，从出生到半岁的 6 个月中，犊牛如果在全哺乳或母牛日挤乳一次并随母放牧的条件下，日增重可达 450～500g，断奶时体重可达 90～130kg，这是牦牛终生生长最快的阶段，利用幼龄牦牛进行放牧育肥十分经济，所以在牦牛哺乳期，为了缓解人与犊牛的争乳矛盾，对母牛一般日挤乳 1 次为好，坚决杜绝日挤乳 2～3 次。尽量减少因挤乳母牛系留时间延长、采食时间缩短、母牛哺乳兼挤乳、得不到充足的营养补给、体况较差等导致的连产率和繁活率下降。

（2）犊牛必须全部吮食初乳 初乳即母牛在产犊后的最初几天所分泌的乳，营养成分比正常乳高 1 倍以上。犊牛吮食足初乳，可将其胚胎期粪排尽，如吮食初乳不够，引起犊牛在出生后 10d 左右患肠道便秘、梗塞、发炎等肠胃病和生长发育不良等。更重要的是初乳中含有大量免疫球蛋白、乳铁蛋白、微量元素和溶菌酶等物质，对防止犊牛感染大肠杆菌、肺炎双球菌、布鲁氏菌和病毒等起很大作用。

（3）适时补饲 选是手段，育是目的。如果只选不育是不会得到预期效果的，为了加快牦牛选育的进度，早日得到预期效果，当犊牛会采食牧草以后（出生后 2 周左右），可补饲饲料粉、骨粉配制的简易混合料或采用简单的补喂食盐的方法增加犊牛食欲和对牧草的转化率。此补饲方法如果不可能实行每日补饲，应每隔 3～5d 补喂一次。

（4）改进诱导泌乳，减少犊牛意外伤害 牦牛一般均需诱导条件反射才能泌乳，诱导条件反射分为犊牛吮食和犊牛在母牛身边两种，是原始牛种泌乳的规律。所以强行拉走刺激母牛反射泌乳的犊牛时，要注意避免使牛奶呛入犊牛肺内、器官内引起咳嗽，甚至患异物性肺炎，轻者生长发育不良，重者导致死亡，应一手拉脖绳、另一手托犊牛股部引导拉开。

（5）及时断乳 犊牛哺乳至6月龄（即进入冬季）后，一般应断乳并分群饲养。如果一直随母牦牛哺乳，使幼牦牛恋乳、母牦牛带犊，则犊牛和母牛均不能很好地采食。在这种情况下，母牦牛除冬季乏弱自然干乳外，妊娠母牛就无法获得干乳期的生理补偿，不仅影响到母、幼牦牛的安全越冬过春，还会使母牛及体内胎儿的生长发育受到影响，如此恶性循环，很难获得健壮的犊牛及提高牦牛的生产性能。为此，应对哺乳满6个月的牦牛犊分群断奶，对初生迟、哺乳不足6个月而母牦牛当年未孕者可适当延长哺乳期后再断乳，但一定要争取对妊娠母牛在冬季进行补饲。

>> 六、牦牛的育肥

1. 育肥牦牛选择 牦牛的品种如果在选购时出现失误，可能会造成养殖场较大的经济损失。因此，从市场引进牦牛时，需要通过严格的观察、询问、称重等方法进行筛选。

（1）性别选择 在同样的饲养条件下公牦牛生长更为迅速，母牦牛的生长速度最慢，且在育肥牦牛的过程中，公牦牛的增重速度要比阉牦牛快很多。公牦牛体内由于含酮量比较高，增重速度比较快，所以在短期育肥中以性别选择为好。

（2）外形选择 育肥牦牛的品种多以秦川牦牛与黄牦牛的杂交后代、黑白花奶牦牛和当地黄牦牛的杂交后代最为优质。根据各种类牦牛的整体情况分析，体型较大、背部较宽、毛密有光泽的，生长发育情况比较好；但是从局部分析，嘴巴比较宽、肋骨弯曲的弧度较大且间隙比较窄的种牦牛品相良好，青海省大通种牦牛场中的牦牛四肢较为端正，各个部位发育良好没有缺陷。

（3）月份选择 阉牦牛和母牦牛24月龄时就需要育肥，公牦牛从13月龄开始育肥效果比较好。在从外地引进种牦牛的品种时需要选择没有疫情的地区，种牦牛引入后应隔离观察一段时间，确认没有疫病后才能进行饲养。

2. 育肥前的准备　养殖场应在进行育肥前做好大批牦牛的整群工作，具体包括依据牦牛的性别、活重以及膘情等进行分批、组群以及编号工作，尽量将体格相近的牦牛分为同一组群，方便日后饲养及管理工作的高效进行；对育肥前的牦牛进行健康状况检查，淘汰年龄过大（大于 10 岁）、患有消化系统疾病等的牦牛，有效降低育肥过程中饲料、人力及物力的浪费。

购买好的牦牛运输进场后，要先提供水源，并且供给粗饲料进行喂养，在查看排便的情况后，先提供少量的粗饲料，一般不超过牦牛体重的 1%，之后再逐渐增加。如果是在外地采购的牦牛，需要先准备一些当地的饲料，再逐渐增加养殖场自行采购的饲料，在正式进行育肥之前，一般需要 10～15d 的过渡期，观察牦牛是否患有疾病、恶癖等，一旦发现病牛需要及时隔离治疗，对于一些喜爱斗争的牦牛应该进行隔离管理。要进行育肥的牦牛需要对其进行免疫注射以及驱虫，并在饲料中投入 1～2 次健胃药。过渡期结束后，牦牛已经适应了养殖场的环境以及饲料，饲料的每日喂养量也达到育肥期的标准，应对牦牛进行称重，根据牦牛的年龄、体重进行编号分类，然后就准备进入预备期。

在进行育肥前，要确定牦牛的数量，以此确定饲养草料的需求量，结合当地的饲料价格及饲料的适口性等，尽早准备好草料。对于草料的选购上需要从营养成分和品种多样化入手。杂种牛对饲料的质量要求比较高，因此需要准备更多高质量的干草和蛋白质含量丰富的精料；成年的牦牛则需要准备更多的秸秆和碳水化合物含量丰富的饲料。对于大面积的牦牛养殖，饲料可以选择较廉价的青稞、玉米、麸皮、高粱、大麦、燕麦、蚕豆、油饼、粉渣等。蛋白质类饲料缺乏时，养殖场可通过加喂尿素、骨粉、鱼粉等确保牦牛群的营养摄入充足。此外，还可通过购买舔砖让牦牛自由舔食等，实现牦牛食盐或是其他矿物质、微量元素的有效摄入。

3. 育肥方式

（1）全放牧育肥　全放牧育肥是传统的育肥方式。虽然这种传统的方式育肥期较长，增重也较少，但是不需要喂养精料，投入的成本较低。该方式的适宜时间在每年 7—10 月，并且可以夏、秋季等牧草生长旺盛、蚊虫较少且较为凉爽的草场为主要放牧地段。放牧时间可为全天候 24h 放牧，并且将其育肥期控制在 90～120d 为宜。而投入育肥的牦牛应以 8～10 岁的经产母牛以及 3～5 岁的阉牛为主。确保牦牛群每日饮水 2 次，15～20d 可进行一次草场转换，有效提高牦牛育肥的质量并降低草场退化或是牦牛群寄生虫感染等情况的发生。

（2）放牧兼补饲育肥 放牧兼补饲育肥方式的最佳时间约在每年 9—12 月，一般以秋季、冬季或过渡牧场为育肥草场，并应确保该地段水源充足、牧草丰茂等。投入育肥的牦牛一般以身体素质较差的阉牛、空怀母牛或是 8～10 岁的经产母牛为主，并且其育肥期应控制在 80～100d 为宜。放牧时间可控制在早霜消融后或是太阳落山后，确保牦牛群每日 2 次的充足饮水，并注意做好冷季牦牛饲料中的蛋白质补充以及暖季饲料中碳水化合物的补充。

（3）全舍饲育肥 全舍饲育肥方式在全年皆可有效应用，其育肥期可控制在 90～120d。投入育肥的牦牛应以 18 月龄的犊牛以及健康的老母牛为主，育肥中需要确保棚圈的卫生、清洁及通风状况等良好。为提高育肥效果，还可将育肥期分为 3 个阶段，第 1、第 2、第 3 阶段分别控制在 20d、60d、20～40d。为实现其育肥指标，养殖场还应做好牦牛饲养日料的有效调整工作，适当做好饲料中磷、钙等维生素的补充。

4. 育肥期管理措施

（1）加强消毒频率 为保证牦牛舍的清洁程度，相关人员需要每天至少打扫 1 次牦牛舍，在喂食前需要将之前残留的渣滓进行彻底清除。同时要进行不定期的消毒工作，尤其在春天和秋天更应注意；夏季和冬季要注重牦牛舍的温度调控，将温度控制在 5～20℃。

（2）建立管理制度 育肥牦牛的工作人员需要注意对种牦牛的喂食和饮水地点不要随意更换，需要定期对种牦牛进行清洁。此外，要常观察种牦牛的情绪和状态，一旦发现异常要及时查找原因，采取针对性的治疗措施。在检查每头牦牛的重量增长后评价饲养效果，及时改进方案中的不足。

（3）加强防疫制度　在育肥牦牛前，需将种牦牛体内的寄生虫去除干净，按照 13mL/kg 体重的药量对种牦牛进行甲苯达唑的注射，需要连续注射 3d。也可按照 18mL/kg 体重的药量注射丙硫苯咪唑，同样注射 3d，同时需要接种一些防止传染性疾病的疫苗。

（4）增强牦牛肠胃功能　种牦牛培育工作进入新的阶段，就需要对种牦牛采用健胃的药物对牦牛的味觉带来一些刺激，通过提高消化液的分泌量增强牦牛的食欲，并提高其对营养物质的吸收。对种牦牛的健胃工作通常会在驱虫后 3d 左右进行，工作人员需要连续 3d 使每一头牦牛口服 70～100g 盐，并灌服 400g 健胃散。对于一些体型比较瘦弱的种牦牛需要灌服健胃散和酵母粉，1 次/d，连用 3d；或者可将金银花和茶叶按照 1：2 的比例进行喂服，如果进行健胃工作后仍然存在食欲不佳的种牦牛，工作人员可再次喂食50 片干酵母。

5. 育肥注意事项　在不同时期、不同季节的牦牛饲养育肥中，养殖场应依据实时的环境、气候条件等进行有效的养殖规划及调整，确保牦牛能在适宜的养殖环境中快速生长。

（1）三季草场　依据养殖场的草场实际情况，可将其划分为冷季草场、过渡草场以及暖季草场。在三季草场进行牦牛育肥时应注意以下 3 点。

第一，冷季草场的海拔为 2 500～3 500m，由于其向阳所以气候较为温暖、地势相对平坦能有效避风，一年内可用于牦牛育肥的时间达 6～7 个月。因此，养殖场可将冷季草场的利用时间规划为当年的 10—11 月至次年 4—5 月。第二，过渡草场的海拔为 3 000～4 000m，由于其地段特殊气候较为寒冷，通常为冷、暖季草场转用过程中的多次利用草场。并且，其一年内可用于牦牛育肥的时间仅为 2 个月左右。为此，养殖场可将过渡草场的利用时间规划为每年 5—6 月以及 9—10 月。第三，暖季草场的海拔约为 3 500～4 800m，由于其地势高、多雨潮湿等原因，草场内的牧草生长较迟且枯黄较快。其可用于牦牛育肥的时间约为 3 个月，养殖场可将该草场的利用时间规划为每年 7—9 月。

（2）四季草场　依据养殖场的草场实际情况，可将其划分为春季、夏季、秋季、冬季草场。在四季草场进行牦牛育肥时应注意以下 4 点。

第一，春季草场的海拔通常为 3 000～3 800m，由于其环境条件较为优越，草场的积雪融化及牧草萌发都较快。为此，养殖场可将其利用时间规划为每年 5—6 月。第二，夏季草场的海拔在 3 500～3 800m，由于其地势较高、水源充足等原因可较好地利用于牦牛育肥。但考虑到离定居牧地较远，可将其利用时间规划为每年 7—10 月。第三，秋季草场的海拔约在 3 000～4 000m，该草场通常位于山腰地段并且饮水便捷、牧草充足，为牦牛育肥过程中的抓膘提供了有利条件。为此，可将该草场的利用时间规划为每年 10—11 月。第四，冬季草场的海拔在 2 200～3 500m，由于其多位于丘陵或是河谷缓坡地带并且离定居牧地较近，可于当年的 11 月至次年 5 月投入牦牛育肥的利用中。在转场轮牧的育肥模式下实现草场资源的科学、合理应用，能加快草场牧草的恢复和再生速度并确保其具有较高的生产力。并且，养殖场还可通过对放牧利用后的草场进行施肥工作等有效缓解草场退化，避免因过度放牧而造成的环境资源破坏。

>> 七、牦牛的补饲

天然放牧模式导致在牦牛养殖期间无法有效地抵抗自然灾害，同时也无法更加科学地开展牦牛的养殖工作。此外，随着部分天然草场退化以及水土流失问题的出现，也导致部分地区牦牛养殖环境更差，同时在枯草期到来的阶段，牧草中的营养价值降低，牦牛的采食量不足，导致牦牛的营养供给量减少，而在枯草期牦牛的身体能量消耗也比较大，导致牦牛在枯草期的身体脂肪量减少，进而使其身体机能降低，影响牦牛的饲养质量。若牧民在牦牛养殖的阶段无法科学地度过枯草期，会给牧民造成一定的经济损失。而若是在牧民饲养牦牛的阶段能在枯草期采用补饲饲养的方式，有效提升牦牛饲养工作的质量，使牦牛为牧民带来更多的经济效益，同时也能使牦牛的饲养工作更加科学。

1. 补饲技术 补饲技术主要是指在枯草期采用一定的饲养方式给牦牛喂养一定的食物，进而降低牦牛体内的脂肪消耗量，同时也为牦牛补充一定的营养，进而有效达到牦牛的保膘、保胎、产奶等方面的目的，并且通过这样的方式也能全面提升牦牛的饲养质量。在一定程度上，补饲技术是提升牦牛的繁育效率与经济效益的重要途径，同时也是提升牧民经济收入的有效手段之一。但是，对于枯草期相对较长的地区，若在枯草期不采取相应的补饲措施，便会导致牦牛的生长发育、产奶、繁殖等方面受到影响，进而使牦牛的经济效益受到损失，降低牧民的经济收入。因此，需要给牦牛在放牧地或者圈地等范围内补饲尿素、食盐或者舔砖等，这样便能有效提升牦牛的饲养质量，并且间接性提升牧民经济收入。

2. 补饲饲养模式 对于牦牛养殖，在枯草期的牦牛会产生掉膘的现象，进而造成牦牛体内贮存营养的损失，还有蛋白质、矿物质等方面的营养损失，进而使牦牛抵抗自然灾害的能力降低。在牦牛产生掉膘现象时，还会造成牦牛的功能性组织器官损伤，并且也会使与该器官有关的生理机能减弱或者是丧失。在出现灾害性天气的情况下，可能导致牦牛患相应的疾病，甚至在严重的情况下，还有可能会造成牦牛的死亡。在枯草期由于牧草中的营养价值降低，导致牦牛的掉膘程度大且时间较长，同时若是在枯草期牦牛的营养不良，使牦牛在暖季的身体恢复时间较长，进而导致其出现发情期延迟或者不发育的情况，这种情况会间接性地影响牦牛的繁殖效率，使牧民养殖牦牛的经济效益降低。因此，在实践中需要全面做好枯草期牦牛的补饲饲养工作，全面确保牦牛的健康，使牦牛能更好地生长、发育、繁殖、产奶，进而使其能给牧民带来相应的经济收入。在实践当中，为有效开展牦牛的补饲饲养工作，需要注意以下几个方面。

（1）补饲时间　在补饲阶段，首先要注意补饲时间，要在枯草期来临的阶段便开始发展补饲工作，不能等到牦牛瘦弱时才开始，若是在这样的情况下开展补饲，很难取得良好的效果。具体的补饲开展时间应根据当地的气候特点、草场情况、牦牛的情况以及枯草期来临的时间等方面的因素确定。通常在牧场进入枯草期的阶段便可适当开始补饲措施，并且根据枯草的程度逐渐增加补饲的数量，进而全面保证牦牛的营养摄入量，补饲的时间通常为 4 个月左右。

（2）补饲方法　针对牦牛的补饲工作，需要定时定量地开展，并且在补饲的数量方面也应根据草料的储备量、牦牛的营养储备量及其生理状况来确定补饲的数量，同时还需要将牦牛按照大小、强弱、体重等方面的指标进行重新分组，针对优秀牦牛以及瘦弱牦牛进行重点补饲（对其进行单独饲喂、提前补饲）。针对公牦牛，应适当增强其补饲量，并且在草料分配上面保证质量，同时还要适当地加大精料的比例；针对母牦牛，重点应放在其妊娠后期或者是哺乳前期。对于补饲量较少的牦牛，仅在放牧回来时进行一次补饲；当补饲量较多时，应在早上出牧前以及晚上归牧时均进行补饲，进而有效实现牦牛的科学补饲，全面保证牦牛体内的营养含量，使其不会由于营养不良而出现掉膘的情况。

（3）注意事项　在补饲过程中，应该充分注意以下 3 方面的注意事项。①充分保证饲料的清洁、新鲜，同时选择能量较高的饲料，在搭配时饲料配比要合理，精料过多或者是单一的情况下都可能造成补饲过程出现问题，造成牦牛的食欲下降。②在补饲阶段，精料是由玉米、豆饼、骨粉、盐以及矿物质添加剂等方面的材料配合而成，每天的补饲量以牦牛体重的 $0.5\%\sim1\%$ 为最佳。同时需要将精料粉碎，饲喂前加入少量的水，并且搅拌使其变软，以便于牦牛的食用和消化。③调制好的饲料应该及时喂掉，不能放置时间过久，防止产生变质的情况，每次喂完需要立即清扫，进而保证饲槽的卫生。

第三节 牦牛的生产管理

>> 一、牦牛的系留管理

牦牛归牧后将其系留于圈地内,使牛只在夜间安静休息,不相互追逐和随意游走,减少体力的消耗,不仅有利于提高生产性能,而且便于挤乳、补饲及开展其他畜牧兽医技术工作。

1. 系留圈地的选择 系留圈地随牧场利用计划或季节而搬迁。一般选择有水源、向阳干燥、略有坡度或有利于排水的牧地,或牧草生长差的河床沙地等。在暖季气温高时,圈地应设于通风凉爽的高山或河滩干燥地区,有利于放牧或抓膘。

2. 系留圈地的布局 系留圈地上要有固定的栓系绳,即用结实较粗的皮绳、毛绳或铁丝组成,一般多用毛绳,每头牛平均需2m 的拴系绳。在拴系绳上按不同牛的间隔距离系上小拴系绳(母扣),其长度为母牦牛和幼牦牛 40~50cm,驮牛和犏牛 50~60cm。拴系绳在圈地上的布局多采取正方形系留圈,也有长方并列系留圈。拴系绳之间的距离为 5m。

牦牛在拴系圈地上的拴系位置,是按不同年龄、性别及行为等确定的。在远离帐篷的一边,拴系体大、力强的驮牛及暴躁、机警的初胎牛,加上不拴系的种公牦牛,均在外圈承担护群任务,使兽害不易进入牛群。母牦牛及其犊牛在相对邻近的位置上拴系,以便于挤乳时放开犊牛吸吮和减少因恋母、恋犊而导致的卧息不安的现象。牛只的拴系位置确定后,不论迁圈与否,每次拴系时不要随意打乱。

3. 拴系方法 在牦牛颈上拴系有带小木杠的颈拴系绳,小木杠用坚质木料削成,长约 10cm。当牛只站立或人迁入其拴系位置后，将颈拴系绳上的小木杠套结于母扣上，即拴系妥当。

>> 二、牦牛的棚圈

棚圈是牧区基本设施之一，是使牦牛安全越冬的重要条件。在放牧牦牛的草地上，除棚圈及一些简易的配种架、供预防接种的巷道圈外，一般很少有牧地设施。因此，要首先建设好冷季放牧地的过冬棚圈。牦牛的棚圈只建于冬春牧地，仅供牛群夜间使用。多数是就地取材，有永久性、半永久性和临时性棚圈几种类型。

1. 泥圈 泥圈是一种比较永久性的牧地设施，一般应建在定居点或离定居点不远的冬春季牧场上。一户一圈或一户多圈。主要供泌乳牛群、犊牛群使用。泥圈墙高 1～1.2m，面积以 200～600m² 为宜，在圈的一边可用木板或柳条编织后上压黏土的方式搭建棚架，棚背风向阳。泥圈可以单独建一圈，也可以两三个或四五个圈相连。圈与圈之间用土墙或木栏相隔，在末端的一个圈中，可建一个巷道，供预防接种、灌药检查等用。

2. 粪圈 粪圈是利用牛粪堆砌而成的临时性牧地设施。牦牛群进入冬春冷季牧场时，在牧地的四周开始堆砌。方法是每天用新鲜牛粪堆积 15～20cm 高的一层，过一昼夜，牛粪冻结而坚固，第 2 天再往上堆一层，连续几天即成圈。粪圈有两种：一是无顶圈，四面围墙成圈，关栏成年牦牛，面积较大，可防风雪；另一种是有顶圈，关栏犊牦牛，其形状如倒扣的瓦缸，直径约 1m，层层上堆逐渐缩小，直至结顶，高约 1m，正好可关 1 头犊牛。圈的开口处与主风向相反，外钉一木桩，将牦牛犊拴系在桩上，使其可自由出入圈门，圈内可垫一些干草保暖。

3. 草皮圈 草皮圈是一种半永久性的，经修补后第 2 年仍可利用的牧地设施。在冬春季牧场上选择避风向阳处，划定范围，利用范围内的草皮堆圈。草皮堆高至 60～100cm，供关栏公牦牛和驮牛。

4. 木栏圈 木栏圈是用原木取材后的边角余料围成圈，上面可盖顶棚，用于关栏牦牛犊。木栏圈可建在泥圈的一角，形成圈中圈，即选取泥圈的一角，围以小木栏，并开一低矮小门。圈内铺以垫草，让牦牛犊自由出入。夜间将犊牛关栏其中，同母牦牛隔离，母牦牛露营夜牧，以便第 2 天早上挤乳。

>> 三、牦牛的剪毛

牦牛一般在每年 6 月中旬左右剪毛，因气候、牛只膘情、劳力等因素的影响可稍提前或推迟。牦牛群的剪毛顺序是先剪驮牛（包括阉牛）、成年公牦牛和育成牛群，后剪干乳牦牛及带犊母牦牛群。患皮肤病（如疥癣等）的牛（或群）留在最后剪毛，临产母牦牛及有病的牛应在产后两周或恢复健康后再剪毛。

牦牛剪毛是季节性的集中劳动，要及时安排人力和准备用具。根据劳力的状况，可组织捉牛、剪毛（包括抓绒）、牛毛整理装运的作业小组，分工负责和相互协作，有条不紊地连续作业。所剪的毛（包括抓的绒），应按色泽、种类或类型（如绒、粗毛、尾毛）分别整理和打包装运。

当天要剪毛的牦牛群，不出牧也不补饲。剪毛时要将牦牛轻捉轻放倒，防止剧烈追捕、拥挤和放倒时致伤牛只。将牛只放倒保定后，要迅速剪毛。1 头牛的剪毛时间最好不超过 30 分钟，为此可两人同时剪。兽医师可利用剪毛的时机对牛只进行检查、防疫注射等，并对发现的病牛、剪伤及时治疗。

牦牛尾毛 2 年剪 1 次，并要留 1 股用以甩动驱走蚊、虻。母牦牛乳房周围的留茬要高或留少量不剪，以防乳房受风寒龟裂和蚊蝇骚扰。乏弱牦牛仅剪体躯的长毛（群毛）及尾毛，其余留作御寒，以防止天气突变时受冻。

>> 四、牦牛的去势

牦牛性成熟晚，去势年龄比普通牛要迟，一般在 2~3 岁，不宜过早，否则影响生长发育。在有围栏的草场或管理条件好时，公牦牛可不去势育肥。牦牛的去势一般在5—6月进行，此时气候温暖、蚊蝇少，有利于伤口愈合，并为暖季放牧育肥打好基础。进行去势手术时要迅速，牛只放倒保定时间不宜过长。术后要缓慢出牧，1周内就近放牧，不宜剧烈驱赶，并每天检查伤口，发现出血、感染化脓时请兽医师及时处理。

1. 钳压精索法 助手站于牦牛的后方，用右手抓住牦牛的右侧睾丸向下后方牵引，使其右侧精索紧张，用左手食指和拇指在阴囊颈部将右侧精索紧贴于阴囊颈右侧皮肤处。术者站在助手右侧，将无血去势钳嘴张开，在睾丸上方2～3cm处轻轻夹住精索，猛力下压钳柄，即可听到精索被钳断的声响（类似腱切断清脆的"咯吧"声），但皮肤保持完好。稍停1min左右，轻轻松开无血去势钳，为了保证操作可靠，一般在钳夹处上或下方1.5～2cm处现再钳压1次，用同样方法钳压另侧精索。术后皮肤局部涂以碘酊。

2. 手术摘除睾丸法 术者以左手握住阴囊颈部，将睾丸挤向阴囊底，使囊壁紧张，局部洗净、消毒，右手持刀，在阴囊底部做一与阴囊缝际相垂直的切口，一次切开两侧阴囊皮肤和总鞘膜（适用于小公牛）；或在阴囊底部距阴囊缝际1～2cm处与缝际平行地切开皮肤及总鞘膜（适用于小公牛），左手随即用力挤出睾丸，分离与睾丸相联系的韧带，露出精索，贯穿结扎精索，于结扎处下方1cm处割断精索，除去睾丸及附睾。术后阴囊皮肤切口开放，局部涂以碘酊消毒。

3. 阴囊颈部结扎术 术者两手将精索握住向下撸搓，进行消毒后，将睾丸挤压到阴囊底部，助手将消毒好的双股缝合线或橡皮筋牢牢扎在精索下1/3处数圈，把橡皮筋捆扎于阴囊基部，1周后睾丸自行脱落。

4. 勒断精索法 勒断器由一根60cm长的麻绳和30cm长的脚踏板以及手提棒三部分组成。将牛倒卧保定后，把勒断器的绳索在阴囊颈部绕一周，术者两脚踏住踏板，两手紧握提棒，一松一紧反复向上拉动提棒，持续10min左右，以精索被勒断为度，术后皮肤局部涂以碘酊。

5. 精索穿刺术　用消毒好的弯曲缝合针穿上双股 10 号缝合线，刺入精索处外皮内，顺精索外围沿精索环绕到针眼处出针，两线牢固打结，将线结消毒后送入阴囊皮肤内，术后 2～3d 睾丸实质变软，逐渐萎缩、坏死而自然脱落。

6. 化学去势法　将要去势的公牦牛保定，将睾丸推到阴囊的端部，用注射器抽取适量 10% 福尔马林溶液，在阴囊上滴两滴，进行注射部位的消毒，之后用针头插入一只睾丸内，旋转针头，分 2～3 个点注射，再以同样的方法对另一只睾丸进行注射；或每个睾丸注射适量化学去势药液（10g 氯化钠溶于 100mL 蒸馏水中，再加上 1mL 甲醛），一般处理 3 周后公牛便失去性能力。

第四章 牦牛常见疾病及其治疗措施

牦牛是高寒地区特有的牛种，属于草食性反刍家畜，对高寒地区的环境适应能力强，耐粗饲、耐劳，善走陡坡险路和雪山沼泽。近年来，随着，牦牛养殖规模的不断扩大，疾病对养殖效益的影响也越来越显著。为了提高牦牛养殖效益，必须加强对牦牛养殖过程中的常见疾病的防控，坚持预防为主、防治结合，提高牦牛疾病防治水平。

第一节 细菌病

>> 一、炭疽

炭疽是由炭疽杆菌所引起的一种急性、热性、败血性的人畜共患传染病，常呈散发或地方性流行。其病变特征是脾脏肿大，皮下和浆膜下出血性胶样浸润，血液凝固不良，呈煤焦油样。

1. 病原 炭疽杆菌是一种不运动的革兰氏阳性菌，长 3～8μm，宽 1～1.5μm。在动物体中单个或成对存在，少数为 3～5 个菌体组成的短链，有荚膜；在培养物中菌体呈竹节状的长链，一般不形成荚膜。体内的菌体无芽孢，在体外接触空气后很快形成芽孢。在腐败的尸体内，加热至 60℃ 以上，或使用常用消毒剂都可以在很短的时间内将其杀死。该菌的芽孢抵抗力则特别强，在干燥状态下可存活 20 年以上，牧场一旦被污染，其传染性可保持 20～30 年。煮沸 15～25min、160℃干热 1h、121℃高压蒸汽 5～10min 可破坏芽孢。芽孢对碘制剂敏感，20％漂白粉、5％碘酊、10％氢氧化钠消毒作用显著。

2. 流行病学　各种家畜均可感染，其中牛、马、羊、鹿易感性最强，实验动物和人也具有易感性。病畜的分泌物、排泄物和尸体等都是传染源。本病主要经消化道感染，也可经呼吸道及吸血昆虫的叮咬感染。本病多为散发，常发生于炎热的夏季，在吸血昆虫多、雨水多、江河泛滥时易发生传播。

3. 症状　自然感染者潜伏期 1～3d，也有长达 14d 的。根据病程可分为最急性、急性和亚急性 3 种型。

（1）最急性型　常见于绵羊和山羊，牛很少呈最急性型。个别病牛突然发病，倒地，全身战栗，结膜发绀，呼吸高度困难，在濒死期口腔、鼻腔流血样泡沫，肛门和阴门流出不易凝固的血液，最后昏迷而死亡。病程很短，为数分钟至数小时。有时在放牧或使役过程中突然死亡。

（2）急性型　多见于牛、马。病牛体温为 41～42℃，表现兴奋不安，吼叫或乱顶人畜；呼吸增速，心跳加快；食欲废绝，可视黏膜呈蓝紫色有出血点；病初便秘，后期腹泻并带血；尿暗红色，有时混有血液；泌乳停止；孕畜流产；濒死期体温下降，呼吸高度困难；病程一般为 1～2d。

（3）亚急性型　病程稍长，一般为 2～5d。病牛症状较轻微，表现体温升高，食欲减退，在颈部、胸前、腹下及直肠、口腔黏膜等处形成炭疽痈，肿胀迅速肿大，初期硬固有热痛，后渐变为无痛，指压呈捏粉样，最后中央坏死，有时形成溃疡。肠黏膜有炭疽痈呈现腹痛症状。

4. 病变　尸僵不全，尸体极易腐败而致腹部膨大；从鼻孔和肛门等天然孔流出不凝固的暗红色血液；可视黏膜发绀，并散在出血点；血液黑红、浓稠、凝固不良呈煤焦油样；皮下、肌肉及浆膜下有出血性胶样浸润；脾脏显著肿大，较正常大 2～5 倍，脾体呈暗红色，质地软化，脆弱易破。脾髓切面呈暗红色，脾小梁和脾小体模糊不清；全身淋巴结肿大、出血，切面呈黑红色。消化道黏膜有出血性坏死性炎症变化。

炭疽痈常发部位为肠和皮肤，即出现肠痈和皮肤痈；肠痈多见于十二指肠和空肠，皮肤痈常见于颈、胸前、肩胛或腹下、阴囊与乳房等部位。

5. 诊断　对原因不明而死亡或临床上表现痈性肿胀、腹痛、高热，病情发展急剧，死后天然孔流血的病畜，应首先怀疑为炭疽，应慎重剖检。患病动物的病灶分泌物、呕吐物、粪便、血液、水肿液、淋巴结及脊髓液等可作为检测的病料，采集病料时创口应尽可能小，严防病菌逸散。一般取耳血一滴作涂片，用亚甲蓝和瑞氏染色并进行镜检，若见多量单个或成对的有荚膜、两端平直的粗大杆菌，可初步诊断。确诊应做细菌分离，接种小白鼠和做炭疽沉淀试验。

鉴别诊断应注意与牛气肿疽和巴氏杆菌病相区别。

牛气肿疽：多具气性肿胀，有捻发音；患部肌肉呈红黑色，切面呈海绵状；脾和血液无明显变化。

巴氏杆菌病：颈部肿胀与炭疽相似，但脾不肿大；血液凝固良好。

6. 防治　常发本病的地区，每年定期进行预防接种。常用的疫苗有无毒炭疽芽孢苗，牛皮下注射 1mL，免疫后 14d 产生免疫力，免疫期为 1 年。

炭疽病早期应用抗炭疽血清可获得良好效果，成年牛静脉或皮下或腹腔注射 100～300mL；若注射后体温仍不下降，则可于 12～24h 后再重复注射一次。青霉素按每千克体重 1.5 万 IU 肌内注射，每日 2～3 次，治疗效果良好；若将青霉素与抗炭疽血清或链霉素合并应用，则效果更好。土霉素 4g 加入葡萄糖内静脉注射，疗效亦较理想。磺胺类药物对炭疽有效，以磺胺嘧啶为最好，首次剂量为 0.2g/kg，以后减半，每日 1～2 次，且体温降低后要连续用药 1～2d。

一旦发现该病，应立即上报疫情，采取封锁、隔离措施，加强消毒并紧急预防接种。封锁区内牛舍用 20％漂白粉或 10％氢氧化钠消毒。疑似炭疽尸体严禁剖检，尸体应焚烧或深埋，病牛粪便及垫草应焚烧。疫区封锁必须在最后一头病畜死亡或痊愈后 14d，经全面大消毒方能解除。

>> 二、布鲁氏菌病

布鲁氏菌病是由布鲁氏菌引起的一种人畜共患传染病。一般为隐性感染，感染者主要表现为流产、不孕、不育、睾丸炎、附睾丸炎、乳腺炎、子宫炎、关节炎、后肢麻痹、跛行等，多呈慢性经过。病理学特征为全身弥漫性网状内皮细胞增生和肉芽肿结节形成。

1. 病原　布鲁氏菌为细小的短杆状或球杆状菌，不产生芽孢，多数情况下不形成荚膜，革兰氏染色呈阴性。以沙黄-亚甲蓝（或孔雀绿）染色时，本菌染成红色，其他菌染成蓝色（或绿色）。

布鲁氏菌属分为羊、牛、猪、鼠、绵羊及犬 6 个种，20 个生物型。我国已分离出 15 个生物型。各种生物型之间的毒力有所差异，致病力也不相同。

布鲁氏菌在受其污染的土壤、水、粪尿及羊毛上可生存 1 至数个月。本菌对热敏感，70℃10min 即可死亡；阳光直射 0.5～4h 死亡；在腐败病料中迅速失去活力；常用消毒药如 1％来苏尔、2％福尔马林、5％生石灰乳十几分钟能将其杀死。

2. 流行病学　已知有 60 多种动物都易感染本病，牛、羊、猪最易感，其他动物如水牛、牦牛、羚羊、鹿、骆驼、马、犬、猫、野猪、狐、狼、野兔、猴、鸡、鸭以及一些啮齿类动物都可自然感染。人类的易感性也很高。

牛布鲁氏菌主要感染牛、马、犬，也能感染水牛、羊和鹿；羊布鲁氏菌主要感染绵羊、山羊，也能感染牛、猪、鹿、骆驼等；人的感染以羊布鲁氏菌最多见，猪布鲁氏菌次之，牛布鲁氏菌最少。

母畜较公畜易感，成年畜较幼畜易感。

牛患布鲁氏菌病的潜伏期长短不一，从接触病原菌到发生流产一般为 1.5～8 个月不等。病畜和带菌动物是本病的传染来源，特别是受感染的妊娠母畜，在其流产或分娩时随胎儿、胎水和胎衣排出大量的布鲁氏菌，流产母畜的阴道分泌物、乳汁、粪、尿及感染公畜的精液内都有布鲁氏菌存在。

主要经消化道感染，其次可经皮肤、黏膜、交配感染。吸血昆虫可传播本病。

本病呈地方性流行。新疫区常使大批妊娠母牛流产；老疫区流产减少，但关节炎、子宫内膜炎、胎衣不下、屡配不孕、睾丸炎等逐渐增多。

3. 症状　牛发生本病主要侵害生殖系统和关节，母牛表现为流产、不孕，公牛表现为睾丸炎、关节炎。

母牛最主要的临床症状是流产。流产多发生于妊娠期的后 5～8 个月之间，流产胎儿可能是死胎或弱犊。流产之后常发生胎衣滞留，不断从阴道排出污灰色或棕褐色的分泌物。乳腺受侵害时，轻的产奶量减少，重的乳汁发生明显的变化，呈絮状或黄色水样；乳房皮温增高、疼痛、坚硬。

公牛主要发生化脓坏死性睾丸炎和附睾炎，并可能伴发体温升高、食欲减退、逐渐消瘦、性欲消失等现象。犊牛感染后不表现症状。

牧民感染本病后，有时会出现全家感染，表现波浪热型、无力、生殖器官病灶、不愿活动，故俗称懒汉病。

4. 病变　牛布鲁氏菌病的主要病变为胎衣水肿增厚，呈黄色胶样浸润，表面有纤维素或脓汁覆盖。胎儿淋巴结、脾和肝有不同程度的肿胀，有的散布有炎性坏死灶。脐带呈浆液性浸润、肥厚。胎儿胃内有淡黄色或白色黏液絮状物，胃肠和膀胱浆膜下可见有点状出血。流产牛的子宫黏膜或绒毛膜间隙中，有污灰色或黄色无气味的胶样渗出物，绒毛可见有坏死病灶，表面覆以黄色坏死物或污灰色脓液。公牛主要是化脓坏死性睾丸炎或附睾炎。睾丸显著肿大，其被膜与外浆膜层粘连，切面可见到坏死灶或化脓灶。阴茎可以出现红肿，其黏膜上有时可见到小而硬的结节。

5. 诊断   根据流产及流产后的子宫、胎儿和胎膜病变，公畜睾丸炎及附睾炎，同群家畜发生关节炎及腱鞘炎，可怀疑为本病。由于布鲁氏菌病临床症状多样，特异性又较低，必须采取根据临床检查和特异性实验室检查进行综合诊断。实验室检查以细菌培养结果阳性的意义最大。血清学检查常用试管凝集反应，补体结合反应特异性强，因需要时间较长，主要用于慢性期的诊断。

本病应注意与牛地方性流产、牛黏膜病、化脓放线菌病、弯杆菌病、毛滴虫病区别。

6. 防治   未感染牛群定期开展检疫，每年至少检疫一次，一经发现感染个体，即应淘汰。坚持自繁自养，必须引进种牛或补充牛群时，新引进牛需经过隔离饲养两个月，并进行两次检疫均为阴性，方可混群。此外，还应做好养殖场的定期消毒工作。

对发病牛群开展免疫、检疫、淘汰病牛和培育健康牛群等综合性预防措施，最终达到控制和消灭本病。

（1）定期检疫   疫区内各种家畜均为被检对象，羊在 5 月龄以上、牛在 8 月龄以上检疫为宜。每年至少检疫两次，凡在疫区内接种过菌苗的动物应在免疫后 12～36 个月时检疫。

（2）隔离和淘汰病牛   隔离可采取集中圈养或固定草场放牧的方式。

（3）严格消毒   对病牛污染的圈舍、运动场、饲槽等用 5% 克辽林、5% 来苏儿、10%～20% 石灰乳或 2% 氢氧化钠等消毒；病牛皮用 3%～5% 来苏儿浸泡 24h 后利用；乳汁煮沸消毒；粪便发酵处理。

（4）培育健康犊牛   隔离饲养的患病母牛，可用健康公牛的精液人工授精，犊牛出生并食母乳 3～7d 后，用 3% 来苏儿消毒全身，送到犊牛隔离舍，喂以消毒乳和健康乳；牛 8 个月、羊 5 个月使用血清学方法检疫两次，两次之间间隔 2～3 周，阳性者按病畜处理，阴性者单独组群饲养。以后每隔 3 个月检疫 1 次，第一次产

仔 1 个月后血清学检疫，阴性者每隔 6 个月检查一次，直至第二次
产仔 1 个月后血清检查阴性，才能认为培育成功。

（5）定期预防注射 我国主要使用布鲁氏菌猪 2 号弱毒菌苗
（简称 S2 苗）和马耳他布鲁氏菌 5 号弱毒菌苗（简称 M5 苗）。S2
苗适用于牛、山羊、绵羊和猪，断乳后任何年龄的动物，不管怀孕
与否均可应用；气雾、肌内注射、皮下注射、口服均可，最适宜口
服，免疫期为牛 2 年、羊 3 年。M5 苗适用于山羊、绵羊、牛和
鹿；气雾、肌内注射、皮下注射、口服均可，免疫期为 2～3 年，
特别适用于羊的气雾免疫，在配种前 1～2 个月免疫，2 年后可再
免疫 1 次。使用上述菌苗时，均应做好工作人员的自身防护。

（6）治疗 对流产后子宫内膜炎可用 0.1% 高锰酸钾冲洗子宫
和阴道，每日 1～2 次，经 2～3d 后隔日 1 次，直至阴道无分泌物
流出为止。全身可用抗生素或磺胺类药物，如肌内注射链霉素 4～
5g，静脉注射土霉素 3～4g（加入 1 000mL 葡萄糖溶液内），每日
1 次，连用 10d，链霉素可连用 20d。

>> 三、巴氏杆菌病

巴氏杆菌病是由多杀性巴氏杆菌引起的，可导致多种动物患病
的败血性传染病。牛巴氏杆菌病又称牛出血性败血症或牛出败，是
牛的一种急性热性传染病。以高热、肺炎、间或呈急性胃肠炎以及
内脏广泛出血为主要特征。

1. 病原 多杀性巴氏杆菌是一种两端钝圆、中央微凸的球状
短杆菌，多散在、不能运动、不形成芽孢。革兰氏染色呈阴性，用
碱性亚甲蓝着染血片或脏器涂片，呈两极浓染，因此又称为两极杆
菌。两极浓染的染色特性具诊断意义。

本菌按菌株间抗原成分的差异，可分为若干血清型。利用荚膜
抗原（K）将其分为 A、B、D、E、F 5 个血清群，利用菌体抗原
（O）作凝集反应将其分为 12 个血清型。一般将 K 抗原用英文大写
字母表示，将 O 抗原和耐热抗原用阿拉伯数字表示。根据菌落表

面有无荧光及荧光的色彩分为：蓝色荧光型（Fg）、橘红色荧光型（Fo）和无荧光型（Nf），在一定条件下，Fg 和 Fo 可以发生相互转变。根据菌落形态可分为：黏液型（M）、平滑型（S）和粗糙型（R），M 型和 S 型含有荚膜物质。

该菌抵抗力弱，阳光直射下数分钟死亡，高温立即死亡；在干燥空气中仅可存活 2～3d，在血液、排泄物或分泌物中可生存 6～10d，但在腐败尸体中可存活 1～6 个月；一般消毒液均能杀死，对磺胺、土霉素类敏感。

2. 流行病学 多杀性巴氏杆菌对多种动物和人均有致病性。家畜中以牛、猪发病较多，绵羊、家禽、兔也易感。病畜和带菌畜为传染来源，主要经消化道感染，其次通过飞沫经呼吸道感染，也可经皮肤伤口或蚊蝇叮咬而感染。

本菌为条件病原菌，常存在于健康畜禽的呼吸道和扁桃体，与宿主呈共栖状态。当牛饲养管理不良时，如寒冷、闷热、潮湿、拥挤、通风不良、疲劳运输、饲料突变、营养缺乏、饥饿等因素使机体抵抗力降低，该菌即可乘虚侵入体内，经淋巴液入血液引起败血症，发生内源性传染。该病常年可发生，在气温变化大、阴湿寒冷时更易发病，常呈散发性或地方流行性发生。

3. 症状 潜伏期为 2～5d，本病的病死率可达 80%，病愈牛可产生坚强的免疫力。据症状可分为败血型、浮肿型和肺炎型。

（1）败血型 有的呈最急性经过，没有看到明显症状就突然倒地死亡。大部分病牛初期体温升高，达 41～42℃，精神沉郁、反应迟钝，肌肉震颤，呼吸、脉搏加快，眼结膜潮红，鼻镜干燥，食欲废绝，反刍停止。病牛表现为腹痛、下痢，粪中混杂有黏液或血液，具有恶臭味，有时鼻孔和尿中有血。拉稀开始后，体温随之下降，迅速死亡。一般病程为 12～24h。

（2）浮肿型 除呈现上述全身症状外，特征症状是颌下、咽喉部、颈部及胸前皮下出现炎性水肿；眼红肿、流泪，有急性结膜炎；初有热痛，后逐渐变凉，疼痛减轻。病牛高度呼吸困难，皮肤和黏膜发绀、呈紫色至青紫色，往往窒息或下痢而死，病程为

12～36h。

（3）肺炎型　主要表现纤维素性胸膜肺炎症状。病牛体温升高，呼吸困难，干咳，有泡沫状鼻汁，后呈脓性；胸部叩诊呈浊音，有疼痛反应；肺部听诊有支气管呼吸音及水泡性杂音，波及胸膜时有胸膜摩擦音。有的病牛，尤其是犊牛会出现严重腹泻，粪便带有黏液和血块。本病型最为常见，病程一般为 3～7d。

4. 病变　败血型主要呈内脏器官充血、内脏器官出血，在浆膜与黏膜以及肺、舌、皮下组织和肌肉出血，胸腔有大量渗出液。浮肿型主要表现为咽喉部急性炎性水肿，可见咽喉部、下颌间、颈部与胸前皮下发生明显的凹陷性水肿，手按时出现明显压痕，切开有黄色胶样浸润，颌下、咽背与纵隔淋巴结肿大，呈急性浆液出血性炎，上呼吸道黏膜呈急性卡他性炎。肺炎型主要表现为纤维素性肺炎和浆液纤维素性胸膜炎。肺组织颜色从暗红、炭红到灰白，切面呈大理石样花纹。随病程发展，胸腔积聚大量有絮状纤维素的浆液。此外，还常伴有纤维素性心包炎和腹膜炎。

5. 诊断　根据流行病学、症状和病变可对牛巴氏杆菌病做出初步诊断。确诊有赖于病原学检查，可采心血、肝、脾、淋巴结、乳汁、渗出液等涂片染色，还可进行分离培养。

鉴别诊断：败血型和浮肿型主要应与炭疽、气肿疽和恶性水肿相区别，肺炎型则应注意与牛肺疫相区别。

6. 防治　可采取以下措施进行预防和治疗。

（1）预防措施　主要是加强饲养管理，消除发病诱因，增强抵抗力。加强牛场清洁卫生和定期消毒。每年春秋两季定期预防注射牛出败氢氧化铝甲醛灭活苗，体重在 100kg 以下的牛，皮下或肌内注射 4mL，100kg 以上者 6mL，免疫力可维持 9 个月。发现病牛立即隔离治疗，并对场所、器具等进行消毒。

（2）治疗措施　早期病牛及时注射高免血清，同时用四环素、青霉素、链霉素、磺胺药来联合治疗，治疗效果会很好。用磺胺噻唑或磺胺二甲基嘧啶，全日量为每 kg 体重 0.1～0.2g，分四次服用，连用 3d；10%磺胺嘧啶钠注射液 200～300mL，40%乌洛托品注射液 50mL，加入 10％葡萄糖溶液内静脉注射，每日 2 次，连用 3d。同时，对症治疗对疾病恢复很重要，强心用 10％樟脑磺酸钠注射液 20～30mL 或安钠咖注射液 20mL，每日肌注 2 次；如喉部狭窄，呼吸高度困难时，应迅速进行气管切开术。

>> 四、传染性胸膜肺炎

牛传染性胸膜肺炎也称牛肺疫，是由丝状霉形体引起的牛的一种接触性传染病。主要特征为纤维素性肺炎和胸膜炎。

1. 病原 病原体为牛肺疫丝状霉形体，是丝状支原体丝状亚种。其形态多样，细小，多形，但以球状和丝状多见；革兰氏染色呈阴性；不易着色，涂片在固定后用 5％铬酸处理 3～5min，再用姬姆萨染色或 1∶10 的石炭酸复红染色 1～3h 后镜检。

该病原对外界环境因素抵抗力不强。日光、干燥和高温均不利于本菌的生存。对新砷凡纳明、链霉素和硫柳汞较敏感，对青霉素具有抵抗力，使用 1％来苏儿、5％漂白粉、1％～2％氢氧化钠或 0.2％升汞均能迅速将其杀死。十万分之一的硫柳汞、十万分之一的新胂凡纳明或每毫升含 2 万～10 万 IU 的链霉素，均能抑制本菌。

2. 流行病学 在自然条件下主要侵害牛类，包括黄牛、牦牛、犏牛、奶牛及驯鹿和羚羊。奶牛、牦牛最易感，幼龄牛和老龄牛易感，其中 6 月龄的牛最容易感染这种疾病，在 3 岁半以上的牛发病率降低。该病在新疫区会呈暴发性流行，并且常为急性发生，死亡率非常高。山羊、绵羊和骆驼在自然情况下不易感染。其他动物和人无易感性。

病牛和带菌牛是本病的主要传染来源。本病主要经呼吸道和消化道感染。病牛咳出的飞沫以及被其粪尿所污染的饲料、垫草是主要传播媒介。病原体多存在于病牛的肺组织、胸腔渗出液和气管分泌物中，从呼吸道排出体外，也可由尿和乳汁排出，在产犊时子宫渗出物也向外排毒。病愈牛 15 个月甚至 2～3 年后还能感染健康牛。

本病多呈散发性流行，常年可发生，但以冬春两季多发。非疫区常因引进带菌牛而呈爆发性流行；老疫区因牛对本病具有不同程度的抵抗力，发病缓慢，通常呈亚急性或慢性经过，往往呈散发性。

3. 症状 潜伏期 2~4 周，短者 8d，长者可达 4 个月之久。

（1）急性型 病初体温可达 40~42℃，呈稽留热，鼻孔扩张，鼻翼扇动，有浆液或脓性鼻液流出；呼吸高度困难，呈腹式呼吸，有吭声或痛性短咳；前肢外展，喜站；反刍迟缓或消失，可视黏膜发绀，臀部或肩胛部肌肉震颤；脉细而快，每分钟 80~120 次；前胸下部及颈垂水肿；胸部叩诊呈浊音，有痛感，听诊肺泡音减弱，可听到啰音、支气管呼吸音、胸膜摩擦音；泌乳停止，便秘或腹泻交替发生，病牛迅速消瘦。若病情恶化，则呼吸极度困难，病牛呻吟，口流白沫，伏卧伸颈，体温下降，常因窒息死亡。病程为 5~8d。

（2）慢性型 多数由急性型转化而来。病牛消瘦，常伴发痛性咳嗽，叩诊胸部有浊音区且敏感。老疫区多见牛使役力下降，消化机能紊乱，食欲反复无常，有的无临床症状但长期带毒。病程 2~4 周，也有延续至半年以上者。

4. 病变 特征性病变在肺脏和胸腔。肺的损害常限于一侧，多发生在膈叶。初期以小叶性肺炎为特征，肺炎灶充血、水肿呈鲜红色或紫红色。中期为该病典型病变，表现为纤维素性肺炎和浆液性纤维素性胸膜肺炎，肺实质往往同时见到不同时期的肝变，红色和灰白色互相掺杂，切面呈大理石状外观。肺间质水肿增宽，呈灰白色，淋巴管扩张，也可见到病灶。病肺与胸膜粘连，胸膜显著增厚并有纤维素附着，胸腔有淡黄色并夹杂有纤维素的渗出物。支气管淋巴结和纵隔淋巴结肿大、出血。心包液混浊且增多。后期肺部病灶坏死并有结缔组织包囊，有的形成脓腔或空洞，有的结缔组织增生使整个坏死灶瘢痕化。犊牛发生该病时，除具有以上的主要病理变化外，往往还有关节炎，关节腔内液体多呈淡黄色，半混浊或全混浊，液体内有纤维素凝片或凝块，关节的滑液膜充血、变厚。

5. 诊断   本病初期不易诊断。若新引进种牛在数周内出现高热且持续不退，同时兼有浆液性纤维素胸膜肺炎之症状并结合病理变化可做出初步诊断。确诊可进行病原分离鉴定以及血清学试验。补体结合实验是我国规定用于牛群检疫的现行方法。对接种疫苗的牛群，有部分可出现阳性或疑似反应（一般维持 3 个月左右），故对接种疫苗的牛群无诊断意义。对无本病地区进行检疫时，也可能有 1%～2% 的非特异性反应。

临床诊断应注意和牛巴氏杆菌病及牛肺结核病相区别。

（1）牛巴氏杆菌病   肺炎型病牛，虽然有呼吸困难、呈现急性纤维素型胸膜肺炎症状、有干性痛咳，但是发病急、病程短；常见有喉头水肿；有败血症表现，组织和内脏有出血点；肺部有大理石样变化且间质增宽不明显；病原体为巴氏杆菌。

（2）牛肺结核病   牛肺结核易与急性牛肺疫的初期及慢性牛肺疫相混淆。牛肺结核的病程长，咳嗽时有气管分泌物咳出，体温正常或呈弛张热；剖检肺部有结核结节，无大理石样变化；结核菌素变态反应阳性；病原体为结核分枝杆菌。

6. 防治   可采取以下措施进行预防和治疗。

（1）预防措施   非疫区勿从疫区引牛。老疫区宜定期用牛肺疫兔化弱毒菌苗注射。使用氢氧化铝菌苗，臀部肌内注射，大牛2mL，小牛 1mL；盐水苗，尾端皮下注射（距离尾尖 2～3mL 柔软处）大牛 1 毫升，小牛 0.5mL。此两种疫苗均可产生一年以上的免疫力。对牛肺疫非安全区的全部牛只进行临床检查和补体结合反应试验，对检出的病牛应隔离、封锁，必要时宰杀淘汰。污染的牛舍、屠宰场应用 2% 来苏儿或 20% 石灰乳消毒。

（2）治疗措施   本病早期治疗可达到临床治愈，但是病牛症状消失后，其肺部病灶被结缔组织包裹或钙化，长期带菌，故从长远利益考虑应以淘汰病牛为宜。

①新胂凡纳明疗法   将 3～4g 新胂凡纳明溶于 5% 葡萄糖盐水或生理盐水 500mL 中，一次静脉注射，间隔 4～7d，用同样剂量

重复注射 1～2 次。注意勿漏于血管外，药液现用现配。

②抗生素治疗　将适量阿米卡星或四环素、土霉素溶于 5% 葡萄水内静脉注射，每日一次，连用 5～7d；链霉素 3～6g，肌内注射，每日一次，连用 5～7d。除以上外，应辅以强心、健胃、利尿药物等对症治疗。

>> 五、结核病

结核病是由分枝杆菌引起的人畜共患的慢性传染病。其病理特征是组织器官形成肉芽肿，干酪样和钙化结节。临床表现为贫血、体虚乏力、精神萎靡不振、渐进性消瘦和生产力下降。

1. 病原　本病病原主要是分枝杆菌属的牛分枝杆菌。结核分枝杆菌和禽分枝杆菌对牛毒力较弱。此三者有交叉感染现象。结核杆菌为专性需氧菌，不产生芽孢和荚膜，也不能运动，为革兰氏染色阳性菌。显微镜下呈直或微弯的细长杆菌，呈单独或平行相聚排列，多为棍棒状，间有分枝状。

结核杆菌对外界的抵抗力很强，在病变组织中和尘埃中能生存 2～7 个月或更久，在水中能存活 5 个月，在粪便内可生存 5 个月，在土壤中可生存 7 个月，在牛乳中可存活 90d。但对直射阳光和湿热的抵抗力较弱，阳光直射 2h 死亡，$60～70℃$ 经 $10～15min$、$100℃$ 水中立即死亡。常用消毒剂可将其杀死，如 70% 酒精、10% 漂白粉、氯胺、石炭酸、3% 甲醛等均有可靠的消毒作用。

结核杆菌对磺胺类药物、青霉素等及其他广谱抗生素不敏感，对链霉素、异烟肼、对氨基水杨酸和环丝氨酸敏感。

2. 流行病学　结核病在世界各国普遍流行，特别是在气候温和、地势低洼、潮湿的地区发病较多。易感动物：奶牛最易感，其次是黄牛、牦牛、水牛，猪和家禽易感性也较强，羊极少患病。

结核病牛是主要传染源，结核杆菌在机体中分布于各个器官的病灶内，因病牛能通过粪便、乳汁、尿及气管分泌物排出病菌，污染周围环境而散布传染。主要经呼吸道和消化道传染，也可以通过损伤的皮肤、黏膜或胎盘感染。本病一年四季都可发生。牛舍拥挤、阴暗、潮湿、污秽不洁，过度使役和挤乳，饲养不良等，均可促进本病的发生和传播。

3. 症状 潜伏期一般为 10~15d，有时达数月以上。病程呈慢性经过，病牛表现为进行性消瘦，咳嗽、呼吸困难，体温一般正常。因病菌侵入机体后，由于病菌毒力、机体抵抗力和受害器官不同，症状亦不一样。在牛中本菌多侵害肺、乳房和淋巴结等，有时可见肠结核、生殖器官结核、脑结核、浆膜结核及全身结核。各组织器官结核可单独发生，也可以同时存在。

（1）肺结核 病牛呈进行性消瘦，病初有短促干咳，渐变为湿性咳嗽。呼吸急促，深而快，呼吸极度困难时，见伸颈仰头，呼吸声似"拉风箱"，听诊肺区常有啰音或摩擦音，叩诊呈浊音，听诊肺区有实音，胸膜结核时可听到摩擦音。叩诊有实音区并有痛感。体温一般正常或略升高。弥漫型肺结核体温升高至 40℃，弛张热和稽留热。

（2）乳房结核 乳房上淋巴结肿大，在乳房内可摸到局限性或弥漫性硬结，无热无痛。乳量渐减，乳汁稀薄，可见到凝乳絮片或脓汁，严重者泌乳停止。

（3）淋巴结核 各种结核病的附近淋巴结都可能发生病变，随部位不同症状各异。常见于下颌、咽颈及腹股沟等淋巴结，淋巴结肿大，无热痛。

（4）肠结核 多见于犊牛，患病牛腹痛，便秘与腹泻交替出现或表现顽固性腹泻，粪混有黏液和脓液，迅速消瘦。直肠检查可触摸到肠黏膜上的小结节和边缘凹凸不平的坚硬肿块。

（5）生殖器官结核 性欲亢进，不断发情但屡配不孕，孕后也常流产。公牛睾丸及附睾肿大，硬而痛。

（6）脑结核 中枢神经系统受侵害时，在脑和脑膜等部位可发生粟粒状或干酪样结核，表现多种神经症状，如癫痫样发作、运动障碍等，甚至失明。

4. 病变 病理特征是各组织器官发生增生性结核结节（结核

性肉芽肿）或渗出性炎，或二者混合存在。

剖检在肺脏常见有很多突起的白色结节，切开为干酪样坏死，切开时有沙砾感。有的坏死组织溶解和软化，排出后形成空洞。发生粟粒性结核时，胸膜和腹膜发生密集结核结节，呈粟粒大至豌豆大的半透明灰白色坚硬的结节，形似珍珠状，即所谓的"珍珠病"。

乳房结核可见乳房上淋巴结肿大，剖开有大小不等的病灶，内含有干酪样物质。肠道结核可见肠系膜淋巴结有大小不等的结核结节。中枢神经系统主要是脑与脑膜发生结核病变。

5. 诊断　根据牛只出现不明原因的渐进性消瘦、咳嗽、肺部异常、慢性乳腺炎、顽固性下痢、体表淋巴结慢性肿胀等可初步确诊，确诊需进一步做实验室诊断。

进行实验室诊断时，采集病变淋巴结和病变器官如肝、肺、脾等进行病原学检测。病原检查方法包括：显微镜检查、病原分离鉴定、DNA 寡聚核苷酸探针或聚合酶链式反应等。

对无明显症状的病牛或牛群可用结核菌素试验作变态反应检查。该方法是国际贸易指定的诊断方法。操作时，牛皮内注射牛结核菌素，3d 后测量注射部位的肿胀程度用来判定有无本病。

6. 防治　牛结核病一般不予治疗。通常采取加强检疫，防止疾病传入，扑杀病牛，净化污染群，培育健康牛群，同时加强消毒等综合性防疫措施。

（1）防止结核病传入　无结核病健康牛群，平时加强防疫和消毒措施，防止疾病传入。每年春秋各进行 1 次变态反应检疫，淘汰阳性牛。引进牛时，应首先就地检疫，确认为阴性方可购买；运回后隔离观察 1 个月以上，再进行一次检疫，确认健康后方可混群饲养。禁止结核病人饲养牛群。若检出阳性牛，则该牛群应按污染牛群对待。

（2）净化污染牛群　每年应进行 4 次检疫。对结核菌素阳性牛立即隔离，一般不做治疗，应及时扑杀并进行无害化处理，以根绝传染源；对临床检查为开放性结核病牛立即扑杀。凡判定为疑似反应牛，在 25～30d 时进行复检，其结果仍为疑似反应时，可酌情处理。在健康牛群中检出阳性反应牛时，应在 30～45d 后复检，连续 3 次检疫不再发现阳性反应牛时，方可认为是健康牛群。

（3）培育健康犊牛　当牛群中病牛多于健康牛时，可通过培育健康犊牛的方法更新牛群。方法为设置分娩室，病牛分娩前，消毒乳房及后躯，犊牛出生后立即与母牛分开，用 2%～5%来苏儿消毒全身，擦干，送往犊牛预防室，饲喂健康牛乳或消毒乳。犊牛在隔离饲养的 6 个月中要连续检疫 3 次，在出生后 20～30d 进行第 1 次检疫，100～120d 进行第 2 次检疫，6 月龄时进行第 3 次检疫。根据检疫结果分群隔离饲养，阳性牛淘汰，无任何临床症状的阴性牛，放入假定健康牛群。

（4）消毒措施　每年定期大消毒 2～4 次。饲养用具每月消毒 1 次。养殖场以及牛舍入口设置消毒池。粪便经生物热处理后方可利用。检出病牛后进行临时消毒。常用消毒药有 10%漂白粉、3%福尔马林、3%氢氧化钠溶液、5%来苏儿。

>> 六、大肠杆菌病

牛大肠杆菌病又称牛白痢，是由大肠杆菌的某些致病性血清型菌株引起的疾病总称，是一种急性肠道传染病，其多发生于幼龄犊牛。临床上主要表现为剧烈腹泻、脱水、虚脱及急性败血症。

1. 病原　大肠杆菌是一种中等大小杆菌，其大小为（1～3）$\mu m \times$（0.5～0.7）μm，有鞭毛，无芽孢，有的菌株可形成荚膜，革兰氏染色呈阴性，需氧或兼性厌氧，生化反应活泼、易于在普通培养上增殖，适应性强。本菌对一般消毒剂敏感，对抗生素及磺胺类药等极易产生耐药性。

2. 流行病学　大肠杆菌病可以发生在多种家畜、家禽、养殖经济动物以及其他陆生动物和某些水产动物上，其中猪和鸡是最为易感，而且危害十分严重。

本病一年四季均可发生，以春季产犊高峰期发病率最高。本病主要经消化道进行传染，有时也会通过子宫内感染或脐带感染。当牛犊出生后不能及时吃上、吃足初乳或母牛体弱营养不良导致初乳质量差均容易诱发本病，此外，牛舍拥挤、饲养环境较差、牛只缺乏运动、阴暗潮湿、光照不良、气候多变等都可诱发本病。本病传播速度快，且治疗不及时或治疗不当死亡率较高，因此对牛场的危害较大。

3. 症状 临床表现可分为 3 种类型，主要有败血型、肠毒血型和肠型。

（1）败血型 潜伏期很短，仅数小时。主要发生于产后 3d 内的犊牛，大肠杆菌经消化道进入血液，引起急性败血症。病初表现体温升高，40℃以上，精神萎靡、食欲减退或废绝，数小时后发生腹泻，初期排淡黄色粥样稀粪，有恶臭，随着病情的发展则会排灰白色的水样稀粪，常混有凝血块、血丝和气泡，病牛常会伴随腹痛，有用腿脚踢腹的表现，后期则会出现严重脱水，卧地不起，如不及时治疗则死亡率可达 80％以上。多发生于吃不到初乳的犊牛。败血型发展很快，常于病后 1d 内死亡。

（2）肠毒血型 此型比较少见。主要是由于大肠杆菌在小肠内大量繁殖，产生毒素所致。急性者未出现症状就突然死亡。病程稍长的，可见典型的中毒性神经症状，先表现不安、兴奋，后沉郁，直至昏迷，进而死亡。

（3）肠型 也称肠炎型，病牛腹泻表现和败血型的病牛基本一致，但肠型的病牛体温稍微升高一般多在 40℃以下，如不及时治疗，常因虚脱或继发肺炎而死亡，一般要 3～5d 后才会出现死亡。个别病例也会自愈，但病愈后发育迟缓。

4. 病变 剖检主要呈现胃肠炎变化。

败血型和肠毒血症型死亡的病犊，常无明显的病理变化。肠炎型死亡的病犊，可见胃黏膜充血、水肿，覆有胶状黏液，皱褶部有出血；小肠黏膜充血、出血，部分黏膜上皮脱落；肠内容物混有血液和气泡，恶臭；肠系膜淋巴结肿大，肝脏和肾脏苍白，有时有出血点，胆囊内充满黏稠暗绿色胆汁；心内膜有出血点；病程长的病例有肺炎及关节炎病变。

5. 诊断 根据临床症状、流行病学、病理变化等综合分析判定。

用实验室病原检验方法，经鉴定为致病性血清型大肠杆菌的，在排除其他病原感染时，认为是原发性大肠杆菌病；在其他原发性疾病中分离出大肠杆菌时，应视为继发性大肠杆菌病。

6. 防治 预防本病从生产管理和卫生管理入手，对患病牛及时进行对症治疗多数能获得良好的效果。

（1）预防 应从怀孕母牛抓起，改善妊娠母牛的饲养管理，保证胎儿正常发育，产后能分泌良好的乳汁，以满足新生犊牛的生理需要；有条件的牛场，可以在母牛产前使其接种大肠杆菌菌苗，以提高初乳中特异抗体的含量。犊牛出生后做好脐带消毒，及时辅助犊牛吃上并且吃足初乳。做好牛舍卫生消毒和牛舍保温工作，避免犊牛接触粪便及污水。犊牛出生后前 3 天可口服土霉素 2～3g，每天 1 次，连用 3d，可以在较大程度上避免本病的发生。

（2）治疗 应进行对症治疗，例如抗菌、补液、调节胃肠机能和调整胃肠微生态平衡等。可用土霉素、庆大霉素及磺胺类药物等口服或注射用于抗菌；轻微脱水且可自行饮水的病牛应饮用口服补液盐溶液，对于脱水严重或不能自行饮水的病牛可静脉注射 5% 葡萄糖生理盐水 1 000～1 500mL，发生酸中毒的情况下还需要静脉缓慢注射 5% 碳酸氢钠注射液 80～100mL。给病牛灌服蒙脱石散、碱式硝酸铋、白陶土及木炭等，可保护肠黏膜，减少毒素吸收，缓解腹泻症状，促进犊牛早日康复。犊牛病情有所好转时可喂服乳酶生、乳酸菌素片等微生态制剂，以调整胃肠微生态平衡，有利于犊牛的康复和消化能力的恢复。

>> 七、沙门氏菌病

牛沙门氏菌病又称副伤寒，主要由鼠伤寒沙门氏菌、都柏林沙门氏菌等引起，对幼畜危害严重，成年牛也时有发病，以下痢为主要症状。主要表现败血症、肠炎、胃肠炎、肺炎、关节炎、孕牛流产等。

1. 病原 本病菌为短杆菌，长 $1\sim3\mu m$，宽 $0.5\sim0.6\mu m$，两端钝圆，不形成荚膜和芽孢，具有鞭毛，有运动性，为革兰氏阴性菌，为需氧兼厌氧性菌。

本菌能抵抗力较强，$60^{\circ}C$ 经 1h、$75^{\circ}C$ 经 5min 死亡，对低温有较强的抵抗力，在琼脂培养基上于 $-10^{\circ}C$、经 115d 尚能存活。在干燥的沙土中可生存 $2\sim3$ 个月，在干燥的排泄物中可保存 4 年之久。在 0.1% 升汞溶液、0.2% 甲醛溶液、3% 石炭酸溶液中 $15\sim20$min 可被杀死。

2. 流行病学 本病流行于世界各国，以肠炎为主要特征，对幼畜、雏禽危害甚大，成年畜禽多呈慢性或隐性感染。

任何阶段的牛都能够感染发病，10 日龄至 6 月龄的犊牛易感性高，其中以 $15\sim60$ 日龄的犊牛发病较多。该病的主要传染源是病牛和带菌牛，其通过尿液、粪便、乳汁排出病菌，对牧场环境和水源等造成污染，导致其他易感牛通过消化道感染。

本病一年四季均可发生，多雨潮湿季节更易发，一般散发或呈地方流行。环境污秽、潮湿、棚舍拥挤、粪便堆积、饲料和饮水供应不及时等应激因素易促进本病的发生。

3. 症状 犊牛病初时体温升高，可达 $40\sim41^{\circ}C$，食欲废绝，呼吸急促，咳嗽或表现肺炎症状，流浆性鼻液，后变为黄白色的黏性鼻液；排出恶臭液状粪便，呈白色或混有未消化的乳块，常混有血丝和黏液；眼红并肿胀、流泪；死亡率高者可达 50% 以上，一般为 $5\%\sim10\%$；一般于 $5\sim7$d 内死亡；病程延长时可见腕、跗关节肿大。成年牛较少发生或仅散发，病变多为急性出血性肠炎，怀孕牛时有流产。

4. 病变 剖检可见出血性胃肠炎与败血性病变，肝、脾可能有坏死灶。

（1）犊牛 最急性型往往没有出现明显病变。急性型可见胃黏膜出现弥漫性水肿、充血和出血，特别是结肠和小肠下段发生严重出血，肠系膜淋巴结出现程度不同的水肿和出血；脾脏呈紫红色，发生肿大、充血，且存在坏死灶。病程持续时间较长的病牛，肺尖叶出现实质病变；肝脏发生肿大，且出现脂肪变性或灶性坏死；膝、跗关节发生纤维素性、浆液性炎症。

（2）成年牛 主要病变是急性出血性肠炎，肠黏膜潮红，往往散布出血，大肠黏膜发生脱落，存在局限性坏死灶，其中结肠和小肠远端的黏膜坏死区存在弥漫性或者多灶性纤维素性坏死膜；真胃黏膜发炎，变得潮红，肠系膜淋巴结发生水肿、出血，肝脏出现脂肪变性或者灶性坏死，胆囊壁变厚，胆汁质地浑浊。最急性型只有肠段发生水肿、出血以及肠系膜淋巴结肿大，基本没有其他肉眼病变，且越快死亡则肉眼病变越不明显。慢性型病牛主要是发生肺炎，脾脏出现充血、肿大。

5. 诊断 根据本病的发病特点、主要症状和病理变化可做出初步诊断，确诊可采发病牛或病死牛的血液、内脏器官或流产胎儿内容物等材料进行实验室检查。

（1）镜检 采取病死牛肝、肺组织进行革兰氏染色，镜检，见两端椭圆、不运动，不形成芽孢和荚膜的革兰氏阴性短杆菌。

（2）细菌分离培养 无菌采集病死牛的肝、肺、脾接种于普通琼脂培养基和鲜血培养基，37℃培养24h，可见普通琼脂培养基、鲜血平板培养基上均长出圆形、表面光滑且湿润、周围无溶血、边缘整齐的小菌落。

（3）核酸检测 对采集的病料进行核酸检测。

此外，也可进行采集发病后期的病牛血液进行血清学检测。

6. 防治

（1）预防 本病首先要给予牛良好的饲养管理。保持环境卫生良好，供给干净饲草料。及时消毒，杀灭病原，常用10%～20%的生石灰水或1%～3%氢氧化钠定期进行消毒。每年春秋季节，常发病地区可给牛群免疫接种牛副伤寒氢氧化铝灭活菌苗，一般小于1岁的牛每头肌内注射1～2mL，1岁以上的牛每头肌内注射2～5mL，间隔10d再注射相同剂量的疫苗。平时可以对牛群进行检查，采用直肠拭子和阴道拭子，及时检出带菌牛，进行治疗或者淘汰。避免多种动物混养，防止其他动物，尤其是羊、猪等进入易感牛群。

（2）治疗　牛群一旦发病，应及时隔离病牛，并采取消毒等措施。选用敏感药物如卡那霉素、链霉素、盐酸环丙沙星或磺胺类药物治疗。

还可使用非类固醇抗炎药，尤其是氟胺烟酸葡胺，能够抗内毒素、阻断炎性以及休克过程中的各种介质，病牛按体重 0.5mg/kg 静脉注射，每天 2 次，之后改为每天 1 次。同时内服止泻、收敛以及保护肠黏膜的药物，补充维生素、电解质等。

>> 八、牛弯曲菌病

牛弯曲菌病，是由弯曲菌引起的一种人畜共患传染病，临床以不育、流产、腹泻等为主要特征。羊、犬等动物和人也可感染。

1. 病原　弯曲菌革兰氏染色呈阴性，一般不形成芽孢和荚膜，一端或两端有鞭毛，能运动。在感染组织中呈弧或 S 形，偶尔呈螺旋状；长 $1.5 \sim 2.0 \mu m$，宽 $0.2 \sim 0.5 \mu m$，老龄培养物中呈螺旋状长丝或圆球形。本菌微需氧，最适生长温度为 37℃，在培养基上形成圆形、针尖大小、半透明、不溶血菌落，菌落直径为 $1 \sim 3mm$。本菌在外界环境中的存活期短，对干燥、日光直射和一般消毒药敏感，经紫外线照射 5min 可被灭活。对酸和热敏感，pH $2 \sim 3$ 溶液中 5min、58℃ 5min 可被杀死。本菌对链霉素、氯霉素、四环素、红霉素敏感，而对青霉素、杆菌肽、多黏菌素 B、新生霉素、三甲氧苄氨嘧啶有抵抗力。

2. 流行病学　胎儿弯曲杆菌性病亚种主要通过生殖道，由自然交配和人工授精两种接触方式传播。可从公牛的精液、包皮黏膜，母牛的阴道、子宫颈、流产胎儿分泌物中分离到此菌，但不生长在人或动物的胃肠道中。自然交配是主要的流行、传播途径。公牛和母牛都可传播本病，患病公牛可将病菌传给其他母牛的时间达数月之久，公牛带菌期限与年龄有关，5 岁以上公牛带菌时间长，有的甚至可带菌 6 年。感染本菌引起不育多发生在发病的急性期，流产可发生于发病的整个过程，一般在发病的 5～6 个月的慢性期。

胎儿弯曲杆菌胎儿亚种多存在于牛、羊的流产胎儿、胎盘和胃内容物中，亦可从多种动物和人的胆汁、胃肠道、生殖道中发现，有时也可从粪便和生殖道分泌液中分离出来，主要通过口腔、生殖道交配等方式传播。

各种年龄的公、母牛均易感，尤以成母牛最易感。本病多呈地方性流行，在分娩旺季易引起传播流行。羊、犬及人等也可感染。

3. 症状 牛发病后出现流产、不孕、不育、死胎、腹泻，流产多发生在妊娠期的第 5～6 个月。

4. 病变 胎儿弯曲杆菌主要感染牛生殖黏膜，引起子宫内膜炎、子宫颈炎和输卵管炎。流产的胎儿皮下组织出现胶冻样浸润，胸水和腹水增加。流产后胎盘严重出血、淤血、水肿。公牛生殖器无异常病变。

5. 诊断 根据临床症状和病变可以做出初步诊断，确诊需做实验室诊断。

病料采集：一般采集母牛阴道黏液，若发生流产，可采集胎儿、胎盘及胎儿肝、肺或胎儿胃内容物；公牛采集精液或包皮垢。

病原检测：采集流产胎膜进行涂片镜检、细菌分离培养，也可进行免疫荧光试验。

血清学检测：可采集阴道黏液进行凝集试验或酶联免疫吸附试验。

6. 防治 隔离病牛是防治本病的重要措施。

免疫接种可防止易感奶牛弯曲杆菌病的发展和消除已感染奶牛的感染。最好在配种开始前 30～90d 内接种，并且因为免疫期短，在每年配种季节开始前应当再次接种。淘汰患病公牛，选用健康公牛配种或人工授精；加强环境卫生和消毒；对患病牛进行抗生素治疗。

>> 九、嗜皮菌病

嗜皮菌病又称链丝菌病或真菌性皮炎，是一种由刚果嗜皮菌引起的牛皮肤病。特征是牛皮肤出现渗出性增生性皮炎和痂块，本病主要在动物中传播，感染家畜和野生动物。

1. 病原 刚果嗜皮菌属于放线菌目嗜皮菌科，典型菌种为刚果嗜皮菌。其为好氧或兼性厌氧，基内菌丝体粗，为 $0.5\sim5\mu m$，被硬胶质囊包裹着，横隔分裂，成熟后菌丝体裂为碎片和球状体，遇合适条件变为能运动的孢子。孢子直径为 $0.5\sim1\mu m$，顶端生 $5\sim7$ 根鞭毛，萌发成菌丝，呈波曲状，有横隔。孢子可在菌丝体内萌发。在人工培养条件下，菌丝体按纵、横方向分裂产生扁平体，横向分裂产生侧支。

本菌为皮肤专性寄生菌，在土壤中不能存活，能运动的游动孢子具有感染力，在干燥的环境中孢子能长期存活。

2. 流行病学 我国已经在牦牛、水牛及山羊中发现本病。本病传染性强、发病集中、病情顽固，多发生于气候炎热的地区及多雨季节，以皮肤表层发生渗出性皮炎并形成结节为特征。除牛易感外，羊、马、驴、猪、猫、犬、鹿也可感染。动物发病后精神、食欲无显著变化，呈慢性经过，大多可自愈。

3. 症状 各种年龄的牛均可发病，主要表现为口唇、头颈、背、胸等部的皮肤出现豌豆大至蚕豆大的结节。典型表现是背部皮肤出现小的、凸起的局限性硬皮，皮可见水肿或小脓疮。公牛阴囊和母牛乳房皮肤也时有发病。

4. 诊断 根据临床表现可以初步诊断。

采集痂皮、病变皮肤或皮损渗出物涂片，姬姆萨染色镜检及分离培养，菌落初为白或灰色，后变为橙色至黄色。革兰氏染色呈阳性，不抗酸。

5. 防治 本病的预防主要在于隔离病畜，防止雨淋，防止外伤和昆虫叮咬。

治疗以局部治疗和全身治疗相结合。取温肥皂水适量湿润皮肤痂皮，除去病变全部痂皮和渗出物，再用 1％龙胆紫酒精溶液或 5％水杨酸酒精溶液涂擦，每日一次，一般 7d 可完全治愈。全身治疗注射青霉素、链霉素等，每日两次、连续注射 5～7d。

>> 十、牛 A 型魏氏梭菌病

牛 A 型魏氏梭菌病是在一定条件下由产气荚膜梭菌引起家畜和人发病的一种急性传染病，能引起牛猝死症，该病发病急、死亡快、死亡率高，给牛养殖业造成重大经济损失。

1. 病原 产气荚膜梭菌旧称魏氏梭菌或产气荚膜杆菌，菌体呈粗直杆状，两端钝圆，革兰氏染色呈阳性，无鞭毛，在动物体内可形成荚膜，自然界中常以芽孢的形式存在，有 A、B、C、D、E 5 个血清型，其致病作用主要在于它所产生的 12 种毒素。

2. 流行病学 产气荚膜梭菌广泛分布于土壤、污水、饲料、人与动物粪便及肠道中，典型条件致病菌，常引起羊肠毒血症、羊猝狙、羔羊痢疾、牛猝死症等，以排出褐色带血的稀粪、全身实质器官出血、小肠坏死、发病急、死亡快、死亡率高为特征。

健康牛采食被病原菌污染的饲草、饲料、饮水后，病菌进入肠道内，当气候、饲养环境突然发生改变或突然变换饲料等，如喂食大量清嫩多汁或蛋白质丰富的饲料，引起牦牛肠道正常消化机能紊乱或破坏，从而导致细菌大量繁殖、产生毒素并经机体吸收引发牛魏氏梭菌病。

该病四季均可发生，病死率为 93％～100％，奶牛为 70％～100％。

3. 症状 临床以突然死亡、实质器官以及消化道大量出血为特征，根据发病程度分为最急性型、急性型和亚急性型三种类型。

(1) 最急性型 病牛无任何前期症状，几分钟或 1～2h 内突然死亡，发病牛体温为 39.0～39.5℃。病牛死前头颈呈角弓反张，口鼻中流出带血色泡沫的液体，死后舌头脱出口外，腹部膨大，肛门、阴门突出。

（2）急性型　病牛体温表现正常或增高，病程稍长，食欲不佳，呼吸迫促，口鼻流出红色或白色泡沫，步态不稳，全身肌肉震颤，腹痛，四肢划动，狂叫倒地，病情发展很快，不久死亡。

（3）亚急性型　病牛呈阵发性不安，发作时精神高度紧张，两眼圆睁，两耳竖立，而后转为安静，如此周期性发作，最终死亡，有的病牛甚至出现水样腹泻，或排出有腥臭味酱紫色粪便。

4. 病变　剖检以全身实质器官和小肠出血为特征。心脏肌肉变软，心房及心室外膜有出血斑点。肺气肿，有出血症状。肝脏呈紫黑色，表面有出血斑点，肠内容物为暗红色黏稠液体。淋巴结肿大出血、切面为褐色。

5. 诊断　采集病牛空肠、回肠、盲肠内容物、肠黏膜及心血、肝脏病变组织涂片，作革兰氏染色，镜检见革兰氏染色呈阳性、两端钝圆的杆菌，不见芽孢。将肠内容物接种于鲜血琼脂培养基，37℃厌氧培养24h，可见有双溶血环的圆形菌落，直径为1.5～3mm，呈浅灰色。此外，可在小白鼠或家兔等实验动物上开展肠毒素试验以及保护试验进行进一步确诊。

6. 防治　牛魏氏梭菌病的发病原因复杂，感染后短时间内就会引起牛的死亡，常来不及治疗。主要采取科学饲养、严格消毒、卫生控制、免疫预防等措施。

（1）预防　用5％来苏儿浸泡、刷洗料槽、水槽，0.3％过氧乙酸对牛栏和器具进行消毒，用2％石灰水消毒牛舍及周围环境，对病死牛进行无害化处理；使用魏氏梭菌疫苗进行免疫接种。

（2）治疗　将发病牛隔离后，采取镇静、抗菌消炎、强心、解除代谢中毒以及大量补液等措施。通常对病牛混合注射氨苄西林、链霉素、磺胺等抗菌药；对于心脏衰弱病牛，皮下注射25％的安钠咖注射液；对于脱水病牛，静脉滴注射5％葡萄糖生理盐水并配合使用地塞咪松、维生素B6、维生素C、氨苄西林；对于出现兴奋症状的病牛，灌服水合氯醛溶液。

>> 十一、气肿疽

气肿疽又称黑腿病，是一种反刍动物易感的发热性急性传染病。其主要的感染对象是牛。病牛往往在腿部等肌肉丰富的部位发生气性、炎性的肿胀，常伴有跛行、无法站立等症状。

1. 病原 病原为牛气肿疽梭菌，该菌为两端钝圆的粗大杆菌，长 $2 \sim 8\mu m$，宽 $0.5 \sim 0.6\mu m$，无荚膜，能运动，在体内外均可形成芽孢，能产生不耐热的外毒素。芽孢抵抗力强，可在泥土中存活 5 年以上，在腐败尸体中可存活 3 个月。在液体或组织内的芽孢经煮沸 20min、0.22%升汞处理 10min 或 3%福尔马林处理 15min 方能杀死。

2. 流行病学 自然感染一般多发于黄牛、水牛、奶牛、牦牛、犏牛。发病年龄为 0.5 ～ 5 岁，尤以 1 ～ 2 岁多发，死亡居多。羊、猪、骆驼亦可感染。病牛的排泄物、分泌物及处理不当的尸体，污染的饲料、水源及土壤会成为持久性传染来源。

该病传染途径主要是消化道，深部创伤感染也有可能。本病呈地方性流行，有一定季节性，夏季放牧，尤其在炎热干旱时容易发生，这与蝇、蚊活动有关。

3. 症状 潜伏期为 3 ～ 5d。牦牛往往突然发病，体温达 41 ～ 42℃，轻度跛行，食欲和反刍停止。不久会在肩、股、颈、臂、胸、腰等肌肉丰满处发生炎性肿胀，初热而痛，后变冷，触诊时肿胀部分有捻发音。肿胀部分皮肤干硬而呈暗黑色，穿刺或切面有黑红色液体流出，内含气泡，有特殊臭气，肉质黑红，周围组织水肿；局部淋巴结肿大。严重者呼吸增速，脉细弱而快。病程为 1 ～ 2d。

4. 病变 主要病变为尸体迅速腐败和臌胀，天然孔常有带泡沫血样的液体流出，患部肌肉呈黑红色，肌间充满气体，呈疏松多孔的海绵状，有酸败气味。局部淋巴结充血、出血或水肿。肝、肾呈暗黑色，常因充血而肿大，还可见到豆粒大至核桃大的坏死灶；切面有带气泡的血液流出，呈多孔海绵状。其他器官常呈败血症样变化。

5. 诊断 根据流行特点、典型症状及病理变化可做出初步诊断。

其病理诊断要点为：丰厚肌肉的气性坏疽和水肿，有捻发音；丰厚肌肉切面呈海绵状，且有暗红色坏死灶；丰厚肌肉切面有含泡沫的红色液体流出，并散发酸臭味。

实验室诊断：主要是采取患牛病变部位的肌肉、水肿液或是病死牛的肝脏作为检验的病料，在这些病料的表面进行涂片和染色处理，然后置于显微镜下进行观察，即可确诊。

应与气肿疽相区别。气肿疽与恶性水肿的区别为：恶性水肿的发生与皮肤损伤病史有关；恶性水肿主要发生在皮下，且部位不定；恶性水肿无发病年龄与品种区别。还应注意与牛炭疽和牛巴氏杆菌病区别。

6. 防治

(1) 预防 在流行的地区及其周围，每年春、秋两季进行气肿疽甲醛菌苗或明矾菌苗预防接种。若已发病，则要实施隔离、消毒等卫生措施。死牛宜深埋或烧毁。

(2) 治疗 常用方法有如下几种。青霉素肌内注射，每次 200 万 U，每日 2～4 次；早期在水肿部位的周围，分点注射 3% 过氧化氢或者 0.25% 普鲁卡因青霉素。也可以用 1%～2% 的高锰酸钾溶液适量注射；静脉注射四环素 2～3g，（融进 5% 葡萄糖液 1 000～1 200mL），分 2 次注射，每日 2 次；10% 磺胺噻唑钠 100～200mL，静脉注射；10% 磺胺二甲基嘧啶钠注射液 100～200mL，静脉注射，每日一次；病程中、后期，把水肿部切开，剔除坏死组织，用 2% 高锰酸钾溶液或 3% 过氧化氢充分冲洗，或用上述药物在除去的水肿部位周围分点注射；如配合静脉注射抗气肿疽血清，效果更好。抗气肿疽血清的用量是一次注射 150～200mL；此外可根据全身状况，对症治疗，如进行解毒、强心、补液等治疗。

>> 十二、传染性角膜结膜炎

牛传染性角膜结膜炎又名红眼病，是危害牛的一种急性传染病。其特征为眼结膜和角膜发生明显的炎症变化，伴有大量流泪，之后发生角膜浑浊，浑浊物呈乳白色。

1. 病原 牛传染性角膜结膜炎是一种多病原的疾病。牛摩拉氏菌是牛传染性角膜结膜炎的主要病菌，是一种长 $1.5\sim2.0\mu m$，宽 $0.5\sim1.0\mu m$ 的革兰氏阴性杆菌，多成双排列，也可成短链状，有荚膜，无芽孢，不能运动。

本菌对理化因素的抵抗力弱，一般消毒剂对其均有杀菌作用。病菌离开病畜后，在外界环境中存活一般不超过 24h。

2. 流行病学 易发传染性角膜结膜炎的牲畜主要有牛、羊、骆驼、鹿等，其中以幼年牲畜发病率较高。该病可通过同种牲畜头部的相互摩擦和其他的密切接触传播，或通过咳嗽、打喷嚏而传播，蝇类或某种飞蛾也可机械地传递该病。被病畜的泪和鼻分泌物污染的饲料也可传播该病。在复愈牛的眼和鼻分泌物中，牛摩拉氏菌可存在数月。因此，引进病牛或带菌牛，是牛群暴发该病的一个常见原因。

该病多呈地方流行性，一旦发生，传播迅速，青年牛群的发病率可高达 $60\%\sim80\%$。刮风、尘土等因素有利于该病的传播。

3. 症状 潜伏期一般为 $3\sim7d$，初期患牛眼畏光、流泪、眼睑肿胀、疼痛，其后角膜凸起，角膜周围血管充血，结膜和瞬膜红肿，或在角膜上发生白色或灰色小点，严重病例角膜增厚，并发生溃疡，形成角膜瘢痕及角膜翳。部分患病牛的角膜破裂，晶状体脱落。多数为一侧眼患病，后为双眼感染，病程一般为 $20\sim30d$，无全身性症状，如果眼球有脓性感染可导致体温升高。

4. 诊断 通过流行病学、临床特征可以初步判定为牛传染性角膜结膜炎，通过实验室诊断和血清学检查可确诊。

此外，需要与牛外伤眼病和牛传染性鼻气管炎等进行鉴别诊断。外伤眼病不具有传染性，仅在受伤部位有症状；传染性鼻气管炎有呼吸道疾病症状。

5. 防治　坚持预防为主的方针，保持栏舍和牲畜的干燥卫生，并坚持定期消毒，切断疫病传播途径，杀灭或消除病原体，消灭疫病源头。

（1）预防　在引进种牛时，要经过严格的检疫，不可从疫区引进，防止带毒牛进入牛场。引进牛要单独饲养半个月，监测健康无病后才能混群饲养。每天清扫圈舍，定期消毒，消灭蚊虫，加强环境卫生的管理和环境控制。在日常管理中，有疑似病症出现，应立即隔离观察，并及时治疗。

该病在牧区流行时，应划定疫区，禁止牛羊等牲畜在疫区出入流动。此外，夏、秋季节要注意灭蝇，避免阳光强烈刺激。

（2）治疗　病畜可用2%～4%硼酸水洗眼，拭干后再用3%～5%弱蛋白银溶液滴入结膜囊，每日2次～3次。也可滴入青霉素溶液（每毫升含5 000U），或涂四环素眼膏。如有角膜混浊或角膜薄翳时，可涂1%～2%黄降汞软膏。此外酒石酸泰乐菌素溶液、双氢链霉素和青霉素的混合溶液对该病的治疗效果显著。

>> 十三、破伤风

破伤风又称强直症，是由破伤风梭菌经伤口感染引起的一种急性中毒性人畜共患病。临诊上以骨骼肌持续性痉挛和神经反射兴奋性增高为特征。

1. 病原　破伤风梭菌为一种厌氧性革兰氏阳性杆菌，在动物体内外均可形成抵抗力强大的芽孢，芽孢位于菌体一端，多数菌株有周鞭毛，能运动。不形成荚膜。在动物体内和培养基内均可产生破伤风外毒素，其中最主要的是能作用于神经系统的痉挛毒素。痉挛毒素不耐热，易被酸破坏，经甲醛处理后可脱毒变为类毒素。

本菌繁殖体抵抗力不强，一般消毒药均能在短时间内将其杀死，芽孢体抵抗力强大可在土壤中存活几十年。

2. 流行病学 本病广泛分布于世界各地，发病无明显的季节性，多为散发。

各种家畜均有易感性，其中以单蹄兽最易感，猪、羊、牛次之，犬、猫偶发，人的易感性也很高。

破伤风梭菌广泛存在于自然界，人、畜粪便都可带有，尤其是施肥的土壤、腐臭淤泥中。人、畜感染主要来源是粪便和土壤。

本菌必须经创伤才能感染，动物之间或动物和人之间不能直接传播。感染常见于断脐、去势、手术、断尾、穿鼻、产后感染等。临床上有 1/3～2/5 的病例找不到伤口，这可能是创伤已愈合或经子宫、消化道黏膜损伤感染。

3. 症状 潜伏期为 1～2 周。病牛初期表现头颈部肌肉强直痉挛，拒绝采食和吞咽缓慢。随病情发展，出现全身性强直痉挛症状。严重者牙关紧闭，无法采食和饮水，由于咽肌痉挛致使吞咽困难，唾液积于口腔而流涎。头颈伸直，两耳竖立，鼻孔张开，四肢腰背僵硬，腹部蜷缩，尾根高举，行走困难，形如木马，关节屈曲困难，易于跌倒。常发生角弓反张和瘤胃臌气。末期常因呼吸功能障碍或循环系统衰竭而死亡。

4. 诊断 根据本病的特殊临诊症状，如神志清楚、反射兴奋性增高、骨骼肌强直性痉挛、体温正常，并有创伤史，即可确诊。还可从局部创伤采取病料进行细菌学诊断。

鉴别诊断注意与以下疾病相区别。

急性肌肉风湿症：无创伤病史，体温升高 1℃ 以上，患部肌肉肿胀，有疼痛感，缺乏兴奋性，牙关不紧闭，两耳不竖立，尾巴不高举，水杨酸制剂治疗有效。

脑炎：虽有兴奋性增高、牙关紧闭、腰发硬及角弓反张、局部肌肉痉挛等症状，但无创伤病史，各种反射机能都减退或消失，视力减退或消失，意识丧失或昏迷不醒，并有麻痹症状。

马钱子中毒：有牙关紧闭、角弓反张、肌肉痉挛等症状，但有中毒史，反射兴奋性不高，肌肉痉挛发生较急，呈间歇性发作，经治疗缓解后，能迅速开口，或者死亡较快等。

5. 防治

（1）预防　在常发地区对易感家畜定期接种破伤风类毒素。成年牛 1mL，幼畜 0.5mL，注射后 3 周产生免疫力，免疫期 1 年，第 2 年再注射一次，免疫期增加到 4 年。平时要注意饲养管理和环境卫生，防止家畜受伤，一旦发生外伤，要注意及时处理创伤；创伤或术后，尤其是牦牛去势后应及时注射破伤风抗毒素 1～3IU。

（2）治疗　治疗原则是消除病原、中和毒素、镇静解痉及加强护理。初期病势凶猛，中和毒素为主要治疗手段，同时注意消除病原，应用解痉药物阻断毒素和神经肌肉结合；中期相对稳定，镇静解痉，强心补液，维护心脏机能，防止并发症的发生；约经 10d 左右的治疗转入疾病恢复阶段，此时应加强护理，缓解局部肌肉痉挛，调整胃肠机能等对症治疗措施。

①中和毒素　静脉注射破伤风抗毒素，成年牛注射 50 万～90 万国际单位，犊牛注射 20 万～40 万 IU，可一次注射，也可分 3d 注射。破伤风抗毒素可在体内保持 2 周左右。同时应用 40％乌洛托品，成年牛 50mL，犊牛 2mL，加入葡萄糖溶液内静脉注射，每日一次，连用 7～10d。过长应用会导致尿路出血。

②镇静解痉　镇静常用氯丙嗪，犊牛 150～200mg，成年牛 250～500mg，上、下午各肌内注射一次；也可用水和氯醛 25～50g 混于淀粉浆 500～1 000mL 灌肠，每日 1～2 次；也可二法交替应用。或用 2％静松灵 1～3mL，每日上、下午各注射一次。解痉常用 25％硫酸镁，犊牛 25mL，成牛 100mL，静脉注射或肌内注射。牙关紧闭时用 1％普鲁卡因在开关、锁口穴注射，每穴注射 10mL，每天一次直至开口。腰背强直者做镇静解痉治疗或 25％硫酸镁在脊柱两侧各选 5 个点作点状注射，每点注射 10mL 直至痊愈。

③消除病原　彻底清创，除去创伤内的脓汁异物、坏死组织以及痂皮，创伤口深而小的应进行扩创，用 3％过氧化氢或 2％高锰酸钾溶液洗涤，再用 5％～10％碘酊涂擦，最后撒布碘仿磺胺粉或

高锰酸钾粉。

④对症治疗　主要有强心补液、补糖、补碱、整肠健胃。牛产后破伤风可用高锰酸钾溶液冲洗产道，静脉注射甲硝唑 2.5～5g。破伤风引起瘤胃臌气时，可将瘤胃切开，再将瘤胃壁切口与皮肤切口缝合在一起，便于长期排气，每天经切口灌入饮水、麸皮和药物，待病畜开始吃草、反刍后，再分别缝合瘤胃和皮肤切口。

⑤加强护理　将病牛转入光线暗的畜舍，避免音响，保持安静，对不能采食的可用胃管投入流食。

第二节　病 毒 病

>> 一、口蹄疫

口蹄疫是由口蹄疫病毒所引起的一种急性、热性、高度接触性传染病。临床上以口腔黏膜、蹄和乳房皮肤发生水疱和溃烂为特征。主要侵害偶蹄兽，偶见于人和其他动物。有较强传染性，往往造成大流行，不易被控制和消灭，因此，世界动物卫生组织一直将本病列为 A 类动物疫病名单之首。

1. 病原　口蹄疫病毒属于微核糖核酸病毒科中的口蹄疫病毒属。该病毒是目前所知最小的动物 RNA 病毒。病毒由中央的核糖核酸核芯和周围的蛋白壳体组成，无囊膜，成熟的病毒粒子约含 30% 的 RNA，其余 70% 为蛋白质。RNA 决定病毒的感染性和遗传性，病毒蛋白质决定其抗原性、免疫性和血清学反应能力，并对病毒中央的 RNA 提供保护。

本病毒具有多型性、易变性的特点。目前已知口蹄疫病毒在全世界有 A、O、C、SAT1、SAT2、SAT3（即南非 1、2、3 型）和 Asia（亚洲 1 型）7 个主型。每一型内又有多种亚型，亚型内又有众多抗原差异显著的毒株。目前已发现 65 个亚型。各型之间的临诊表现相同，但彼此均无交叉免疫性。同型各亚型之间交叉免疫程度变化幅度较大，亚型内各毒株之间也有明显的抗原差异。我国口蹄疫的病毒型为 O 型、A 型和亚洲 1 型。

该病毒对外界环境的抵抗力很强，含病毒组织或被病毒污染的饲料、皮毛及土壤等可保持传染性数周至数月。在冰冻情况下，血液及粪便中的病毒可存活 120～170d。对日光、热、酸、碱敏感。2%～4%氢氧化钠、3%～5%福尔马林、0.2%～0.5%过氧乙酸、5%氨水、5%次氯酸钠都是该病毒的良好消毒剂。

2. 流行病学 口蹄疫病毒可侵害多种动物，但主要为偶蹄兽。家畜以牛易感（奶牛、牦牛、犏牛最易感，水牛次之），其次是猪，再次是绵羊、山羊和骆驼。仔猪和犊牛不但易感而且死亡率高。野生动物也可感染发病。

本病具有流行快、传播广、发病急、危害大等流行特点，疫区发病率可达 50%～100%，犊牛死亡率较高，其他则较低。

病畜和潜伏期动物是最危险的传染源。在症状出现前，从病畜体内就开始排出大量病毒，发病初期排毒量最多。病畜的水疱液、乳汁、尿液、口涎、泪液和粪便中均含有病毒，其中水疱液内及淋巴液中含毒量最多，毒力最强。隐性带毒者主要为牛、羊及野生偶蹄动物，猪不能长期带毒。

该病毒入侵的途径主要是消化道和呼吸道，也可经损伤的黏膜和皮肤感染。

该病毒可经空气广为传播。畜产品、饲料、草场、饮水和水源、交通运输工具、饲养管理用具，一旦污染病毒，均可成为传染源。

本病传播虽无明显的季节性，但冬、春两季较易发生大流行，夏季减缓或平息。

3. 症状 潜伏期为 1～7d，大多为 2～4d。病牛精神沉郁，闭口，流涎，开口时有吸吮声，体温可升高到 40～41℃。发病 1～2d后，病牛齿龈、舌面、唇内面可见到蚕豆至核桃大的水疱，涎液增多，并呈白色泡沫状挂于嘴边。采食及反刍停止。水疱约经一昼夜破裂，形成溃疡，呈红色糜烂状，边缘整齐，底面浅平，这时病牛体温会逐渐降至正常。在口腔发生水疱的同时或稍后，趾间及蹄冠的柔软皮肤上也发生水疱，也会很快破溃，然后逐渐愈合。有时在乳头皮肤上也可见到水疱。本病一般呈良性经过，经 1 周左右即可自愈；若蹄部有病变则可延至 2～3 周或更久；死亡率为 1%～2%，该病型又称良性口蹄疫。

有些病牛在水疱愈合过程中，病情突然恶化，全身衰弱、肌肉发抖，心跳加快、节律不齐，食欲废绝、反刍停止，行走摇摆、站立不稳，往往因心肌炎引起的心脏停搏而突然死亡，这种病型叫恶性口蹄疫，病死率高达 25%～50%。

哺乳犊牛患病时，往往看不到特征性水疱，主要表现为出血性胃肠炎和心肌炎，死亡率很高。

4. 病变 除口腔和蹄部的水疱和烂斑外，还可在咽喉、气管、支气管、食道和瘤胃黏膜见到圆形烂斑和溃疡，真胃和小肠黏膜有出血性炎症。恶性口蹄疫可在心肌切面上见到灰白色或淡黄色条纹与正常心肌相伴而行，如同虎皮状斑纹，俗称"虎斑心"。

5. 诊断 根据以下几点可做出初步诊断。发病急、流行快、传播广、发病率高，但死亡率低，且多呈良性经过；大量流涎，呈引缕状；口蹄疮定位明确（口腔黏膜、蹄部和乳头皮肤），病变特异（水泡、糜烂）；恶性口蹄疫时可见虎斑心。

为了和类似疾病鉴别及进行毒型鉴定，必须进行实验室检查。目前口蹄疫的检测技术主要有病毒分离技术、血清学检测技术和分子生物学技术等。

病毒分离技术是检测口蹄疫的重要方法，主要有细胞培养和动物接种 2 种方法；血清学诊断技术主要有病毒中和试验、补体结合试验、间接血凝试验、乳胶凝集试验、免疫扩散试验、酶联免疫吸附试验（ELISA）、免疫荧光抗体试验、免疫荧光电子显微镜技术等；近年来，随着分子生物学的飞速发展，以及对口蹄疫病毒研究的不断深入，已经建立起检测口蹄疫病毒的各种分子生物学方法，其中包括聚合酶链式反应（PCR）、核酸探针、核酸序列分析、电聚焦寡核苷酸指纹图谱法、基因芯片技术等。

本病与下列疾病都有相似之处，应注意鉴别。

（1）牛瘟 传染猛烈，病死率高；舌背面无水疱和烂斑，蹄部和乳房无病变；水疱和烂斑多发生于舌下、颊和齿龈，烂斑边缘呈锯齿状；胃肠炎严重，有剧烈的下痢；真胃及小肠黏膜有溃疡。应用补体结合试验和荧光抗体检查可确诊，也可以此加以区别。

（2）牛恶性卡他热 常散发，无接触传染性，发病牛有与绵羊接触史；病死率高；口腔及鼻黏膜、鼻镜上有糜烂，但不形成水疱；常见角膜混浊。无蹄冠、蹄趾间皮肤病变，这是与口蹄疫的区别所在。

（3）传染性水疱性口炎 流行范围小，发病率低，极少发生死亡；不侵害蹄部和乳房，马属动物可发病。

（4）牛黏膜病 呈地方性流行，羊、猪感染但不发病；牛见不到明显的水疱，烂斑小而浅表，不如口蹄疫严重。白细胞减少，腹泻，消化道尤其是食道发生糜烂、溃疡。

6. 防治 由于目前还没有针对口蹄疫患牛的有效治疗药物。世界动物卫生组织和各国都不主张，也不鼓励对口蹄疫患牛进行治疗，重在预防。

发生口蹄疫后，应迅速报告疫情，划定疫点、疫区，按照"早、快、严、小"的原则，及时严格封锁，病牛及同群牛应隔离急宰，同时对病牛舍及被污染的场所和用具等进行彻底消毒。对疫区和受威胁区内的健康易感牛进行紧急接种，所用疫苗必须与当地流行口蹄疫的病毒型、亚型相同。还应在受威胁区的周围建立免疫带以防疫情扩散。在最后一头病牛痊愈或屠宰后14d内，未再出现新的病例，经充分消毒后可解除封锁。免疫参考程序如下。种公牛、后备牛：每年注苗2次，每间隔6个月免疫1次，肌内注射高效苗5mL。生产母牛：分娩前3个月肌内注射高效苗5mL。犊牛：出生后4～5个月首免，肌内注射高效苗5mL；首免后6个月二免，方法、剂量同首免，以后每间隔6个月接种1次，肌内注射高效苗 5mL。发生口蹄疫时，也可对疫区和受威胁的家畜使用康复动物血清或高免血清。

疫点粪便堆积发酵处理，或用 5% 氨水消毒；牛舍、运动场和用具用 2%～4% 氢氧化钠溶液、10% 石灰乳、0.2%～0.5% 过氧乙酸等喷洒消毒，毛、皮可用环氧乙烷或福尔马林熏蒸消毒。

>> 二、牛病毒性腹泻-黏膜病

牛病毒性腹泻-黏膜病又称牛病毒性腹泻或牛黏膜病。该病是以发热、黏膜糜烂溃疡、白细胞减少、腹泻、免疫耐受与持续感染、免疫抑制、先天性缺陷、咳嗽、怀孕母牛流产、母牛产死胎或畸形胎为主要特征的一种接触性传染病。

1. 病原 牛病毒性腹泻病毒，又名黏膜病病毒，是黄病毒科，瘟病毒属的成员。为单股 RNA 有囊膜病毒。本病毒耐低温，冰冻状态可存活数年。本病毒与猪瘟病毒在分类上同属于瘟病毒属，有共同的抗原关系。

2. 流行病学 目前该病已呈世界性分布，特别是畜牧业发达的国家。目前随着我国养牛业的快速发展，也在我国新疆、内蒙古、宁夏、甘肃、青海、黑龙江、河南、河北、山东、辽宁、陕西、山西、广西、四川、江苏、安徽等 20 多个省份检出此病。

本病对各种牛易感，绵羊、山羊、猪、鹿次之，家兔可实验感染。患病动物和带毒动物通过分泌物和排泄物排毒。急性发热期病牛血中大量含毒，康复牛仍可带毒 6 个月。本病主要通过消化道和呼吸道而感染，也可通过胎盘感染。

本病常年发生，但多发生于冬季和春季。新疫区急性病例多，大小牛均可感染，发病率约为 5%，病死率为 90%～100%。老疫区急性病例少，发病率和病死率低，隐性感染在 50% 以上。

3. 症状 本病潜伏期为 7～10d，分为急性型和慢性型。

急性型病牛突然发病，体温升高至 40～42℃，持续 4～7d，有的呈双相热。病牛精神沉郁，厌食，鼻腔流鼻液，流涎，咳嗽，呼吸加快。白细胞减少。鼻、口腔、齿龈及舌面黏膜出血、糜烂。呼气恶臭。通常在口内发生损害后出现严重腹泻，开始水泻，以后带有黏液和血。有些病牛常引起蹄叶炎及趾间皮肤糜烂坏死，从而导致跛行。急性病牛恢复的少见，常于发病后5～7d内死亡。

慢性型病牛发热不明显，最引人注意的是鼻镜上的糜烂，口内很少有糜烂。眼有浆液性分泌物。鬐甲、背部及耳后皮肤常出现局限性脱毛和表皮角质化，甚至破裂。慢性蹄叶炎和趾间坏死导致蹄冠周围皮肤潮红、肿胀、糜烂或溃疡，并导致病牛跛行。间歇性腹泻。多于发病后2～6个月死亡。

母牛在妊娠期感染本病时常发生流产，或产下有先天性缺陷的犊牛。最常见缺陷是小脑发育不全。

4，病变 主要病变在消化道和淋巴组织。特征性损害是口腔（内唇、切齿齿龈、上颚、舌面、颊的深部）食道黏膜有糜烂和溃疡，直径1～5mm，形状不规则，是浅层性的，食道黏膜糜烂沿皱褶方向呈直线排列。皱胃黏膜严重出血、水肿、糜烂和溃疡。蹄部、趾间皮肤糜烂、溃疡和坏死。肠系膜淋巴结肿胀。犊牛小脑发育不全，亦常见大脑充血，脊髓出血。

5. 诊断 根据症状和流行病学情况，可以做出初步诊断，用不同克隆DNA探针可检测本病，检查抗体的方法有血清中和试验、ELISA等，可用免疫荧光和免疫酶检测感染细胞，也可用PCR试验扩增检测血清中病毒核酸。

本病应注意与牛瘟、口蹄疫、恶性卡他热、牛传染性鼻气管炎、水疱性口炎、蓝舌病等鉴别。

6. 防治

（1）预防 由于本病普遍存在，而且致病机理复杂，给该病的防制带来很大困难，目前尚无有效的控制方法，国外控制的最有效办法是对经鉴定为持续感染的动物立即屠杀及疫苗接种，但活苗不稳定，而且会引起胎儿感染，所以国外大多数学者主张采用灭活苗。

防治本病应加强检疫，防止引入带毒牛造成本病的扩散。一旦发病，对病牛进行隔离治疗或急宰；同群牛和有接触史的牛群应反复进行临床学和病毒学检查，及时发现病牛和带毒牛。持续感染牛应淘汰。

（2）治疗　本病在目前尚无有效疗法。应用收敛剂和补液疗法可缩短恢复期，减少损失。用抗生素或磺胺类药物，可减少继发性细菌感染。

可适当注射硫酸庆大霉素、5%氯化钙、30%安乃近等进行治疗。

>> 三、牛流行热

牛流行热又称三日热或暂时热，是由牛流行热病毒引起的一种牛急性热性传染病。其特征是高热，流泪，流涎，流鼻液，呼吸促迫，后躯僵硬，跛行。一般为良性经过，经 2～3d 恢复。

1. 病原　牛流行热病毒属弹状病毒科，暂时热病毒属的成员。成熟病毒粒子含单股 RNA，有囊膜。对酸碱敏感，不耐热，耐低温，常用消毒剂能迅速将其杀灭。

2. 流行病学　本病主要侵害奶牛和黄牛，牦牛亦可感染。以 3～5 岁牛多发，1～2 岁牛和 6～8 岁牛次之，犊牛和 9 岁以上牛少发。病牛是本病的主要传染源。病毒主要存在于高热期病牛的血液中。可通过吸血昆虫（如蚊、蠓、蝇）叮咬病牛后再叮咬易感的健康牛而传播，故疫情的存在与吸血昆虫的出没相一致。试验证明，病毒能在蚊子和库蠓体内繁殖。

本病的传染力强，常呈流行性或大流行性。本病广泛流行于非洲、亚洲及大洋洲。

本病的发生具有明显的周期性和季节性，通常每 3～5 年流行一次，北方多于 8—10 月流行，南方可提前发生。

3. 症状　潜伏期为 3～7d。发病突然，体温升高达 39.5～42.5℃，维持 2～3d 后，降至正常。在体温升高的同时，病牛流泪、畏光、眼结膜充血、眼睑水肿。呼吸促迫，达 80 次/min 以上，听诊肺泡呼吸音高亢，支气管呼吸音粗砺。食欲废绝，咽喉区疼痛，反刍停止。多数病牛鼻炎性分泌物成线状，随后变为黏性鼻液。口腔发炎、流涎，口角有泡沫。病牛呆立不动，强使行走则步态不稳，因四肢关节浮肿、僵硬、疼痛而出现跛行，最后因站立困难而倒卧。有的便秘或腹泻。尿少，呈暗褐色。妊娠母牛可发生流产、死胎，泌乳量下降或停止。多数病例为良性经过，病程为3～4d；少数严重者于1～3d内死亡，病死率一般不超过1%。

4. 病变 急性死亡的自然病例，其上呼吸道黏膜充血、肿胀，有点状出血，可见有明显的肺间质气肿，还有一些牛可表现有肺充血与肺水肿；淋巴结充血、肿胀和出血；实质器官混浊、肿胀；真胃、小肠和盲肠呈卡他性炎症和渗出性出血。

5. 诊断 根据大群发生，迅速传播，有明显的季节性，多发生于气候炎热、雨量较多的夏季，发病率高，病死率低，结合临床上高热、呼吸迫促、眼鼻口腔分泌增加、跛行等症状做出初步诊断。

实验室诊断时可采发热初期的病牛血液进行病毒的分离鉴定。血清学试验通常采用中和试验和补体结合试验检测病牛的血清抗体。

鉴别诊断时应注意和以下疾病相区别。

（1）牛副流行性感冒 由副流感病毒Ⅲ型引起，分布广泛，传播迅速，以急性呼吸道症状为主，类似牛流行热。但是本病无明显的季节性，同居可感染，多在运输之后发生，故又称运输热；有乳腺炎症状，无跛行。

（2）牛传染性鼻气管炎 由牛疱疹病毒Ⅰ型引起的一种急性热性接触性传染病。临床上病牛主要表现流鼻液、呼吸困难、咳嗽，特别是鼻黏膜高度充血、鼻镜发炎，有红鼻子病之称。伴发结膜炎、阴道炎、包皮炎、皮肤炎、脑膜炎等症状；发病无明显的季节性，但多发于寒冷季节。

（3）茨城病 本病在发病季节、症状和经过等方面与牛流行热相似。但是感染本病的患牛在体温降至正常之后会出现明显的咽喉、食道麻痹，在低头时瘤胃内容物可自口鼻返流出来，并诱发咳嗽。

6. 防治 早发现、早隔离、早治疗，合理用药，护理得当，是防治本病的重要原则。国外曾研制出弱毒疫苗和灭活疫苗；国内曾研制出鼠脑弱毒疫苗、结晶紫灭活苗、甲醛氢氧化铝灭活苗、β-丙内酯灭活苗，近年来研制出病毒裂解疫苗，在国内部分地区使用，效果良好。

本病尚无特效治疗药物，只能进行对症治疗，如退热、抗菌消炎、抗病毒、清热解毒等。如用 10％水杨酸钠注射液 100～200mL、40％乌洛托品 50mL、5％氯化钙 150～300mL，加入葡萄糖溶液或糖盐水内静脉注射，或肌内注射安痛定注射液 20mL 等均有疗效。

第三节　寄生虫病

>> 一、吸虫病

吸虫是指扁形动物门、吸虫纲的虫体。寄生于牦牛的吸虫种类较多，在我国流行比较严重的有：片形科片形属的肝片形吸虫、双腔科双腔属的矛形双腔吸虫和阔盘属的胰阔盘吸虫、分体科分体属的日本分体吸虫。本类疾病起病缓慢，以消化功能紊乱为特征。

1. 病原

（1）肝片形吸虫　虫体呈扁平叶状，活体为棕褐色，固定后为灰白色。长 21～41mm，宽 9～14mm。虫体前端有一个锥状突起，其底部较宽似"肩"，从肩往后逐渐变窄。口吸盘位于锥状突起前端，腹吸盘略大于口吸盘，位于肩水平线中央稍后方。生殖孔在口吸盘和腹吸盘之间。虫卵为长椭圆形，大小为（133～157）μm×（74～91）μm，黄褐色，窄端有不明显的卵盖，卵内充满卵黄细胞和一个卵胚细胞。

与肝片形吸虫同属的还有大片形吸虫，成虫长 25～75mm，呈柳叶状，无明显的双"肩"，虫体两侧较平直。虫卵为黄褐色，呈长卵圆形，大小为（150～190）μm×（70～90）μm。

（2）矛形双腔吸虫　矛形双腔吸虫又称枝双腔吸虫，虫体扁平，狭长呈"矛形"，活体呈棕红色，固定后为灰白色。长 6.7～8.3mm，宽 1.6～2.2mm。口吸盘位于前端，腹吸盘位于体前 1/5 处。消化系统有口、咽、食道和两条简单的肠管。具有 2 个圆形或边缘有缺刻的睾丸，前后或斜列于腹吸盘后方，雄茎囊位于肠分叉与腹吸盘之间。生殖孔开口于肠分叉处。卵巢呈圆形，位于睾丸之后；卵黄腺呈细小颗粒状位于虫体中部两侧；子宫弯曲，充满虫体的后半部。虫卵呈卵圆形，为黄褐色，一端有卵盖，左右不对称，内含毛蚴。虫卵大小为（34～44）μm×（29～33）μm。

中华双腔吸虫与矛形双腔吸虫同属，形态也相似，但虫体较宽，长 3.5～9mm，宽 2～3mm。主要区别为中华双腔吸虫的两个睾丸边缘不整齐或稍分叶，左右并列于腹吸盘后方。

（3）胰阔盘吸虫　虫体扁平，呈长卵圆形，活体呈棕红色，固定后为灰白色。长 8～16mm，宽 5～5.8mm。吸盘发达，口吸盘明显大于腹吸盘。咽小，食道短，两条肠支简单。睾丸 2 个，呈圆形或略分叶，左右排列于腹吸盘稍后方。雄茎囊呈长管状，位于腹吸盘和肠支分叉之间。卵巢分 3～6 个叶瓣，位于睾丸之后。受精囊呈圆形，靠近卵巢。子宫有许多弯曲，位于虫体后半部，内充满棕色虫卵。卵黄腺呈颗粒状，位于虫体中部两侧。虫卵为黄棕色或棕褐色，呈椭圆形，两侧稍不对称，有卵盖，内含 1 个椭圆形的毛蚴。虫卵大小为（42～50）μm×（26～33）μm。与此虫体同属的还有腔阔盘吸虫和枝睾阔盘吸虫。

（4）日本分体吸虫　雌雄异体，呈线状。雄虫为乳白色，大小为（10～20）mm×（0.5～0.55）mm，口吸盘在体前端，腹吸盘在其后方，具有短而粗的柄与虫体相连。从腹吸盘后至尾部，体壁两侧向腹面卷起形成抱雌沟，雌虫常居其中，二者呈合抱状态。消化器官有口、食道、缺咽，2 条肠管从腹吸盘之前起，在虫体后 1/3 处合并为 1 条。雄虫有睾丸 7 个，呈椭圆形，在腹吸盘后单行排列。生殖孔开口在腹吸盘后抱雌沟内。

雌虫呈暗褐色，大小为（15～26）mm×0.3mm，较雄虫细长。口、腹吸盘较雄虫小。卵巢呈椭圆形，位于虫体中部偏后两肠管之间。输卵管折向前方，在卵巢前与卵黄管合并形成卵膜。子宫呈管状，位于卵模前，内含 50～300 个虫卵。卵黄腺呈规则分枝状，位于虫体后 1/4 处。生殖孔开口于腹吸盘后方。

虫卵呈椭圆形，淡黄色，卵壳较薄，无盖，在其侧方有一个小刺，卵内含有毛蚴。虫卵大小为（70～100）μm×（50～65）μm。

2. 发育史

（1）肝片形吸虫　成虫寄生在牦牛肝脏胆管中，所产的卵随胆汁进入肠腔，再随粪便排出体外，在适宜的条件下经 10～25d 孵出毛蚴并游动于水中，遇到适宜的中间宿主——椎实螺便钻入其中发育为尾蚴。尾蚴离开螺体在水生植物或水面下脱尾形成囊蚴。牦牛在吃草或饮水时吞入囊蚴而遭感染。囊蚴在牦牛十二指肠逸出童虫，童虫穿过肠壁，经肝表面钻入肝内的胆管约需 2～3 个月发育成熟。

（2）矛形双腔吸虫　成虫在牛羊等反刍动物胆管及胆囊内产卵，虫卵随胆汁进入肠道，再随粪便排出体外。虫卵被第一中间宿主——陆地螺吞食后，在其体内发育为尾蚴。众多尾蚴聚集形成尾蚴群，外被黏性物质包裹成为黏性球，从螺的呼吸腔排出，黏附于植物叶及其他物体上，被第二中间宿主——蚂蚁吞食后，很快在其体内形成囊蚴。终末宿主——牛、羊等吞食了含有囊蚴的蚂蚁而感染。囊蚴在牛、羊肠内脱囊，由十二指肠经胆总管进入胆管及胆囊内经 72～85d 发育为成虫。

（3）胰阔盘吸虫　成虫在牛等反刍动物胰管内产卵，虫卵随胰液进入肠道，再随粪便排出体外，被第一中间宿主——陆地螺吞食后，在其体内发育为子胞蚴。成熟的子胞蚴体内含有许多尾蚴，子胞蚴黏团逸出螺体。第二中间宿主——草螽吞食尾蚴，在其体内发育为囊蚴。牦牛等反刍动物吞食含有囊蚴的草螽而感染。囊蚴在牦牛十二指肠内脱囊后，由胰管开口进入胰管内约经 3 个月发育为成虫。

(4) 日本分体吸虫　本虫就是人们常说的血吸虫。成虫寄生于牦牛门静脉和肠系膜静脉内，雌、雄虫交配后，雌虫产出的虫卵，一部分顺血流到达肝脏，一部分堆积在肠壁形成结节。在肠壁上的虫卵，发育成熟后，卵内毛蚴由卵壳微孔渗透到组织，破坏血管壁，并致周围肠黏膜组织发生炎症和坏死，同时借助肠壁肌肉收缩，使结节及坏死组织向肠腔内破溃，使虫卵进入肠腔，随粪便排出体外。虫卵落入水中，在适宜条件下很快孵出毛蚴，毛蚴游于水中，遇到中间宿主——钉螺即钻入其体内发育为尾蚴。尾蚴离开螺体游于水表面，遇到牦牛后从其皮肤侵入，经小血管或淋巴管随血流经右心、肺、体循环到达肠系膜静脉和门静脉内经 40～50d 发育为成虫。

3. 流行病学

(1) 易感动物　肝片形吸虫主要是以牛、羊、鹿、骆驼等反刍动物为终末宿主，绵羊最敏感；猪、马属动物、兔及一些野生动物和人也可感染。大片形吸虫主要感染牛。中间宿主为椎实螺科的淡水螺，其中肝片形吸虫的中间宿主主要为小土窝螺和斯氏萝卜螺；大片形吸虫主要的中间宿主为耳萝卜螺，小土窝螺亦可。

矛形双腔吸虫的易感动物及其广泛，现已经记录的哺乳动物达70 余种，中间宿主为蜗牛和蚂蚁。

阔盘吸虫主要感染牛、羊等反刍动物，人也可感染。中间宿主是蜗牛和中华草螽。

日本分体吸虫的终末宿主范围很广泛，我国已经查明，除人之外，有 31 种野生哺乳动物，包括褐家鼠、田鼠、松鼠、貉、狐、野猪、刺猬、金钱豹等；有 8 种家畜，包括黄牛、水牛、羊、猫、猪、犬及马属动物等均可自然感染，其中以耕牛、沟鼠的感染率最高。中间宿主为湖北钉螺。

（2）流行特点　吸虫病多呈地区性流行。

肝片吸虫是我国分布最广泛、危害最严重的寄生虫之一，遍及全国31个省、市、自治区，大片吸虫则多见于南方地区，多发生在地势低洼、潮湿、多沼泽及水源丰富的放牧地区。春末、夏、秋季节适宜幼虫及螺的生长发育，所以本病主要在同期流行。感染季节决定了发病季节，幼虫引起的急性发病多在夏、秋季，成虫引起的慢性发病多在冬、春季节。南方温暖季节较长，感染季节也较长。多雨条件能促进本病的流行。

岐腔吸虫病在我国主要分布于东北、华北、西北和西南地区。在南方全年都可流行。在寒冷而干燥的北方地区，由于中间宿主冬眠，易感动物感染多在夏、秋两季，而发病多在冬、春季节。本虫也常和肝片吸虫混合感染。

阔盘吸虫以胰阔盘吸虫和腔阔盘吸虫流行最广，与陆地螺和草螽的分布广泛密切相关。主要发生于放牧牛、羊，舍饲动物少发。7—10月草螽最为活跃，但被感染后活动能力降低，故同期很容易被牦牛随草一起吞食，多在冬、春季节发病。

日本分体吸虫广泛分布于长江流域及其以南地区。钉螺阳性率与人、畜的感染率呈正相关，病人、畜的分布与钉螺的分布相一致。钉螺的存在对本病的流行起着决定性作用。钉螺能适应水、陆两种生活环境，多生活于雨量充沛、气候温和、土地肥沃地区，多见于江河边、沟渠旁、湖岸、稻田、沼泽地等。在流行区内，钉螺常于3月开始出现，4—5月和9—10月是繁殖旺季。

4. 症状　轻度感染往往无明显症状。严重感染时，牦牛表现食欲不振，前胃弛缓；渐进性消瘦，贫血，颌下、胸前水肿；下痢，粪便常含有黏液，有恶臭和里急后重现象。血吸虫可导致牦牛粪便带血。母牦牛产奶量显著减少，孕牛流产。病情逐渐恶化后，如不进行治疗，牦牛最后极度衰弱而死亡。

5. 诊断　如果是在本病的流行地区或该牦牛来自本病的流行地区，又在本病的发病季节，临床上表现长期消瘦、贫血、反复呈现消化不良，治疗效果不明显，即应考虑是否有患有吸虫病。要确诊，可采取粪便，并用水洗沉淀法检查虫卵，必要时还可采用虫卵毛蚴孵化法。动物死后剖检时，若在其肝胆管内、胰管内、肠系膜静脉血管内发现虫体，即可确诊。

环卵沉淀试验、间接凝集试验和酶联免疫试验等免疫学诊断方法在生产实践中已有应用。

6. 防治

（1）预防 在本病流行地区，应尽量选择在高燥地带建立牧场和放牧。最好一年内进行秋末冬初和冬末春初时期的两次全群预防性驱虫。消灭中间宿主是防制本病的重要环节，可根据各种中间宿主的生物学特性采用化学、物理、生物等方法进行消灭，但应充分考虑所用方法对环境的影响。对病畜和人应及时进行驱虫治疗，人、畜粪便应尽量收集起来，进行生物热处理以消灭其中的虫卵。

（2）治疗 可根据实际情况选用以下药物。

吡喹酮，牦牛每千克体重 35～45mg，1 次口服，或按每千克体重 30～50mg，用液体石蜡或植物油配成灭菌油剂，腹腔注射。

六氯对二甲苯（血防-846），牛每千克体重 300mg，口服，隔天 1 次，3 次为 1 个疗程。

丙硫苯咪唑也常用于肝片吸虫和岐腔吸虫的治疗，牛每千克体重 10～15mg。

>> 二、绦虫病

是由裸头科的多种绦虫寄生于绵羊、山羊、黄牛、水牛、牦牛的小肠所引起的一种寄生虫病。临床上以渐进性消瘦、生长缓慢、腹泻为特征。

1. 病原 病原体有莫尼茨属、曲子宫属和无卵黄腺属的绦虫。

莫尼茨属绦虫为乳白色，扁平带状，长为 1～6m。头节呈球形，有 4 个吸盘，体节短而宽，在每个成熟的节片里，各有两组生殖器官，生殖孔开口于体节的两侧边缘。

曲子宫属绦虫长约 2m，成熟节片内有 1 组生殖器官。子宫呈横行直管状，并有很多弯曲的侧支。

无卵黄腺属绦虫的节片较狭窄，成熟节片内有 1 组生殖器官。子宫呈袋状，位于节片中央，没有卵黄腺。

这 3 个属绦虫的发育规律相似。虫卵随粪散布并污染外界环境。虫卵被某些种类的地螨吞食后，卵中的六钩蚴在中间宿主体内生长发育为似囊尾蚴。牛、羊等吞食了含有似囊尾蚴的中间宿主后，幼虫吸附在牛、羊的小肠黏膜上经 40d 左右发育为成虫。在牛、羊体内可寄生 2～6 个月。

2. 流行病学　莫尼茨属绦虫为世界性分布。在我国的东北、西北和内蒙古的牧区流行广泛，在华北、华东、中南及西南各地也经常发生，农区不太严重。主要危害 1.5～8 月龄的犊牛。

曲子宫属绦虫在我国许多省份均有报道，动物具有年龄免疫性。当年生的犊牛也很少感染，多见于老龄牛。

无卵黄腺属绦虫主要分布于西北及内蒙古牧区，西南及其他地区也有报道。常见于 6 月龄以上的绵羊和山羊，多发生于秋季与初冬。

3. 症状　轻度感染时无明显临床症状。严重感染时，幼畜消化不良，便秘或腹泻；慢性臌气，贫血，消瘦；有的有神经症状，呈现抽搐、痉挛及回旋病样症状；有的由于大量虫体聚集成团，引起肠阻塞、肠套叠、肠扭转，甚至肠破裂。严重病例最后衰竭而死亡。

4. 诊断　根据流行地区资料，结合临床症状怀疑为本病时，应在打扫牛圈时注意观察粪表面是否有黄白色孕卵节片，有者即可确诊。未发现者可取粪便用饱和盐水浮集法检查虫卵。虫卵呈不正圆形、四角形、三角形，直径为 56～67μm，卵内有梨形器。

5. 防治

（1）预防　对犊牛在春季放牧后 4～5 周进行成虫期前驱虫，间隔 2～3 周后再驱虫 1 次。成年牛每年可进行 2～3 次驱虫。科学放牧。消灭中间宿主。注意驱虫后粪便的处理。

（2）治疗　可选用丙硫苯咪唑，剂量为每千克体重 5～6mg，驱虫前应禁食 12h 以上，驱虫后留于圈内 24h 以上，以免污染牧场。也可用吡喹酮每千克体重 12mg。

>> 三、线虫病

寄生于牛等反刍动物的皱胃及肠道内的线虫种类繁多，主要有毛圆科、钩口科、食道口科和毛尾科的一些线虫，以引起牦牛等动物发生不同程度的胃肠炎、消化机能障碍为特征，严重者可造成牛群的大批死亡。寄生于牦牛等动物呼吸器官内的网尾科和原圆科线虫，则以引起牦牛等动物渐进性消瘦、贫血、咳嗽为特征。

1. 病原

（1）捻转血矛线虫　寄生于牛、羊的皱胃。呈细线状，小口囊内的背侧有一矛形小齿。雄虫长 l0～20mm，尾端有发达的交合伞。雌虫长 18～30mm，虫体吸血后，易见红色肠管被白色的生殖器官所缠绕的外观。

（2）仰口属线虫（又称钩虫）　常见的为牛仰口线虫，寄生在牛的小肠。虫体前部向背面弯曲，头端口囊较大，口缘有角质切板。

（3）食道口线虫（又称结节虫）　寄生于羊和牛的食道口属的线虫主要有哥伦比亚食道口线虫、粗纹食道口线虫及辐射食道口线虫等。本属线虫的口囊呈小而浅的圆筒形，其外周有一显著的口领，口缘有叶冠，有颈沟，其前部的表皮常膨大形成头囊，颈乳突位于颈沟后方的两侧，有或无侧翼。雄虫长 12～15mm，交合伞发达，有 1 对等长的交合刺。雌虫长 16～20mm，阴门位于肛门前方附近，排卵器发达，呈肾形。

（4）大型肺线虫　寄生在牦牛气管、支气管内的是胎生网尾线虫，外形与前者相似，但虫体较小，雄虫长 40～50mm，雌虫长 60～80mm。

2. 发育史

(1) 捻转血矛线虫　随宿主粪便排出的虫卵污染土壤和草场，在适宜的温度、湿度下，经数日发育成感染性幼虫（第三期幼虫）。牦牛吞食了感染性幼虫后，幼虫在皱胃里经半个多月直接发育为成虫。

(2) 仰口属线虫　虫卵在潮湿的环境和适宜温度下，可在 4～8d 内形成幼虫，幼虫从壳内逸出，经 2 次蜕皮，变为感染性幼虫。由牦牛吞食或幼虫钻进牦牛皮肤而感染。经口感染时，幼虫直接在小肠内发育为成虫。经皮肤感染时，幼虫随血流到肺，在肺中进行 1 次蜕皮后上行到咽，到达小肠后发育为成虫。

(3) 食道口线虫　食道口线虫的发育规律似捻转血矛毛线虫，但感染性幼虫侵入宿主肠道以后，先钻进肠壁，引起发炎，形成结节。虫体在结节里生长，发育 1 周或更长的时间以后，再返回大肠腔，发育为成虫。

(4) 大型肺线虫　网尾线虫的雌虫产出含有幼虫的虫卵，当宿主咳嗽时，被从呼吸道咳到口中，再咽入胃肠道里。虫卵在排出的过程中，孵出第一期幼虫，并随宿主粪便排出。幼虫在适宜的条件下，经 1 周左右发育成具有感染能力的第三期幼虫。第三期幼虫被牛吞食后，沿血液循环经心脏到达肺，从肺的毛细血管中逸出，进入肺泡，再移行到支气管内发育为成虫。

3. 流行病学　毛圆线虫病在我国西北、内蒙古、东北广大牧区普遍流行，其中以捻转血矛线虫的致病性最强。仰口线虫病在我国各地普遍流行，对牛、羊危害很大可引起贫血，并可引起死亡。食道口线虫病在我国各地牛、羊中普遍存在，其中哥伦比亚食道口线虫危害最大，主要是引起肠的结节病变。毛首线虫在我国各地的羊上多有寄生，牛较少见，主要危害幼畜，严重时可引起死亡。

大型肺线虫病发生于我国各地，多见于潮湿地区，呈地方性流行，主要危害羔羊，常可引起大批死亡，对犊牛危害较小。小型肺线虫种类繁多，多系混合寄生，但分布最广、危害最大的为缪勒属和原圆属的线虫，可造成严重损失。

4. 症状 牛消化道内寄生的线虫种类甚多，数量不一，一般呈现慢性、消耗性疾病的症状。病畜被毛粗乱，消瘦，贫血，精神委顿，放牧时离群。严重感染时出现下痢，多黏液，有时混有血液，但毛圆线虫病下痢少见。最后多因极度衰弱而死亡。

肺部寄生线虫引起的共同症状是咳嗽，消瘦，贫血，被毛粗乱无光，严重者喘气，呼吸困难，甚至窒息死亡。

5. 诊断 本病无特征性症状，如果根据流行病学和慢性消耗性症状怀疑为寄生虫病时，应采取新鲜粪便检查虫卵或用幼虫分离法检查有无幼虫。丝状网尾线虫的幼虫长 0.55～0.58mm，头端有一扣状小结。胎生网尾线虫的幼虫长 0.31～0.36mm，头端无扣状结节，尾部较短而尖。原圆科线虫的幼虫较小，长 0.30～0.40mm，头端无扣状结节，有的尾端有背刺，有的分节，有的呈波浪形。

6. 防治

（1）预防 加强饲养管理。建立清洁的饮水点，合理地补充精料和矿物质，增强牛的抵抗力，并有计划地进行分区轮牧。在严重流行地区，每年进行牧后和出牧前的全群驱虫。

（2）治疗 可选左旋咪唑每千克体重 6～10mg，1 次口服；丙硫苯咪每千克体重 10～15mg，1 次口服；甲苯咪每千克体重 10～15mg，1 次口服；伊维菌素每千克体重 0.2mg，1 次口服或皮下注射。酚嘧啶为驱除毛首线虫的特效药，剂量为每千克体重 2～4mg。对小型肺线虫，可选用盐酸吐根碱治疗，剂量为每千克体重 2～3mg，间隔 2～3d 一次，2～3 次为一疗程。

>> 四、螨病

螨病又称疥癣、疥虫病、疥疮，俗称癞，是由疥螨科和痒螨科的虫体寄生于牛的皮内或皮表引起的一种慢性皮肤病。临诊上以剧痒，患部皮肤渗出、脱毛、老化、形成痂皮以及逐渐向外周蔓延为特征。

1. 病原

（1）疥螨 近似圆形，$0.3 \sim 0.5 \mu m$。口器粗短，附肢粗短，第 3、4 对附肢不伸出体缘之外。躯体背面表皮长有毛、鳞片、小刺，腹面有 4 对肢，肢末端有演化的结构，一种为足吸盘，靠柄连于肢末端，另一种为长而硬的毛称为刚毛。幼虫有肢 3 对，无呼吸孔、生殖孔，若虫有肢 4 对，但无生殖孔。

（2）痒螨 近似椭圆形，$0.5 \sim 0.9 \mu m$。口器呈圆锥形，为刺吸式。附肢细长而突出虫体边缘。

全部发育过程分为虫卵、幼虫、若虫、成虫 4 个阶段。平均在 $15 \sim 21d$ 完成一个发育周期。螨虫一生都在宿主体内度过，而且是在同一个宿主体上连续繁殖。疥螨在宿主体外一般仅能存活 3 周左右，痒螨在牧场上能活 25d。

疥螨寄生于皮肤的深层挖掘隧道，嚼食细胞液、淋巴液及上皮细胞；痒螨寄生于皮肤的表面，刺吸组织液、淋巴液及炎性渗出液。

2. 流行病学 各种动物都可患螨病，但疥螨主寄生于马、牛、山羊、骆驼、猪，绵羊较少见；痒螨主寄生于绵羊、马、牛、水牛、山羊、兔。幼畜皮嫩，最易感染。

病畜与健畜的互相接触感染是主要的感染方式，也可通过带有螨虫或螨卵的饲槽、饮水器、鞍具等进行传播。流行季节主要为冬季，秋末和春初也可发生。饲养管理不当是螨病流行的重要诱因，畜舍阴暗潮湿、畜群过于拥挤、皮肤卫生状况不良、牛羊营养缺乏、体质瘦弱等都能诱发螨病（动物体表常有螨虫潜伏），且使病情更加严重。

3. 症状 剧痒，患部皮肤渗出、脱毛、老化、形成痂皮并逐渐向外周蔓延，迅速消瘦是其共同症状。

牛痒螨病：初期见于颈、肩和垂肉，严重时波及全身，病牛常舔患处，其痂垢较硬并有皮肤增厚现象。

牛疥螨病：多始于牛的面部、尾根、颈、背等被毛较短处逐渐蔓延至全身。

4. 诊断 根据临床症状、流行病学资料进行综合分析，确诊需进行病原检查。注意和以下疾病进行鉴别。

湿疹：痒觉不及螨病强烈，在温暖厩舍中痒觉也不加剧，无传染性，皮屑检查无螨。

过敏性皮炎：主要发生于夏季，南方多见，无传染性。大多数病变先从丘疹开始，然后形成散在的干痂和圆形规整的秃毛斑，镜检病料无虫体。

秃毛癣：痒觉不明显或无，主要发生在头、肩、颈部，病变为圆形、椭圆形界线明显的干痂，结痂易脱落。镜检病料可找到癣菌的芽孢或菌丝。

虱和毛虱：症状与螨病相似，但无皮肤增厚、起皱襞和变硬等病变。在患部可找到虱和毛虱，皮肤正常，柔软有弹性。

5. 防治

（1）预防　每年定期药浴。要经常检查牛群有无发痒、掉毛现象，及时发现，隔离饲养并治疗。引入牦牛应严格检查，事先了解有无螨病的发生和存在，并隔离，确定无螨后再并入群中。牛舍应宽敞、干燥、透光、通风良好；牛群数量适中，密度适宜；注意消毒和清洁卫生。

（2）治疗　局部涂擦常用的 2%敌百虫溶液，0.1%～0.2%杀虫脒溶液，0.1%溴氰菊酯水溶液。全身用药可用伊维菌素每千克体重 0.2mg 于颈部皮下注射，碘硝酚每千克体重 10mg。

>> 五、牛皮蝇蛆病

牛皮蝇蛆病是由皮蝇科、皮蝇属昆虫的幼虫寄生于牛的皮下而引起的一类蝇蛆病。临床上以皮肤痛痒、局部结缔组织增生和皮下蜂窝织炎为特征。

1. 病原　病原有 2 种，即牛皮蝇和纹皮蝇。成虫较大，体长为 13～15mm，有足 3 对和翅 1 对，体表被有密绒毛，翅呈淡灰色，外观似蜜蜂。口器退化，不能采食，也不叮咬牛只。虫卵为黄白色。第三期幼虫呈深褐色，长 25～28mm，外形较粗壮，体分 11

节，无口前钩，体表有很多节和小刺，最后两节腹面无刺，有 2 个后气孔，气门板为漏斗状，色泽随虫体渐趋成熟由淡黄、黄褐变为棕褐色。

两种皮蝇的发育规律大致相同，属完全变态。成虫野居，营自由生活，不采食，也不叮咬动物，只是飞翔、交配、产卵，成蝇仅生活 5~6d，在牛的被毛上产完卵后即死亡。牛皮蝇的虫卵单个黏附在牛毛上，而纹皮蝇的虫卵则成串粘在牛毛上。虫卵经 4~7d 孵出第一期幼虫，幼虫由毛囊钻入皮下。第二期幼虫沿外围神经的外膜组织移行 2 个月后到椎管硬膜的脂肪组织中，在此停留约 5 个月，而后从椎间孔爬出，到腰背部皮下成为第三期幼虫，在皮下形成指头大瘤状突起，上有直径为 0.1~0.2mm 的小孔。第三期幼虫长大成熟后从牛皮中钻出，落地入土化蛹，蛹期为 1~2 个月，最后蛹可化为成虫，整个发育期为 1 年。

2. 流行病学　牛皮蝇成蝇的出现时间随季节气候不同而略有差异，一般牛皮蝇成虫出现于 6—8 月，纹皮蝇则出现于 4—6 月。成蝇一般在晴朗无风的白天侵袭牛只，在牛毛上产卵。

3. 症状　成虫虽不叮咬牛只，但雌蝇飞翔产卵时可引起牛只恐惧不安而使其正常的生活和采食受到影响，使牛只消瘦，有时牛只出现"发狂"症状，偶尔跌伤或使孕畜流产。

幼虫钻入牦牛皮肤，引起皮肤痛痒，精神不安，幼虫在体内移行，造成移行部组织损伤，特别是第三期幼虫在背部皮下时，引起局部结缔组织增生和皮下蜂窝组织炎，有时继发感染可化脓形成瘘管，直到幼虫钻出，才开始愈合。皮蝇幼虫的毒素，可引起贫血，患牛消瘦，肉质降低，母牛产乳量下降，背部幼虫寄生处留有瘢痕，影响皮革价值。个别患牛身上的幼虫误入延脑或大脑脚寄生，可引起神经症状，甚至造成死亡。偶尔可见幼虫引起的变态反应。

4. 诊断　幼虫出现于牦牛背部皮下时，易于诊断。最初在牛背部皮肤上可触诊到隆起，上有小孔，隆起内含幼虫，用力挤压出虫体，即可确诊。

5. 防治

（1）预防　在牛皮蝇、纹皮蝇产卵季节经常擦刷牛体，可减少感染。

（2）治疗　消灭幼虫可用药物或机械方法，采用手指挤压或向肿胀部及小孔内涂擦或注入 2%敌百虫、4%蝇毒磷、皮蝇磷等药物，以杀灭幼虫，防止幼虫落地化蛹。皮下注射伊维菌素每千克体重 0.2mg，有良好的治疗效果。

>>　六、硬蜱

硬蜱俗称"壁虱""草爬子""狗豆子"，属节肢动物门、蛛形纲、蜱螨目、硬蜱科的虫体。种类很多，与牦牛疾病关系密切的有 6 个属：硬蜱属、牛蜱属、血蜱属、革蜱属、扇头蜱属、璃眼蜱属。它们全部营寄生生活，是牛、羊等家畜体表的一类吸血性的外寄生虫。

1. 病原　虫体呈红褐色，背腹扁平，头胸腹融合在一起，两侧对称，呈长卵圆形，一般大小为（5～6）mm×（3～5）mm，雌蜱吸饱血后。根据外部器官的功能和位置区分为假头和躯体。假头位于躯体前端，从背面可见到，由颚基、螯肢、口下板及须肢组成。躯体分背面和腹面，雄蜱背面的盾板几乎覆盖着整个背面，雌蜱的盾板仅占虫体的 1/3，靠近颚基。腹面最显著的构造是附肢，成虫 4 对，幼虫 3 对；此外有肛门、生殖孔等。

硬蜱的发育属不完全变态，要依次经过卵、幼虫、若虫、成虫四个阶段。雌蜱饱血后落地，在阴暗处产卵，产卵后死亡。根据硬蜱的发育过程及采食方式可把硬蜱分为以下 3 类。

一宿主蜱：幼蜱、若蜱、成蜱均在一个宿主身上吸血并蜕变，成蜱吸饱血后落地，如微小牛蜱。

二宿主蜱：幼蜱、若蜱在一个宿主身上吸血并蜕变，若虫吸饱后落地蜕变为成虫，成虫再爬到另一宿主身上吸血（可为同种宿主或不同种），饱血后落地产卵，如残缘璃眼蜱。

三宿主蜱：幼蜱、若蜱、成蜱依次更换宿主吸血，所有蜕变过程在地面上进行，大多数蜱属此类型，如全沟硬蜱、草原革蜱等。

2. 危害

（1）直接危害 吸血导致牦牛出现贫血、皮肤炎症，干扰其正常采食和休息。硬蜱唾液中的神经毒素可导致牦牛运动神经传导障碍，引起上行性肌肉麻痹现象，称为蜱瘫痪，临床常见牛面神经麻痹。

（2）间接危害 可传播多种疾病。既有机械性传播，如鼠疫、布鲁氏菌病、野兔热；又有生物性传播，如泰勒虫病。

3. 防治

（1）牛舍灭蜱 把牛舍内墙抹平，向槽、墙、地面等裂缝撒杀蜱剂，用新鲜石灰、黄泥或水泥堵塞牛舍墙壁的缝隙和小洞。舍内经常喷洒药物，如 $0.05\%\sim0.1\%$ 的溴氰菊酯、石灰粉、2% 敌百虫水等，同时清除杂草和石块。

（2）草场灭蜱 草原地区可以采取牧地轮换制灭蜱，轮换的时间以一年以上为限，通过隔离可将其饿死。同时注意对草场内啮齿类动物的控制，因其是蜱的主要宿主。

（3）牛体灭蜱 主要采用药物灭蜱，在冬季和初春，选用粉剂，用纱布袋撒布，药物选择有 3% 马拉硫磷、5% 西维因等，牛每头 $50\sim80g$，每隔 10d 处理 1 次；在温暖季节选用 2% 敌百虫、0.2% 辛硫磷、0.25% 倍硫磷乳剂向动物体表喷洒，牛每头 $400\sim500mL$，每隔 $2\sim3$ 周 1 次。还可使用伊维菌素每千克体重 0.2mg，皮下注射，每隔 14d 注射 1 次。

>> 七、牛附红细胞体病

附红细胞体病是由附红细胞体引起的一种人畜共患的传染病。临床上以发热、贫血、黄疸、血红蛋白尿为特征。

1. 病原 现在一般将附红细胞体列入嗜血支原体目。在不同动物体中寄生的附红细胞体各有其名，牛的是温氏附红细胞体，绵羊的是绵羊附红细胞体，猪的是附红细胞体和小附红细胞体，其他动物也有附红细胞体。其中猪附红细胞体和绵羊附红细胞体致病力较强，温氏附红细胞体致病力较弱，小附红细胞体基本上无致病性。

附红细胞体形态多样，多数为环形、球形和卵圆形，少数为顿号形和杆状。温氏附红细胞体多呈圆盘形，直径 $0.3\sim0.5\mu m$；绵羊附红细胞体呈点状、杆状和球状，直径 $0.3\sim0.6\mu m$；山羊附红细胞体多为不规则形，较大者呈环形，直径 $0.2\sim1.5\mu m$；猪附红细胞体一般呈环形，直径 $0.8\sim2.5\mu m$，也有球状、杆状等形态。附红细胞体既可附着于红细胞表面，又可游离于血浆中。革兰氏染色呈阴性，姬姆萨染色呈紫红色，瑞氏染色为淡蓝色。

附红细胞体对干燥和化学药剂抵抗力弱，一般常用消毒药在几分钟内即可将其杀死，但对低温抵抗力强。4℃下保存可存活 30d，－78℃保存可达 100d 以上。

2. 流行病学 附红细胞体的流行范围很广，遍布世界各地，无地域性分布特征。在我国，附红细胞体对人、畜的感染均有存在，而且地域分布也很广，无明显地区性。

附红细胞体的宿主有绵羊、山羊、牛、猪、马、驴、骡、狗、猫、鸡、兔、鼠和人等。据研究，附红细胞体有相对宿主特异性，感染牛的附红细胞体不能感染山羊、鹿和去脾的绵羊；绵羊附红细胞体只要感染一个红细胞就能使绵羊得病，而山羊却很不敏感。

本病多发于夏、秋或雨水较多的季节，其他季节也有发生。传播方式有接触传播、血源传播、垂直传播及昆虫媒介传播等。

3. 症状 多数呈隐性经过，在受应激因素刺激下可出现临床症状。牛发病后，精神沉郁，食欲减退或废绝，体温41℃，可视黏膜苍白、黄染，呼吸急促，心跳加快，反刍和嗳气停止，流涎，有时粪便带暗红色血液，尿呈淡黄色。

4. 病变 黏膜浆膜黄染，肝脾肿大，肝脏有脂肪变性，胆汁浓稠，肺、心、肾有不同程度的炎性变化。

5. 诊断 依据临床症状、剖检变化可做出初步诊断。确诊则需进行实验室诊断。病原体检查可取感染附红细胞体的末梢血或静脉血，按常规方法制片，使用姬姆萨染色或瑞特氏染色法染色，镜检。

诊断牛附红细胞体病主要应注意与梨形虫病、钩端螺旋体病相区别。

6. 防治

（1）预防　加强饲养管理，保持畜舍适宜的温度、湿度，加强通风，保持空气清新，保持饲养环境安定，减少应激因素。定期消毒驱虫，杀灭蚊、蝇、虱。做好针头、注射器的消毒，杜绝不同牛只共用一个注射针头的现象。

（2）治疗　使用血虫净（贝尼尔）、长效土霉素等药物进行杀虫，同时采取补液、强心等对症治疗措施。

第四节　其他疾病

>> 一、口炎

口炎是口腔黏膜炎症的总称，包括腭炎、齿龈炎、舌炎、唇炎等。临床上以采食、咀嚼障碍和流涎为特征。按其炎症性质，口炎可分为多种类型，临床上以卡他性、水疱性和溃疡性较为常见。

1. 病因　分为原发性口炎和继发性口炎。

（1）原发性口炎　引发原发性口炎的因素主要包括刺激性因素、感染性因素和其他诱因。

刺激性因素主要包括以下几个方面。①机械性刺激：常见有采食粗硬、有芒刺或刚毛的饲料；饲料中混有尖锐异物；不正确地使用口腔用具或锐齿直接损伤口腔黏膜等。②理化性刺激：常见有抢食过热的饲料或灌服过热的药液；采食冰冻饲料；不适当地口服刺激性或腐蚀性药物（如水合氯醛、稀盐酸等）或长期服用汞、砷、碘制剂。③生物性刺激：采食霉败饲料或有毒植物（如毛茛、白头翁等）；采食了带有锈病菌、黑穗病菌的饲料，或发芽的马铃薯、毛虫的细毛等。

感染性因素：本病无特异性病原，只有在抵抗力下降的条件下，像链球菌、葡萄球菌、螺旋体等这些条件菌或一些病毒的侵害可引起口炎。

其他诱因：受风寒的侵袭、长期的饥饿、过劳、营养不良等均为该病的诱因。

（2）继发性口炎　口炎还常继发或伴发于下列疾病。

邻近组织的炎症如咽炎、喉炎、唾液腺炎、换牙等；消化道疾病如胃肠卡他与胃肠炎、肝炎、肠便秘等；矿物质与维生素缺乏症如佝偻病或维生素 A、B、C 缺乏症等；中毒病如汞、铜、铅、氟中毒等；传染病如口蹄疫、传染性水疱性口炎、恶性卡他热、蓝舌病、羊痘、坏死杆菌病、放线菌病等。

2. 症状　口炎都具有采食、咀嚼缓慢甚至不敢咀嚼，拒食粗硬饲料，常吐出混有黏液的草团；流涎，口角附着白色泡沫；口黏膜潮红、肿胀、疼痛、口温增高、带臭味等共同症状。每种类型的口炎还有其特有的临床症状。

卡他性口炎：口黏膜出现弥漫性或斑块状潮红，硬腭肿胀；由植物芒或动物刚毛所致的病牛，在口腔内的不同部位形成大小不等的丘疹，其顶端呈针头大的黑点，触之坚实、敏感；舌苔为灰白色或草绿色；重剧病例唇、齿龈、颊部、腭部黏膜肿胀甚至发生糜烂，大量流涎。

水疱性口炎：在唇部、颊部、腭部、齿龈、舌面的黏膜上有散在或密集的粟粒大至蚕豆大的透明水疱，2～4d 后水疱破溃形成边缘不整齐的鲜红色烂斑。间或有轻微的体温升高。

溃疡性口炎：首先表现为门齿和犬齿的齿龈部分肿胀，呈暗红色，易出血。1～2d 后，病变部变为淡黄色或黄绿色糜烂性坏死。炎症常蔓延至口腔其他部位，导致溃疡、坏死甚至颌骨外露，散发出腐败臭味，流涎，混有血丝并带恶臭。如因麦芒刺伤引起，在牦牛舌系带、颊及齿龈等部位常有成束的麦芒刺入。病重者，体温升高。

3. 诊断 可以根据以下临床表现进行诊断：采食、咀嚼缓慢甚至不敢咀嚼，拒食粗硬饲料；吐出混有黏液的草团；流涎，口角附着白色泡沫；口黏膜潮红、肿胀、疼痛、水疱、溃疡、口温增高等。

4. 防治

（1）预防 加强饲养管理，合理调配饲料；正确服用带有刺激性或腐蚀性的药物；正确使用口腔用具；定期检查口腔，牙齿不整时，应及时修整。

（2）治疗 以消除病因、加强护理、净化口腔、收敛和消炎为主要措施。

①消除病因 摘除刺入口腔黏膜中的麦芒或刺入的异物，剪断并锉平过长齿等。

②加强护理 应给予营养丰富、柔软而易消化的青绿饲料；对于不能采食或咀嚼的牦牛，应及时补糖输液，或者经胃导管给予流质食物。

③口腔局部净化收敛 可用2％～3％硼酸溶液、1％鞣酸溶液、0.1％高锰酸钾，5％～10％食盐溶液等冲洗口腔；口腔溃疡面涂布可用2％龙胆紫溶液、碘甘油（5％碘酊1份、甘油9份），或5％磺胺甘油乳剂。

④抗菌消炎 青霉素1万～2万IU/kg、链霉素10～15mg/kg注射用水适量，一次肌内注射，每日2次，连用3～5d；磺胺嘧啶钠10g、明矾2～3克装于纱布袋内，衔于病牛口中，每天更换1次。

⑤全身用药 肌内注射维生素B_2，维生素C。

>> 二、食管阻塞

食管阻塞，俗称"草噎"，是食管被食物或异物阻塞的一种严重食管疾病。其临床特征是瘤胃臌胀、吞咽障碍、流涎。

1. 病因 容易引发食管阻塞的物质有甘薯、马铃薯、甜菜、苹果、玉米穗、豆饼块、花生饼等大块的饲料和破布、塑料薄膜、毛线球、木片或胎衣、煤块、小石子等异物；由于缺乏维生素、矿物质、微量元素，引起异食癖，使牦牛容易吞食异物而发生食管阻塞；引起食管阻塞发生的条件是咀嚼不充分；继发于食管狭窄、食管麻痹、食管炎等疾病。

2. 症状 采食过程中突然停止采食，惊恐不安，摇头缩颈，张口伸舌，大量流涎，频繁呈现吞咽动作。颈部食管阻塞时，外部触诊可感阻塞物；胸部食管阻塞时，在阻塞部位上方的食管内积满唾液，触诊能感到波动并引起哽咽运动。胃管探诊，当触及阻塞物时，感到阻力，不能推进送入瘤胃中。由于嗳气障碍而易发生瘤胃臌胀，经瘤胃穿刺，病情缓解后，不久又发生急性瘤胃臌气。

3. 诊断 临床表现包括：大量流涎、吞咽障碍、瘤胃臌气，多突然发病；颈部食管阻塞时触诊可感阻塞物；胸部食管阻塞时，在阻塞部位上方的食管内积满唾液，触诊能感到波动；导管探诊，当触及阻塞物时，感到阻力，不能推进送入瘤胃中；X射线检查时，在完全性阻塞或阻塞物质地致密时，阻塞部呈块状密影。

本病要与流涎、瘤胃臌气两症状共有的疾病进行区别诊断。

有机磷中毒患牛瞳孔缩小，腹痛，呼吸困难，全身颤抖、抽搐。

食管狭窄患牛病情发展缓慢，常常表现假性食管阻塞症状，但对于饮水和流体饲料可以咽下。

破伤风患牛头颈伸直，两耳直立，牙关紧闭，四肢强直如木马状。

4. 防治

（1）预防 加强饲养管理，定时饲喂，防止牦牛饥饿后抢食；合理加工调制饲料，块根、块茎及粗硬饲料要切碎或泡软后喂饲；

秋收时当牛、羊群路过种有马铃薯和萝卜的区域时应格外小心；妥善管理饲料堆放间，防止偷食或骤然采食；要积极治疗患有异食癖的病畜。

（2）治疗　以解除阻塞、疏通食管、消除臌气为主要措施。

瘤胃臌气严重有窒息死亡危险，应首先穿刺放气，然后进行除噎操作，可参考如下操作方法。

①挤压法　当牦牛采食块根、块茎饲料而阻塞于颈部食管时，将其横卧保定，用平板或砖垫在食管阻塞部位，然后以手掌抵于阻塞物下端，朝咽部方向挤压，将阻塞物挤压到口腔，即可排除；阻塞物若为谷物与糠麸，将牦牛站立保定，双手从左右两侧挤压阻塞物，促进阻塞物软化，使其自行咽下。

②推送法　即将胃管插入牦牛食管内抵住阻塞物，缓慢将阻塞物推入胃中。此法主要用于胸部、腹部食管阻塞，在推送时先灌一定量的植物油或液体石蜡效果更好。

③打气法　把打气管接在上述胃管上，然后适量打气，并趁势推动胃管，将阻塞物推入胃内。但要注意，不能打气过多和推送过猛，以免食管破裂。

④打水法　一般方便的方法是将胃管的一端连接于自来水龙头上，另一端送入食道内，待确定胃管与阻塞物接触之后，迅速打开自来水并顺势将阻塞物送入瘤胃内。

⑤虹吸法　当阻塞物为颗粒状或粉状饲料时，除"挤压法"外，还可使用清水反复泵吸或虹吸，把阻塞物洗出，或者将阻塞物冲下。

⑥药物疗法　在食管润滑状态下，皮下注射 3‰盐酸毛果芸香碱 3mL，促进食管肌肉收缩和分泌，经 3～4h 奏效。

⑦掏噎法　近咽部食管阻塞，在装上开口器后，可徒手或借助器械取出阻塞物；也可以用长柄钳（长 50cm 以上）夹出或用 8 号铁丝拧成套环送入食道套出阻塞物。

⑧碎噎法　对容易碎的阻塞物如甘薯、马铃薯、苹果、嫩玉米穗、豆饼块、花生饼引起的噎症，可将病牛右侧卧保定，并在阻塞

物的下方垫一块砖头用另一块砖头对准阻塞物将其砸碎并送入瘤胃中。

⑨手术疗法 当采取上述方法不见效时，应施行手术疗法。采用食管切开术，或开腹按压法治疗。也可施行瘤胃切开术，通过贲门将阻塞物排除。近咽部食管阻塞：在装上开口器后，可徒手或借助器械取出阻塞物。

>> 三、前胃弛缓

前胃弛缓是由各种病因导致牦牛前胃神经兴奋性降低，肌肉收缩力减弱，瘤胃内容物运转缓慢，微生物区系失调，产生大量发酵和腐败的物质，引起消化障碍，食欲、反刍减退，乃至全身机能紊乱的一种疾病。本病是一种多发疾病。本病的特征是食欲减退、前胃蠕动减弱、反刍、嗳气减少或废绝。

1. 病因 包括原发性前胃迟缓和继发性前胃迟缓。

（1）原发性前胃弛缓 常由神经兴奋性降低或瘤胃内纤毛虫活性和数量改变引起。

①引起神经兴奋性降低的因素 长期饲喂粉状饲料或精饲料等体积小的饲料使内容物对瘤胃刺激较小；长期饲喂单一或不易消化的粗饲料，如麦糠、秕壳、半干的山芋藤、紫云英、豆秸等；突然改变饲养方式，饲料突变，频繁更换饲养员和调换圈舍；矿物质和维生素缺乏，特别是缺钙时，牦牛血钙水平低，致使神经-体液调节机能紊乱，引起单纯性消化不良；天气突然变化；长期重度使役或长时间使役、劳役与休闲不均；采食了有毒植物如醉马草、毒芹等。

②引起纤毛虫活性和数量改变的因素 长期大量服用抗菌药物；长期饲喂营养价值不全的饲料；长期饲喂变质或冰冻饲料等。

（2）继发性前胃弛缓 常继发于热性病、疼痛性疾病，以及多种传染病、寄生虫病和某些代谢病（骨软症、酮病）过程中及瓣胃与真胃阻塞、真胃炎、真胃溃疡、创伤性网胃-腹膜炎、胎衣不下、误食胎衣、中毒性疾病过程中。

2. 症状 分为急性型和慢性型两种。

(1) 急性型 病畜食欲减退或废绝，反刍减少、短促、无力，嗳气增多并带酸臭味；母牛泌乳量下降，体温、呼吸、脉搏一般无明显异常；瘤胃蠕动音减弱，蠕动次数减少，波长缩短（少于10s）；触诊瘤胃，其内容物坚硬或呈粥状。病初粪便变化不大，随后粪便变为干硬、色暗，被覆黏液；如果伴发前胃炎或酸中毒时，病情急剧恶化，呻吟、磨牙，食欲废绝，反刍停止，排棕褐色糊状恶臭粪便；精神沉郁，黏膜发绀，皮温不均，体温下降，脉率增快，呼吸困难，鼻镜干燥，眼窝凹陷。

(2) 慢性型 多是继发性的。病畜食欲不定，发生异嗜；反刍不规则，短促、无力或停止，嗳气减少。病情时好时坏，日渐消瘦，被毛干枯、无光泽，皮肤干燥、弹性减退；精神不振，体质虚弱。瘤胃蠕动音减弱或消失，内容物黏硬或稀软，瘤胃轻度臌胀；还有原发病的症状。老牛病重时，呈现贫血与衰竭，并常有死亡发生。

3. 诊断 病畜出现食欲减退或废绝，反刍减少，嗳气增多，瘤胃蠕动微弱，可初步判定本病。可进实验室检查进一步确诊。

实验室检查室时，根据采集瘤胃液，瘤胃液 pH 下降至 5.5 以下；纤毛虫活力降低，数量减少至 7.0 万个/mL 左右；糖发酵能力降低等即可确诊。

4. 防治

(1) 预防 主要是改善饲养管理，注意饲料的选择、保管，防止霉败变质；不可任意增加饲料用量或突然变更饲料种类；建立合理的使役制度，休闲时期，应注意适当运动；避免不利因素对牦牛的刺激和干扰，尽量减少各种应激因素的影响。

(2) 治疗 治疗以除去病因、增强前胃机能、制止腐败发酵、改善瘤胃内环境和恢复正常微生物区系为主要原则，并开展对症治疗。具体治疗措施如下。

①除去病因，加强护理　病初绝食 1～2d，保证充足的清洁饮水，以后给予适量的易消化的青草或优质干草。轻症病例可在 1～2d 内自愈。

②缓泻　可用硫酸钠（或硫酸镁）300～800g、液状石蜡油500～2 000mL、植物油 500～1 000mL。盐类泻剂于病初只用一次，以防引起脱水和前胃炎。

③止酵　大蒜头 200～300g 或大蒜酊 100mL、95％酒精或白酒 100～150mL、松节油 20～30mL，一次内服。

④促进前胃蠕动　给病畜适口性好的草料，通过口腔的活动反射性地引起胃肠蠕动。必要时可使用促反刍药物。

⑤改善瘤胃内环境，恢复正常微生物区系　首先校正瘤胃内环境的 pH，若 pH＞7 以食用醋洗胃，若 pH＜7 则以碳酸氢钠洗胃，若渗透压较高时以清水洗胃，待瘤胃内环境接近中性，渗透压适宜的时候给病牛投服健康牛反刍食团或灌服健康牛瘤胃液 4～8L。另外用酵母粉 300g，红糖 250g，95％酒精或龙胆酊、陈皮酊 50～100mL 混合加水适量，1 次内服，也有助于恢复正常微生物区系。

⑥对症疗法　对于继发性臌胀的病牛，使用清油 750mL、大蒜头 200g、食醋 500mL，加水适量灌服。当病畜呈现轻度脱水和自体中毒时，应用 25％葡萄糖注射液 500～1 000mL，40％乌洛托品注射液 20～50mL，20％安钠咖注射液 10～20mL，静脉注射；或静脉注射 5％碳酸氢钠 500mL。重症病例应先强心、补液，再洗胃。

⑦止痛与调节神经机能疗法　对于一些病久的或重病的畜体来讲，可静脉注射 0.25％盐酸普鲁卡因，也可以肌内注射盐酸异丙嗪或 30％安乃近或安痛定。

>> 四、瘤胃积食

瘤胃积食又称急性瘤胃扩张，是牦牛贪食大量粗纤维饲料或容易臌胀的饲料引起瘤胃扩张，使瘤胃容积增大，内容物停滞和阻塞以及整个前胃机能障碍，形成脱水和毒血症的一种严重疾病。临床上以牦牛瘤胃体积增大且较坚硬，呻吟、不吃为特征。

1. 病因　分为原发性瘤胃积食和继发性瘤胃积食。

原发性瘤胃积食主要是由于牦牛贪食大量粗纤维饲料或容易臌胀的饲料如小麦秸秆、山芋豆藤、老苜蓿、花生蔓、紫云英、谷草、稻草、麦秸、甘薯蔓等再加之缺乏饮水，食团难于消化；过食精料如小麦、玉米、黄豆、麸皮、棉籽饼、酒糟、豆渣等；因误食大量塑料薄膜而造成积食；突然改变饲养方式以及饲料突变、饥饱无常、饱食后立即使役或使役后立即饲喂；各种应激因素的影响如过度紧张、运动不足、过于肥胖等引起本病的发生。

本病也常常继发于前胃弛缓、创伤性网胃腹膜炎、瓣胃阻塞、皱胃阻塞、胎衣不下、药呛肺等疾病过程中。

2. 症状　常在饱食后数小时或 1～2d 内发病。病牛食欲废绝、反刍停止、空嚼、磨牙；腹部膨胀，左肷部充满，触诊瘤胃，内容物坚实或坚硬，有的病畜触诊敏感，有的不敏感，有的坚实，拳压留痕，有的病例呈粥状；瘤胃蠕动音减弱或消失；有的病畜不安，目光凝视，拱背站立，回顾腹部或后肢踢腹，间或不断地起卧；病情严重时常有呻吟、流涎、嗳气，有时作呕或呕吐。病牛发生腹泻，少数有便秘症状；重症后期，瘤胃积液，呼吸急促，脉率增快，黏膜发绀，眼窝凹陷，呈现脱水及心力衰竭症状；病牛衰弱，卧地不起，陷于昏迷状态。

病牛瘤胃内容物的酸碱性一般由中性逐渐趋向弱酸性；后期，瘤胃纤毛虫数量显著减少。瘤胃内容物呈粥状，恶臭时，表明继发中毒性瘤胃炎。

3. 诊断　有过食饲料特别是易膨胀的食物或精料；食欲废绝，反刍停止，瘤胃蠕动音减弱或消失，触诊瘤胃内容物坚实或有波动感；体温正常，呼吸、心跳加快；有酸中毒导致的蹄叶炎使病畜卧地不起的现象。

4. 防治

（1）预防　加强饲养管理，防止突然变换饲料或脱缰过食；按日粮标准饲喂;不要劳役过度;避免外界各种不良因素的影响和刺激。

(2) 治疗 加强护理,增强瘤胃蠕动机能,排出瘤胃内容物,制止发酵,对抗组织胺和酸中毒,对症治疗。可采取以下措施进行治疗。

①空腹 首先绝食 1～2d,并且除采食了大量容易臌胀饲料的病牛需要适当限制饮水外其他病牛均需给予充足的清洁饮水。

②增强瘤胃蠕动机能 促进反刍,加速瘤胃内容物排出。

③止酵 参考见前胃弛缓。

④对症治疗 对病程长伴有脱水和酸中毒的病牛,需强心补液,补碳酸氢钠,以解除酸中毒。

>> 五、瘤胃臌气

瘤胃臌气又称瘤胃臌胀,主要是因牦牛采食了大量容易发酵的饲料,其在瘤胃内微生物的作用下异常发酵,迅速产生大量气体,致使瘤胃急剧膨胀,膈与胸腔脏器受到压迫,呼吸与血液循环发生障碍,并发生窒息现象的一种疾病。临床上以呼吸极度困难,反刍、嗳气障碍、腹围急剧增大等症状为特征。

1. 病因 按病因分为原发性瘤胃臌气和继发性瘤胃臌气。

(1) 原发性瘤胃臌气

①非泡沫性臌气 主要是因采食大量的水分含量较高的容易发酵的饲草、饲料,如幼嫩多汁的青草或者经雨、露、霜、雪侵蚀的饲草、饲料而引起;采食了霉败饲草和饲料,如品质不良的青贮饲料、发霉饲草和饲料引起;饲喂后立即使役或使役后马上喂饮;突然更换饲草和饲料或者改变饲养方式,特别是舍饲转为放牧时或由一牧场转移到另一牧场,更容易导致急性瘤胃臌胀的发生。

②泡沫性臌气 是由于采食了大量含蛋白质、皂苷、果胶等物质的豆科牧草,如新鲜的豌豆蔓叶、苜蓿、草木樨、红三叶、紫云

英等，或喂饲多量的谷物性饲料，如玉米粉、小麦粉等也能引起泡沫性瘤气。

（2）继发性瘤胃臌气　常继发于食管阻塞、前胃弛缓、创伤性网胃炎、瓣胃与真胃阻塞、发烧性疾病等。

2. 症状　分为急性瘤胃臌气和慢性瘤胃臌气。

急性瘤胃臌气通常在采食易发酵饲料后不久发病，甚至在采食中发病。病牛表现不安或呆立，食欲废绝，口吐白沫，回顾腹部；腹部迅速膨大，左肷窝明显突起，严重者高过背中线；腹壁紧张而有弹性，叩诊呈鼓音；瘤胃蠕动音初期增强，常伴发金属音，后期减弱或消失；因腹压急剧增高，病牛呼吸困难，严重时伸颈张口呼吸，呼吸数增至每分钟 60 次以上；心跳加快，可达每分钟 100 次以上；在患病后期，病牛心力衰竭，静脉怒张，呼吸困难，黏膜发绀，目光恐惧，全身出汗、站立不稳，步态蹒跚，最后倒地抽搐，终因窒息和心脏停搏而死亡。

慢性瘤胃臌胀时，瘤胃中度膨胀，时胀时消，常为间歇性反复发作，呈慢性消化不良症状，病牛逐渐消瘦。

3. 诊断　临床出现以下症状可初步诊断：采食大量易发酵产气饲料；腹部迅速膨大，左肷窝明显突起，严重者高过背中线；腹壁紧张而有弹性，叩诊呈鼓音；病牛呼吸困难，严重时伸颈张口呼吸。瘤胃穿刺检查：泡沫性臌胀，只能断断续续地从套管针内排出少量气体，针孔常被堵塞而排气困难；非泡沫性臌胀，则排气顺畅，臌胀明显减轻。

胃管检查：非泡沫性臌胀时，从胃管内排出大量酸臭的气体，臌胀明显减轻；而泡沫性臌胀时，仅排出少量带泡沫气体，而不能解除臌胀。

4. 防治

（1）预防　加强饲养管理。禁止饲喂霉败饲料，尽量少喂堆积发酵或被雨露浸湿的青草。在饲喂易发酵的青绿饲料时，应先饲喂干草，然后再饲喂青绿饲料。由舍饲转为放牧时，最初几天要先喂一些干草后再出牧，还应限制放牧时间及采食量。不让牦牛进入到沼泽地、苜蓿地暴食幼嫩多汁豆科植物。舍饲育肥动物，应在全价日粮中至少含有 10%～15%的粗料。

（2）治疗　以加强护理，排出气体，止酵消沫，恢复瘤胃蠕动为原则，并开展对症治疗。根据病情的缓急、轻重以及病性的不同，采取相应有效的措施进行排气减压。可参考以下措施。

①排气减压　口衔木棒法：对较轻的病例，可使病牛保持前高后低的体位，在小木棒上涂鱼石脂后衔于病牛口内，同时挤压瘤胃或踩压瘤胃，促进气体排出。胃管排气法：对于严重病牛，当有窒息危险时，应实行胃管排气法。瘤胃穿刺排气法：严重病例，当有窒息危险且不便实施或不能实施胃管排气法时应进行瘤胃穿刺排气法，操作方法是用套管针、一个或数个 20 号针头插入瘤胃内放气即可。以上这些方法仅对非泡沫性臌胀有效。手术疗法：当药物治疗效果不显著时，特别是对于严重的泡沫性臌胀，应立即施行瘤胃切开术，排气并取出其内容物。病势危急时可用尖刀在左肷部插入瘤胃，放气后再设法缝合切口。

②止酵消沫　泡沫性臌胀可用二甲基硅油 25～50g，加水500mL 一次灌服；滑石粉 500g、丁香 30g（研细）温水调服有良好效果；植物油或石蜡油 100mL 一次灌服，如加食醋 500mL、捣碎大蒜 250g 效果更好。止酵：甲醛 20～60mL，加水 3 000mL 灌服；鱼石脂 15～30g 一次灌服；松节油 30mL 一次灌服；95%酒精100mL，一次灌服或瘤胃内注入；松节油 20～60mL，临用时加3～4 倍植物油稀释灌服；陈皮酊或姜酊 100mL 一次灌服。

③排除胃内容物　可用盐类或油类泻剂如硫酸镁 800g 加常水3 000mL 溶解后，一次灌服；增强瘤胃蠕动，促进反刍和嗳气，可使用瘤胃兴奋药、拟胆碱药等进行治疗。此外，调节瘤胃内容物pH 可用 3%碳酸氢钠溶液洗涤瘤胃。注意全身机能状态，及时强心补液，进行对症治疗。

慢性瘤胃臌胀多为继发性瘤胃臌胀。除应用急性瘤胃臌胀的疗法，缓解臌胀症状外，还必须彻底治疗原发病。

>> 六、瘤胃酸中毒

瘤胃酸中毒又称急性碳水化合物过食，是因牦牛采食大量的谷类或其他富含碳水化合物的饲料后，导致瘤胃内产生大量乳酸而引起的一种急性代谢性酸中毒。其特征为消化障碍、瘤胃运动停滞、脱水、酸血症、运动失调甚至瘫痪，衰弱、休克，常导致死亡。

1. 病因 常见的病因主要有下列几种。饲养管理不当，牦牛在短时间内采食了大量的谷物或豆类如大麦、小麦、玉米、稻谷、高粱及甘薯干，特别是粉碎后的谷物，在瘤胃内高速发酵，产生大量的乳酸而引起瘤胃酸中毒；舍饲肉牛由高粗饲料向高精饲料转变换时，饲喂高精饲料而饲草不足时，易发生瘤胃酸中毒；采食发酵后的甜菜渣、淀粉渣、酒渣、醋渣；采食苹果、青玉米、甘薯、马铃薯、甜菜等

2. 症状 本病多数呈急性经过，一般在 24h 内发生，有些特急性病例可在采食谷类饲料后 3~5h 内无明显症状而突然死亡或仅见精神沉郁、昏迷，而后很快死亡。本病的主要症状及发病速度与饲料的种类、性质及食入的量有关，以食入玉米、大米、大麦及小麦所致的瘤胃酸中毒发病较快且严重，食入加工粉碎的饲料比饲喂未经粉碎的饲料发病快。

（1）轻微瘤胃酸中毒 病牛表现神情恐惧，食欲减退，反刍减少，瘤胃蠕动减弱，瘤胃胀满；呈轻度腹痛（间或后肢踢腹）；粪便松软或腹泻。若病情稳定，无须任何治疗，3~4d 后能自动恢复进食。

（2）中度瘤胃酸中毒 病牛精神沉郁，鼻镜干燥，食欲废绝，反刍停止，空口空嚼，流涎，磨牙，粪便稀软或呈水样，有酸臭味；体温正常或偏低；呼吸急促，达每分钟 50 次以上；脉搏增数，达每分钟 80~100 次；瘤胃蠕动音减弱或消失，听-叩结合检查有明显的钢管叩击音。以粗饲料为日粮的牦牛在吞食大量谷物之后发病，触诊时，瘤胃内容物坚实，呈面团感；吞食少量而发病的牦

牛，瘤胃并不胀满；过食黄豆、油籽者不发生腹泻，但有明显的瘤胃酸胀。病牛皮肤干燥，弹性降低，眼窝凹陷，尿量减少或无尿；血液暗红，黏稠；虚弱或卧地不起。瘤胃 pH 为 5～6，纤毛虫明显减少或消失，有大量的革兰氏阳性细菌；血液 pH 降至 6.9 以下，血液乳酸和无机磷酸盐升高；尿液 pH 降至 5 左右。

（3）重剧性瘤胃酸中毒　病牛蹒跚而行，碰撞物体，眼反射减弱或消失，瞳孔对光反射迟钝；卧地，头回视腹部，对任何刺激的反应都明显下降；有的病牛兴奋不安，向前狂奔或呈转圈运动，视觉障碍，以角抵墙，无法控制。随病情发展，病牛后肢麻痹、瘫痪、卧地不起；最后角弓反张，昏迷而死。重症病牛实验室检查的各项变化出现更早，发展更快、变化更明显。

3. 诊断　根据临床症状和过食豆类、谷类或含丰富碳水化合物饲料的病史可以初步诊断。

实验室检查时，瘤胃液 pH 下降至 4.5～5.0，血液 pH 降至 6.9 以下，血液乳酸升高等。

4. 防治

（1）预防　以正常的日粮水平饲喂，不可随意加料或补料。由高粗饲料向高精饲料的变换要逐步进行，应有一个适应期。使役牛在农忙季节的补料亦应逐渐增加，不可突然一次补给较多的谷物或豆类。防止牦牛进入饲料房、仓库、晒谷场暴食谷物、豆类及配合饲料。

（2）治疗　以纠正酸中毒、清除瘤胃内容物、补充体液、恢复瘤胃蠕动、加强护理为原则，可参考以下措施。

①缓解体内酸中毒　静脉注射 5% 碳酸氢钠 1 000～1 500mL，每日 1～2 次；10% 氯化钠 500mL，每日 1～2 次；补液，常用复方生理盐水或葡萄糖生理盐水，输液量根据脱水程度而定，输液时可加入安钠咖。

②消除瘤胃中的酸性产物　导胃与洗胃；调节瘤胃液 pH，投服碱性药物，如滑石粉 500～800g、碳酸氢钠 300～500g 或氧化镁 300～500g，以及碳酸钙 200～300g 等，每天 1 次；使用缓泻剂如

石蜡油 1 000～1 500mL，大黄苏打片 300～500g；提高瘤胃兴奋性，可用新斯的明、毛果芸香碱皮下注射；采食精料过多，产酸严重，无法经洗胃与泻下消除的，对生命构成威胁的宜及早进行瘤胃切开术，排空瘤胃内容物，用 3% 碳酸氢钠或温水洗涤瘤胃数次，尽可能彻底地洗去乳酸，然后向瘤胃内放置适量轻泻剂和优质干草，条件允许时可给予正常瘤胃内容物。

③恢复瘤胃内容物的体积及瘤胃内微生物群活性　应喂以品质良好的干草，牦牛无食欲时应耐心地强行喂食，为了恢复瘤胃内微生物群活性，可投服健康牛瘤胃液 5～8L。

④加强护理　在最初 18～24h 要限制饮水量；在恢复阶段，应喂以品质良好的干草而不应投食谷物和配合精饲料，以后再逐渐加入谷物和配合饲料。

>> 七、创伤性网胃-腹膜炎

创伤性网胃-腹膜炎又称金属器具病或创伤性消化不良。是由于金属异物混杂在饲料内，被误食后进入网胃，导致网胃和腹膜损伤及炎症的一种疾病。

1. 病因　因为牦牛在采食时，不能用唇辨别混于饲料中的金属异物，而且食物在牦牛口腔中未经咀嚼完全便迅速囫囵吞下，所以只要草料中有金属异物，牦牛就可能将其吞下。容易在草料中混入异物的情况主要包括：对金属管理不完善；在建筑工地附近、路边或工厂周围等金属多的地方放牧；饲料加工、堆放、运输、包装、管理不善；使用没有消除金属异物的装备；对工作人员携带的别针、注射针头、发卡、大头钉等保管不善；用具的金属松动掉落等。常见金属异物包括铁钉、碎铁丝、缝针、别针、注射针头、发卡、钢笔尖、回形针、大头钉、指甲剪、铅笔刀和碎铁片等。各种因素如妊娠、分娩、爬跨、跳跃、瘤胃臌气等造成牦牛腹内压升高是本病发生的诱因。

2. 症状　单纯性创伤性网胃炎病牛仅表现轻度的前胃弛缓症

状，瘤胃蠕动减弱，轻度臌气，网胃区敏感。事实上，单纯性创伤性网胃炎是极其少见的，其往往有创伤性心包炎、创伤性腹膜炎、创伤性肺炎、创伤性胃穿孔、创伤性真胃阻塞等。

3. 诊断　呈现顽固性前胃迟缓久治不愈可以怀疑为本病，需作进一步检查。实验室检查：牦牛患病的初期，白细胞总数升高，中性粒细胞增至45%~70%、淋巴细胞减少至30%~45%，核左移。X射线检查：根据X射线影像，可确定金属异物损伤网胃壁的部位和性质。金属异物探测器检查：可查明网胃内金属异物存在的情况。

临床上注意与以下几种病鉴别诊断。

①急性局限性网胃腹膜炎　病牛食欲减退或废绝，肘部外展，不安，拱背站立，不愿活动，起卧时极为谨慎，不愿走下坡路、跨沟或急转弯；瘤胃蠕动减弱，轻度臌气，排粪减少；网胃区触诊，病牛呈敏感反应，且发病初期表现明显。泌乳量急剧下降；体温升高，但部分病牛几天后降至常温；有的病例金属刺到腹壁时，皮下形成脓肿。

②弥漫性网胃腹膜炎　全身症状明显，体温升高至40~41℃，脉率、呼吸数增快，食欲废绝，泌乳停止；胃肠蠕动音消失，粪便稀软而少；病牛不愿起立或走动，时常发出呻吟声，在起卧和强迫运动时更加明显。由于牦牛腹部广泛性疼痛，难以用触诊的方法检查到网胃局部的腹痛。疾病后期，牦牛反应迟钝，体温升高至40℃，多数病牛出现休克症状。

③创伤性网胃心包炎　除创伤性网胃炎的症状之外，病牛颌下、胸前水肿，心音浑浊并伴有击水音或金属音。

④创伤性真胃阻塞　病牛右侧真胃处突出，触诊成面袋状，消瘦，泌乳量少，间歇性厌食，瘤胃蠕动减弱，间歇性轻度臌气，久治不愈。

4. 防治

（1）预防　给牛戴磁铁笼；饲料自动输送线或青贮塔卸料机上安装大块电磁板；加强饲养管理，不在饲养区乱丢乱放各种金属异物，不在房前屋后、铁工厂、垃圾堆附近放牧和收割饲草；喂牛时用磁性搅拌工具反复搅拌；定期应用金属探测器检查牛群，并应用金属异物摘除器从瘤胃和网胃中摘除异物。

（2）治疗　以加强护理、促进恢复、补充体液、抗炎为原则，可参考以下措施。

为使异物被结缔组织包围、减轻炎症、疼痛，改善症状，可采用"水乌钙"疗法（10％水杨酸钠 100～200mL，40％乌洛托品 50mL，5％氯化钙 100～300mL，加入 5％葡萄糖 300～500mL）、新促反刍液（5％氯化钙 200～300mL，10％氯化钠注射液 300～500mL，30％安乃近 20～30mL）和抗生素三步疗法等，抗生素常用庆大霉素 100 万～150 万 IU、青霉素 500 万～1 500 万 IU 或阿米卡星 5g，均加在 5％葡萄糖溶液内静脉注射，连用 2～3 次，疗效显著。有条件的可手术取出金属异物。

第五章　牦牛粗饲料种类及生产技术

在我国常规分类法中规定，天然水分含量＜60％、干物质中粗纤维含量≥18％的饲料均为粗饲料，包括牧草、青干草、青贮饲料和农作物秸秆及籽实类皮壳等。美国牧草牧场专门委员会1991年定义粗饲料为：植物（不包括谷物）中可供放牧采食，收获后可供饲喂的可食部分，包括牧草、干草、青贮、嫩枝叶类、秸秆等。现代饲料分类中，凡干物质中粗纤维含量＞18％、消化能＜10.45 MJ/kg的饲料统称为粗饲料，包括牧草、秸秆及农业工业的加工副产物如酒糟、甜菜渣、苹果渣等。由此可见，粗饲料定义的范围很广，但总的来说它们都含有可被反刍家畜瘤胃微生物消化的细胞壁部分，是反刍家畜不可缺少的日粮组分，可为反刍家畜提供足量的日粮纤维及数量不等的矿物质元素、维生素等必需营养素。

牦牛是青藏高原及其毗邻地区特有的遗传资源，其生存区域拥有丰富的天然草地资源，但因其自然条件具有海拔高、昼夜温差大、气温低、冷季较长等特点，故牧草生长期短且其在暖季量多质优而冷季量少质劣，无法满足冷季（冬春季节）牦牛的营养需要量，导致放牧牦牛出现"夏饱、秋肥、冬瘦、春死"的问题。充分发挥和利用当地的饲草料资源优势，并进行科学补饲是解决这一问题并实现牦牛产业可持续良性发展的根本所在。现将牦牛养殖区域可利用的粗饲料资源进行归纳总结，并根据其现状和利用情况提出相关的意见建议，为牦牛产业健康可持续发展提供参考。

第一节 天然牧草资源

>> 一、资源概况

青藏高原平均海拔为 4 000～5 000m, 拥有天然草地面积近 1.5 亿 hm^2, 约占我国草地面积的 1/3, 占高原面积的 53％, 主要表现为高山草甸、草原和高寒荒漠景观, 其中高寒草甸草场面积约 0.7 亿 hm^2, 约占青藏高原草地面积的 46.7％。青藏高原地区丰富的天然草地资源不仅是草地畜牧业发展的重要基础, 也是我国青藏高原绿色生态屏障的核心, 在保障国家生态安全方面十分重要。区域内天然草地类型及牧草资源物种丰富, 常见的物种有垂穗披碱草、高原早熟禾、草地早熟禾、矮生嵩草、线叶嵩草、小嵩草、高山嵩草、紫花针茅、醉马草、赖草、冰草、紫羊茅、小叶樟、洽草、青藏苔草、唐古拉铁线莲、委陵菜、美丽风毛菊、细叶亚菊、高山绣线菊、珠芽蓼等, 一般情况下, 禾本科和莎草科植物被统称为优质牧草, 而其他植物统称为毒、杂草。除天然草原牧草外, 还存在一些灌木林、森林牧草资源, 优势植物种有马桑、过路黄、斑茅等, 目前主要用于饲养山羊, 但高山峻岭和低凹河谷地段的灌木林基本不能被利用。

该区域植被的垂直地带性和水平地带性分交复杂, 其低海拔地带的天然草场牧草枯草期较短、产草量较高、牧草营养品质较好且离住户近, 利用率较高, 但其分布比较零星、分散; 而高海拔地带的天然草场虽然连片分布且面积较大, 但其牧草枯草期长、产草量低、牧草营养品质较差且离住户远, 故利用率较低。受严酷的地域和自然条件限制, 牧场地域及季节分布不均衡, 加上人为对草地资源不合理的开发利用及粗放管理、超载过牧, 且长期对草地不施肥、不除杂、不改良，甚至存在乱采滥挖、放火烧山等情况，使得天然草地退化，优良牧草减少，毒杂草增加，牧草整体产量和品质均有所下降，进一步加剧了牦牛"夏饱、秋肥、冬瘦、春死"的恶性循环，尤其是近年来随着牦牛数量的迅速增加，草、畜矛盾日益突出，严重影响着高寒草地牦牛生产系统的平衡与稳定。

>> 二、养分概况

天然草地牧草是牦牛的主要粗饲料来源，其产量和营养品质受诸多生物因素及非生物因素的影响。青藏高原及毗邻地区总体植被地域差异明显，其覆盖度介于 25%～95% 之间，草层高度介于 3～100cm 之间，鲜草产量介于 300～12 000kg/hm² 之间。

青藏高原海拔较高属于高山高原气候，没有明显的四季之分，只有冷、暖季节的差别，故一般将天然草场划分为夏秋（暖季）牧场和冬春（冷季）牧场，随着暖季冷季交替，天然牧草由返青期至枯黄期循环更替，其营养品质亦呈季节性变化。由天然草地牧草常规营养成分（表 5-1）可知，天然草地牧草在冷季的品质显著低于暖季，其粗蛋白含量低且酸性洗涤纤维和中性洗涤纤维含量较高；无论是冷季还是暖季，不同的生长时期、牧草组成，其营养品质存在较大差异，一般至每年 6—7 月牧草品质最佳，具有较高的粗蛋白和粗脂肪含量及较低的酸性洗涤纤维含量。由此可见，该地区天然草地牧草营养品质的地域差异和季节不平衡性显著，直接影响着牦牛产业布局。

牧草粗蛋白含量是评价牧草营养价值的重要指标之一，一般而言，粗蛋白含量越高其营养价值就越高。据报道，在放牧营养条件下，12%～13% 的饲粮粗蛋白含量可以保证最大微生物生长量的需要，若低于此范围则需要补饲才能满足牦牛的生长需求。青藏高原及毗邻地区天然草地牧草在暖季基本上能够满足牦牛的生长需要，而在冷季天然草地牧草受长时间风吹日晒自然损耗很大，枯草期牧草保存率为 46%～48%，且其粗蛋白含量远低于 12%，不能

表5-1　天然草地牧草常规营养成分（%）

采样时间	时期	牧草组成	干物质	粗蛋白	粗脂肪	粗纤维	酸性洗涤纤维	中性洗涤纤维	酸性洗涤木质	灰分	钙	磷	备注
6月（暖季）	青草期	优势种有针茅和羊茅草、伴生羊茅、青茅、鹅观草及少量豆科牧草	89.91	15.22	3.83	20.38	—	—	—	5.88	0.65	0.16	青海省环湖地区高山草原草场[1]（简 等，2004）
2月（冷季）			92.01	4.74	2.85	26.00	—	—	—	8.31	1.04	0.16	
12月（冷季）	枯草期	金露梅+珠芽蓼	93.93	5.88	2.66	—	46.22	57.65	7.85	7.05	—	—	青海省西宁市农牧交错区[2]（崔占鸿等，2011）
		高山柳+黑褐苔草	94.27	3.02	2.49	—	47.46	67.96	10.56	6.17	—	—	
		线叶嵩草	94.66	2.78	1.75	—	44.51	62.32	30.68	6.42	—	—	
		藏嵩草	94.68	1.58	1.54	—	40.67	71.85	13.41	6.36	—	—	
5月2日（暖季）	返青期	主要为禾本科、莎草科牧草	93.23	5.48	1.07	—	35.53	52.41	—	—	—	—	青海省海南州贵南县森多乡高寒草甸草原[3]（马力等，2019）
7月12日（暖季）	青草期	优势种有垂穗披碱草、草地早熟禾、矮嵩草等，伴生种为二裂委陵菜、美丽风毛菊、细叶亚菊等	93.45	12.20	1.50	—	30.23	57.83	—	—	—	—	

（续）

采样时间	时期	牧草组成	干物质	粗蛋白	粗脂肪	粗纤维	酸性洗涤纤维	中性洗涤纤维	酸性洗涤木质	灰分	钙	磷	备注
12月7日（冷季）	枯草期	优势种主要为垂穗披碱草	93.27	4.59	1.44	—	33.97	59.00	—	—	—	—	青海省海南州贵南县森多乡高寒草甸草原①（马力等，2019）
暖季	青草期	主要有针茅、垂穗披碱草、冰草、嵩草、委陵菜等	39.82	16.89	2.98	—	26.11	46.01	—	6.81	0.19	0.31	青海省大通县④（阿顺贤等，2019）

注：①~③中的干物质含量为风干牧草的干物质含量，而④中的干物质含量为青草的干物质含量。

满足牦牛的生长需要，导致牦牛只能消耗自身贮存的脂肪，并出现掉膘甚至死亡的情况，其体重较暖季相对下降8%～30%。同时考虑到区域内的冷季较长，一般在6个月以上，故冷季贮存充足的替代粗饲料并进行合理补饲对牦牛产业健康可持续发展具有重要意义。

>> 三、天然牧草资源利用过程中的注意事项

1. 合理放牧避免超载过牧　目前，放牧是天然草地最普遍、最简便、最经济的草地利用形式。在青藏高原地区，受自然地理环境和经济条件的制约，高寒草甸产草量低、枯草期长、季节牧场不平衡，草、畜矛盾尖锐，加之藏区牦牛管理方式粗放、饲养周期长、基本无补饲，使牦牛长期处于"夏饱、秋肥、冬瘦、春死"的恶性循环。因此，"以草定畜"实现草、畜平衡是维持该地区牦牛产业可持续发展及草地生态良性循环的重要策略之一，故确定合理的载畜量、适宜的放牧强度、正确的放牧时期和适当的放牧频率显得尤为重要。

在特定时期内，一定面积的草地可持续承载的牦牛数量即牦牛载畜量。牦牛载畜量和放牧强度均需要根据牧草生物量、牦牛的理论采食量、牧草利用率和草场面积来确定。有研究表明，随着放牧强度的增加，适口性好、中生性高、不耐牧的物种减少，而适口性差、耐牧的物种增多；优良牧草（禾草和莎草）的盖度和比例降低，毒、杂草的盖度和比例增加，牧草总产量下降；高山嵩草草甸的优势功能群的盖度和地上生物量均下降。超载过牧会减少牧草的营养成分和产量，如小叶樟草甸牧草粗蛋白、粗脂肪和粗灰分含量在轻牧与重牧下差异显著，且随放牧年限增加，牧草品质下降，主要表现为中性洗涤纤维和酸性洗涤纤维含量上升而粗蛋白、粗脂肪含量下降。也有研究表明，在甘南州玛曲县，放牧强度的增加会降低牧草总产量并影响其物种数和群落密度，但对其可食性牧草生物量占比及整体营养品质（粗蛋白、粗脂肪、中性洗涤纤维、酸性洗

涤纤维和粗灰分）的影响均未达显著水平；适度放牧可以促进植被的补偿性生长，能够提高牧草的营养成分含量和产量。因此，在适宜载畜量范围内合理规划牦牛放牧强度对维持牦牛产业及草地生态系统持续健康发展十分重要。相关研究指出，优良牧草比例和牦牛个体增重的年度变化成正相关。在青海省达日县窝赛乡的已退化小嵩草高寒草甸，放牧强度为每公顷 1.86 头时能够维持优良牧草比例和牦牛年度增重，是保持该区域高寒草甸不退化的适宜放牧强度；在青藏高原东麓甘南州高寒草甸区域，轻度放牧（每公顷 2.6 头）和中度放牧（每公顷 3.5 头）对草地群落特征、牧草产量及品质的影响均未达显著水平。由此可见，地域不同，天然草地群落组成不同，其对放牧强度的响应也不同，故应根据草地群落组成及草地实际生长状况确定合理的载畜量和放牧强度，同时结合划区轮牧、季节性休牧等措施避免超载过牧，逐步实现退化草场的恢复或避免其进一步退化。

2. 科学补饲减轻草场压力 在高寒牧区，家畜掉膘造成草地过牧，草地过牧又导致牧草质量变差进一步加剧家畜掉膘，这一恶性循环严重阻碍了畜牧业的发展，同时引起草地退化。冷季补饲是打破这一恶性循环、保证牦牛安全越冬度春、降低牦牛掉膘损失的重要措施之一。王巧玲等（2016）的研究表明，冷季补饲可有效缓解牦牛冬季掉膘情况，同时补饲与放牧结合区的草地植被盖度、高度、物种数及地上生物量均较纯放牧区有所提高，说明补饲与放牧结合有助于改善高寒牧区草地状况。近年来，随着牦牛养殖数量的增加，导致很多地区的实际载畜量均高于理论载畜量，即使是在暖季，天然牧草的产出亦不能够满足牦牛的正常生长需要，造成牦牛生长慢、生长周期长、生产性能低及肉质差等情况的出现，同时还进一步加剧草、畜矛盾。在这种情况下，暖季补饲对牦牛产业健康可持续发展十分重要。已有研究表明，暖季合理补饲能够有效提高牦牛增重，改善肉质和繁育性能，有效缓解草、畜矛盾，提高经济效益。由此可见，科学补饲是缓解天然草场放牧压力的有效手段。

3. 人为干预改良退化草地　青藏高原地区虽草地资源丰富，但因气候因素及人为的不合理利用等导致大面积的天然草地遭遇着不同程度的退化。近年来，为了促进草地恢复，划区轮牧、季节性休牧、围栏封育、施肥补播、浅耕松耙等人为干预措施被应用于各类退化草地区域，并取得了较好的成效。其中轮牧、休牧和围栏等均可在一定程度上降低放牧强度，利用草地生态系统自身的恢复力进行自然恢复，而施肥补播、浅耕松耙及在重度退化草地区域建立人工草地等方式则属于通过人为干预对退化草地进行改良，有研究表明改良后的草地亩产鲜草 1 500kg 以上，是改良前的 3～4 倍，显著提高了草地生产力，有助于促进牦牛养殖等畜牧产业的健康可持续发展。潘影等（2019）通过对西藏河谷地区六中草地管理模式的经济投入、产出和生态系统服务价值进行测算，认为合理配置围栏草地与一年生人工刈割草地可以实现区域较大的经济收入增长和生态系统服务的保障。因此，在退化草地的利用过程中，宜将自然恢复措施与人为干预改良措施相结合，以实现畜牧业发展与草地生态系统稳定的良性平衡。

4. 毒、杂草的资源化利用　随着草地退化的加剧，毒杂草的比例增加，同时因牦牛等家畜对牧草存在采食偏好，导致了对天然草地可食性牧草的过度利用，更进一步为毒、杂草的生长提供了资源与空间，使草地生态系统的群落组成进入退化的恶性循环，有毒植物大量滋生，常见的有瑞香狼毒、黄花棘豆、斑唇马先蒿、箭叶橐吾和黄帚橐吾等。有毒植物可引起牲畜中毒甚至死亡，同时还可通过化感作用抑制牧草生长。但考虑到有毒植物是草地植物群落的组成部分，尤其是在严重退化的草地或生态极其脆弱的地区可能是该地区仅存的植物，故在这种类型草地恢复或改良的时候应考虑到其特殊的生态作用，可以在最大限度发挥其生态功能的基础上进行资源化利用。如某些有毒植物虽然有毒但营养价值较高，可通过脱毒、控制添加量、划区轮牧等措施加以利用，赵世娆等（2018）研究表明瑞香狼毒、直茎黄芪和丛生黄芪等植物营养较为丰富，具有饲草化利用的潜力，可作为一种潜在的饲草资源进行合理利用；有些有毒植物具有抗炎、抗病毒、抗癌和杀虫等药用功效，可作为药源植物利用。

第二节　人工饲草资源

>> 一、资源概况

作为牦牛粗饲料来源之一的人工饲草资源主要集中在农牧交错区，可调制青干草或青贮为冷季贮备粗饲料，亦可直接进行放牧。目前区域内的人工饲草资源按利用年限可分为一年生人工草地和多年生人工草地，按播种方式可分为单播草地和混播草地。一年生人工草地常见的饲草主要有燕麦、多花黑麦草、箭舌豌豆、毛苕子、油菜等，多年生人工草地常见的有老芒麦、早熟禾、无芒雀麦、垂穗披碱草、星星草、苜蓿、红豆草等，不同品种的适生区域及种植管理技术均存在差异。单播草地主要以单一牧草品种进行人工草地建植；而混播草地则以两种或两种以上的牧草搭配进行人工草地建植。无论是哪一种类型的人工草地，均需根据当地的气候、土壤等条件及牧草自身的生物学特性进行合理选择，其中混播草地还应考虑牧草之间的互作效应等。人工草地建植可利用坡耕地、茶园、林地、果园等，可通过与粮食或经济作物进行套作，亦可利用冬闲田。除此之外，还可采用人工手段对天然草场进行改良，其改良方式包括在原有的禾本科为主的天然草地基础上播种豆科牧草，及将天然草场人工翻耕后混播禾本科和豆科牧草等，有研究表明改良后的草地亩产鲜草 1 500kg 以上，是改良前的 3～4 倍。

青藏高原地区在 20 世纪 70 年代开始发展人工草地，近年来，通过种植结构调整及种草与养畜的结合，已取得较好的效果，种草面积逐年增加。区域内的牧草收割季节日照充足、降雨偏少、气温偏高，有利于干草晾晒，养分损失少，具备生产优质青干草得天独厚的自然条件。但因多种因素导致发展人工草地的过程中存在诸多问题，如管理措施不到位、种植及收贮技术欠缺、产业化生产技术体系及配套设施尚不完善、草畜不配套供应不平衡等，这些情况直接影响人工草地的建植效果，不但影响牧草产量和品质难以达到预期效果，且会出现人工草地荒废状态甚至出现人工种植的草地退化沙化现象。

>> 二、养分概况

根据青藏高原地区常见人工饲草资源的常规营养成分（表 5 - 2）可知，饲草类型不同、来源不同、利用方式不同、气候和土壤条件不同或管理水平不同等均会导致饲草品质有较大差异。

苜蓿是豆科苜蓿属多年生草本植物，是在世界范围内广泛种植的优质蛋白类牧草，被誉为牧草之王，其蛋白含量高、适口性好，被广泛应用于牛类动物养殖。近年来，随着苜蓿需求量的增加，我国苜蓿种植面积及种植区域逐年扩大，苜蓿干草进口量和进口额也逐年增加。对比苜蓿干草质量分级标准（表 5 - 3），牦牛养殖区域内的苜蓿青干草蛋白含量普遍较低而纤维含量普遍较高，综合品质较差。除制作苜蓿干草外，多雨地区为解决雨季苜蓿收贮困难的问题，常制作苜蓿青贮，其相关的质量分级标准详见表5 - 4。杨勤等（2016）对甘南州苜蓿青贮品质的研究中，苜蓿青贮粗蛋白含量较干草有一定程度的下降，基本上达到三级水平，但其中性洗涤纤维和酸性洗涤纤维含量亦较干草有所下降，基本上达到二级水平，研究同时表明不同的添加剂导致其青贮品质差异较大，故在制作苜蓿青贮的过程中，适宜青贮添加剂的选择亦是非常重要的一个方面。燕麦是禾本科燕麦族一年生粮、饲兼用作物，在我国种植历史悠久，遍及山区、高原和北部高寒冷凉地带，其叶量丰富、适口性好、消化率高，且蛋白营养价值高，氨基酸种类齐全、配比合理，

表 5-2 人工饲草资源常规营养成分 (%)

种类		干物质	粗蛋白	粗脂肪	粗纤维	酸性洗涤纤维	中性洗涤纤维	酸性洗涤木质素	灰分	钙	磷	淀粉	备注
首蓿	青干草	86.60	18.10	1.90	—	30.90	50.30	—	13.40	—	—	—	青海省湟源县①
		89.50	18.10	1.90	—	30.90	50.30	—	13.40	—	—	—	青海省大通县，盛花期刈割②
		91.56	14.73	2.15	—	30.69	44.27	—	7.51	—	—	—	青海省②
		93.62	12.05	2.40	—	36.93	42.18	—	1.61	—	—	—	青海省③
		93.62	11.36	2.40	—	30.47	38.24	7.28	1.61	—	—	—	青海省西宁市周边农区③⑤
		91.30	20.02	0.87	—	42.70	47.50	—	9.10	7.30	0.21	—	甘肃省甘南地区夏河县牧草种植地，第1茬初花期首蓿⑥
	青贮	39.60	15.70	1.52	—	31.80	37.60	—	10.40	11.00	0.17	—	甘肃省甘南地区夏河县牧草种植地，第1茬初花期首蓿⑥
		40.40	17.40	1.56	—	32.90	34.90	—	8.80	10.00	0.16	—	甘肃省甘南地区夏河县牧草种植地，第1茬初花期首蓿⑥
		43.60	16.60	1.21	—	31.60	35.50	—	10.30	13.00	0.17	—	甘肃省甘南地区夏河县牧草种植地，第1茬初花期首蓿⑥
	青贮前	32.30	21.70	6.53	—	21.40	38.20	—	7.91	—	—	—	西藏自治区日喀则市，第2茬初花期首蓿⑦

(续)

种类	干物质	粗蛋白	粗脂肪	粗纤维	酸性洗涤纤维	中性洗涤纤维	酸性洗涤木质素	灰分	钙	磷	淀粉	备注
青干草	95.30	4.10	0.50	—	30.60	54.30	—	4.70	—	—	—	青海省大通县①
	93.40	4.10	0.50	—	30.60	54.30	—	4.70	—	—	—	青海省湟源县②
	96.21	11.45	2.90	—	35.29	54.58	18.22	9.78	—	—	—	青海省③
	98.57	8.79	1.21	—	52.07	69.39	20.12	12.29	—	—	—	青海省西宁市周边农区④⑤
	90.74	15.78	2.81	—	21.60	41.84	—	5.04	0.16	0.25	—	青海省大通县，返青期青干草⑧
	—	8.34	1.94	27.30	32.50	53.20	—	5.23	—	—	—	甘肃省抓喜秀龙乡南泥沟村⑨
燕麦	89.78	11.51	2.21	—	40.96	64.66	3.90	7.31	—	—	12.65	小金县新桥乡，抽穗期⑩
	90.26	7.10	2.43	—	39.99	62.79	4.82	5.49	—	—	9.87	小金县崇德乡，乳熟期⑪
	87.52	6.64	1.30	—	34.41	53.20	4.70	5.73	—	—	21.07	金川县庆宁乡，乳熟期⑫
青贮前	34.70	10.70	5.85	—	28.50	52.90	—	8.83	—	—	—	西藏自治区日喀则市，乳熟期燕麦全株⑬
青贮	94.05	7.78	9.00	32.10	49.10	70.70	—	11.80	1.36	0.17	—	卡加道乡⑭
老芒麦	—	5.27	—	—	30.60	59.40	—	—	—	—	—	
垂穗披碱草	—	8.48	2.36	—	32.25	53.42	—	7.08	—	—	—	

（续）

种类	干物质	粗蛋白	粗脂肪	粗纤维	酸性洗涤纤维	中性洗涤纤维	酸性洗涤木质素	灰分	钙	磷	淀粉	备注
菌草10号	11.85	18.65	1.74	—	39.98	63.90	2.50	13.36	—	—	4.81	叙永县合乐苗族乡，抽穗期①
杂交构树	31.06	20.11	1.28	—	52.69	59.68	8.39	12.10	—	—	6.53	隆昌市，抽穗期①
黑麦草	13.75	16.48	1.37	—	33.63	53.92	2.82	11.19	—	—	5.17	汶川县，抽穗期①
全株玉米青贮前	21.90	4.60	5.49	—	24.70	51.20	—	4.56	—	—	—	西藏自治区日喀则市，乳熟期全株玉米⑩
全株玉米青贮	33.37	10.43	2.43	—	28.37	53.62	1.84	3.95	—	—	24.81	叙永县合乐苗族乡，蜡熟期①
全株玉米青贮	23.46	10.46	2.65	—	28.74	49.63	2.92	6.13	—	—	28.31	叙永县落卜镇，蜡熟期①

①资料来源：殷满财等（2018）。营养指标以干物质为基础。②资料来源：孙红梅（2015）。③资料来源：杨得玉等（2018）。营养指标以干物质为基础。④资料来源：崔占鸿（2011）。营养指标以风干物质为基础。⑤资料来源：崔占鸿等（2011）。营养指标以干物质为基础。⑥资料来源：杨勤等（2016）。营养指标以风干物质为基础。⑦资料来源：王勇等（2014）。⑧资料来源：阿顺贤等（2019）。营养指标以干物质为基础。⑨资料来源：王巧玲等（2016）。营养指标以风干物质为基础。⑩资料来源：石红梅等（2016）。营养指标以干物质为基础。

接近于联合国粮食及农业组织和世界卫生组织推荐的营养模式，是家畜冬春补饲的主要饲草。对比燕麦干草质量分级标准（表5-5），牦牛养殖区域的燕麦青干草品质参差不齐，除返青期青干草外，其粗蛋白含量普遍偏低，而中性洗涤纤维含量普遍偏高。分析苜蓿和燕麦青干草品质不高的原因，一方面应该是受种植管理和收获时期的影响，一般苜蓿收获时期控制在初花期及之前，而燕麦则建议在拔节期及之前收获制作青干草或乳熟期收获制作青贮燕麦，如西藏自治区日喀则市第2茬苜蓿初花期刈割的苜蓿品质可达到优级水平，青海省大通县返青期收获的燕麦品质亦可达到A型燕麦草特级水平；另一方面，苜蓿品质还受到机械化水平、当地的自然及土壤条件等多重因素的影响。

表 5-3　苜蓿干草质量分级标准

理化指标	等级				
	特级	优级	一级	二级	三级
粗蛋白质（%）	≥22.0	≥20.0, <22.0	≥18.0, <20.0	≥16.0, <18.0	<16.0
中性洗涤纤维（%）	<34.0	≥34.0, <36.0	≥36.0, <40.0	≥40.0, <44.0	>44.0
酸性洗涤纤维（%）	<27.0	≥27.0, <29.0	≥29.0, <32.0	≥32.0, <35.0	>35.0
相对饲喂价值	>185.0	≥170.0, <185.0	≥150.0, <170.0	≥130.0, <150.0	<130.0
杂类草含量（%）	<3.0	<3.0	≥3.0, <5.0	≥5.0, <8.0	≥8.0, <12.0
粗灰分（%）	≤12.5				
水分（%）	≤14.0				

资料来源：《苜蓿　干草质量分级》团体标准 T/CAAA 001—2018。

注：粗蛋白、中性洗涤纤维、酸性洗涤纤维含量均为干物质基础。

表 5-4 苜蓿青贮饲料和半干青贮饲料的营养和化学指标及质量分级

指标类型	指标	等级			
		一级	二级	三级	四级
化学	pH（青贮饲料）	≤4.4	>4.4，≤4.6	>4.6，≤4.8	>4.8，≤5.2
	pH（半干青贮饲料）	≤4.8	>4.8，≤5.1	>5.1，≤5.4	>5.4，≤5.7
	氨态氮/总氮（%）	≤10	>10，≤20	>20，≤25	>25，≤30
	乙酸（%）	≤20	>20，≤30	>30，≤40	>40，≤50
	丁酸（%）	0	≤5	>5，≤10	>10
营养	粗蛋白（%）	≥20	<20，≥18	<18，≥16	<16，≥15
	中性洗涤纤维（%）	≤36	>36，≤40	>40，≤44	>44，≤45
	酸性洗涤纤维（%）	≤30	>30，≤33	>33，≤36	>36，≤37
	粗灰分（%）	<12			

资料来源：《青贮和半干青贮饲料 紫花苜蓿》团体标准 T/CAAA 003—2018。

注：乙酸、丁酸以占总酸的质量比表示；粗蛋白、中性洗涤纤维、酸性洗涤纤维、粗灰分以占干物质的量表示。

表 5-5 燕麦干草质量分级标准

类型	理化指标	等级			
		特级	一级	二级	三级
A 级	粗蛋白质（%）	≥14.0	≥12.0，<14.0	≥10.0，<12.0	≥8.0，<10.0
	中性洗涤纤维（%）	<55.0	≥55.0，<59.0	≥59.0，<62.0	≥62.0，<65.0
	酸性洗涤纤维（%）	<33.0	≥33.0，<36.0	≥36.0，<38.0	≥38.0，<40.0
	水分（%）	≤14.0			
B 级	水溶性碳水化合物（%）	≥30.0	≥25.0，<30.0	≥20.0，<25.0	≥15.0，<20.0
	中性洗涤纤维（%）	<50.0	≥50.0，<54.0	≥54.0，<57.0	≥57.0，<60.0

（续）

类型	理化指标	等级			
		特级	一级	二级	三级
B级	酸性洗涤纤维（％）	＜30.0	≥30.0，＜33.0	≥33.0，＜35.0	≥35.0，＜37.0
	水分/％	≤14.0			

资料来源：《燕麦　干草质量分级》团体标准 T/CAAA 002—2018。

注：营养指标均为干物质基础。

　　老芒麦和垂穗披碱草均为禾本科披碱草属多年生牧草，披碱草属牧草是高寒草甸区域的优势乡土植物之一，其具有抗寒、耐旱、耐盐碱的特性，及绿草期长、产草量高等特点，且适应性广、营养丰富、适口性好；草地早熟禾是禾本科早熟禾属多年生牧草，其具有极强的抗寒和根茎分蘖能力，适宜于在青藏高原的高寒草甸上种植；星星草是禾本科碱茅属多年生牧草，具有较强的耐盐碱性及抗旱性和抗寒性，且营养丰富；无芒雀麦是禾本科雀麦属多年生牧草，耐寒、耐放牧，且营养价值高、适口性好。因此，上述牧草在青藏高原区域常被用于建植多年生单播或混播人工草地及退化天然草地改良。玉米具有较强的耐旱性、耐寒性、耐贫瘠性及良好的环境适应性，是青藏高原农牧交错区种植的主要农作物之一，全株玉米青贮营养丰富、适口性好、可长期保存，亦是牦牛冬春季节补饲的优质粗饲料来源之一。

　　青稞、小麦、燕麦为青藏高原地区的常种作物，因其收获后至冷季仍有 2～3 个月的暖季时间，其间可复种优质高产的油菜。袁玉婷等（2018）在西藏地区麦后复种油菜的研究中表明，不同的油菜品种（中双 9 号、中双 11 号、阳光 2009、京华 165、中杂 9 号、大地 95 号、杂优 2 号）在相同的播种方式和播量条件下长势不同，其株高介于 54～136cm 之间，亩鲜草产量介于 2 234～4 503kg 之间，但株高与亩产之间并无显著的相关关系，应该是品种的生物学特性差异导致，故不同的品种宜选择适宜的种植技术方可获得高产；各品种油菜的粗蛋白含量介于 19％～24％之间（种间差异不显著），且饲喂试验的牛体重变化表现为饲料油菜组＞（麦秆＋双低饲料油菜组）＞麦秆组。综合说明，饲料油菜与麦类作物复种可有效利用暖季的有效积温，同时其快速生长覆盖地标有助于防风固沙及涵养水源，其较高的蛋白含量及产量具有为牦牛提供高产优质饲草的潜力。

>> 三、引种概况

人工草地的建植不仅涉及本土植物品种，还涉及可以在本区域种植的其他外来植物品种，为筛选适宜用于人工草地建植的优良牧草品种，诸多学者开展了相关的引种评价研究，其中一年生牧草着重考察其生育期、生长性状、适应性及产量和品质表现，多年生牧草还需增加越冬性等评价指标。

田福平等（2010）在"一江两河"地区开展了豆科牧草苜蓿属（7 个品种）、草木樨属（5 个品种）、黄芪属（1 个品种）、红豆草属（1 个品种）、野豌豆属（1 个品种），及禾本科牧草披碱草属（2 个品种）、鸭茅属（1 个品种）、燕麦属（4 个品种）、高粱属（3 个品种）、鹅观草属（1 个品种）、羊茅属（10 个品种）、早熟禾属（3 个品种）、黑麦草属（6 个品种）的引进品种之间的比较试验，结果（2 年的数据）表明，15 个豆科牧草品种中，苜蓿、草木樨、红豆草和箭舌豌豆均能够完成生育期，其牧草鲜草产量分别可达 5 500～21 000、5 600～28 000、6 860～38 000、38 000～42 000kg/hm²，其干草产量分别达到 1 930～9 500、1 733～9 200、3 160～12 500、9 560～10 350kg/hm²，适宜进一步推广应用，而沙打旺在该地区无法完成生育期，且在株高、产量、越冬率等方面均表现不佳；禾本科牧草中，披碱草、鸭茅、青海鹅观草和几个燕麦品种的牧草产量均较高，其鲜草产量分别达到 1 720～9 437、1 680～7 100、4 100～6 320、18 050～24 000kg/hm²，干草产量分别达到 680～5 594、450～2 483、1 366～2 250、5 720～6 740kg/hm²，适宜产业化种植，而高粱属表现较差，不能完成生育期且鲜、干草产量均极低，不宜推广。

燕麦作为青藏高原地区种植面积较大的优质饲草料作物之一，其在不同区域或不同的目标性状（籽粒型和饲草型、品质型和产量型等）及不同品种间的表现均存在一定差异。张光雨等（2019）在西藏自治区日喀则市对8个引进燕麦品种（青引1号、加燕2号、林纳、青燕1号、青引2号、青海甜燕麦、青海444、青引3号）进行了评价，结果表明8个燕麦品种干草产量介于8 892.24（青引2号）~12 406.98（青引1号）kg/hm² 之间，通过灰色关联度对其干草产量、叶茎比、株高、千粒重、穗长、穗重、粗蛋白、粗脂肪、粗灰分、酸性洗涤纤维、中性洗涤纤维和木质素等综合分析后进行排序，8个燕麦品种表现为青引1号＞青引3号＞青引2号＞青燕1号＞青海甜燕麦＞青海444＞加燕2号＞林纳。曲广鹏等（2012）在西藏农区燕麦引种评价结果中表明，西藏燕麦的干草产量可达10 500kg/hm²，粗蛋白含量为10.96%；秦彧等（2010）在对西藏主要作物和牧草营养成分及营养类型的研究中指出，成熟期燕麦秸秆的粗蛋白、酸性洗涤纤维和中性洗涤纤维含量分别为10.2%、30.98%、58.02%；包成兰等（2008）在对高寒地区燕麦的品种比较中得出，青海甜燕麦的干草产量达21 561.4kg/hm²，粗蛋白含量为11.5%，而青引2号的干草产量为21 061.1kg/hm²，粗蛋白含量为10.8%。

王明君等（2016）对西藏羊八井牧区的一年生牧草（青引2号燕麦、小黑麦、昆仑13号青稞、青海甜燕麦和北青3号青稞）进行引种评价，结果表明，5种一年生牧草的鲜草产量介于5 476.7~20 500.0kg/hm²之间，干草产量介于2 010~9 350kg/hm²之间，粗蛋白含量介于6.89%~8.47%之间，除北青3号青稞外的其他4种一年生牧草均适宜在西藏羊八井牧区种植。宋国英（2015）分析了饲用玉米在西藏畜牧养殖业中的重要作用，认为饲草作物中饲用玉米具有生物产量高、营养丰富尤其是淀粉和可溶性碳水化合物含量高、种植方式灵活（可一季播种亦可与麦类作物复种）且青贮技术成熟等优势，可以作为家畜的优质能量和粗饲料。

除此之外，百脉根是豆科百脉根属多年生牧草，斯确多吉等（2001）对其在西藏自治区林芝市的引种情况进行评价，结果表明其鲜草产量可达 17 372kg/hm²，粗蛋白含量为 13.4%，分枝数多、分枝期长、再生能力强且适口性好，可用于混播草地建植，适宜于放牧或刈割利用；武自念等（2018）对气候变化背景下我国扁蓿豆潜在适生区预测中指出，扁蓿豆可在西藏、甘肃、四川、青海等地区的草地改良及人工草地建设中应用。

>> 四、种植模式概况

人工草地建植除了常规的单播、混播、补播等，还可与其他作物进行间作、复种、套作、轮作等。间作是指同一田地上于同一生长期内，分行或分带相间种植两种或两种以上的饲草料作物的种植方式；复种是指在同一耕地上一年种收一茬以上饲草料作物的种植方式；套作是指在同一块土地上按照一定的行、株距和占地的宽窄比例种植不同类型的饲草料作物以实现空间和资源充分利用的一种种植方式，也属于复种的范畴；轮作是指在同一块土地上有顺序地进行季节间和年度间轮换种植不同饲草料作物或复种组合的种植模式。

次仁央金等（2008）根据西藏主要河谷农区夏闲地及其资源现状，研究了冬麦区多熟作物组合 86 种、冬春麦兼种区多熟作物组合 23 种，其中拉萨冬小麦＋箭舌豌豆组合的种植比例为 2∶1 时产量和水分利用率表现最优，拉萨和山南市乃东区春青稞间、套作箭舌豌豆、马铃薯、玉米中，粮食产量套作方式比单作和间作方式表现好，且以春青稞＋马铃薯套作和春青稞＋玉米套作为优，饲草饲料产量单作方式优于间、套作方式。秦基伟等（2019）通过对西藏农区不同套种模式的研究表明，青稞、饲料玉米、箭舌豌豆按 1∶1∶1 组合套种的饲草产量（30 765.45kg/hm²）和单位面积效益（每公顷 18 936.96 元）最高，青稞和饲料玉米按 1∶2 比例套种的产投比（>10.00）最高，包含箭舌豌豆的套种组合能够有效改善土壤养分。Cui 等（2014）在日喀则市江当地区的试验表明，燕麦复种燕麦后全年总干草产量达到 12.42t/hm²，较只种一季提高 43.02%，复种小黑麦全年干草产量达到 10.8t/hm²，比只种一季提高 30.01%。李倩恺等（2011）在对日喀则市江当地区燕麦与箭舌豌豆混播的研究中表明，二者混播不但可以同时获得产草量高且蛋白含量丰富的混合牧草，且箭舌豌豆的蔓生茎还可以攀附在燕麦的茎秆上防止倒伏，从而避免倒伏损失，其中燕麦播种量为正常单播的 70%（210kg/hm²）、箭舌豌豆播种量为正常单播的 100%（75kg/hm²）时，可以获得最高的粗蛋白产量及干草产量，其粗蛋白产量达到 1 513.06kg/hm²，比单播燕麦提高 414.91%，比单播箭舌豌豆提高 16.77%。

据报道，冬青稞复种绿肥产量可达 22 500kg/hm²，次年种植春小麦，不施基肥可使平均单产增加 30.4%。草田轮作是介于休闲制与常年耕作制之间的一种粗放耕作制度，是将牧草和农作物在一块田地上根据一定轮作顺序进行轮换种植的种植方式，魏军等（2007）研究表明轮作一个周期可提高土壤有机质质量 23%～24%。王俊等（2005）研究表明禾豆混作不仅可以提高产量、改善饲草品质，还能够改善植物生长环境培肥地力。周娟娟等（2019）根据前述研究结果提出了冬青稞、冬小麦收获后种植燕麦、箭舌豌豆、黑麦草等牧草的复种模式；同时根据土壤肥力状况（由较差到好）提出了以青稞/小麦为主栽作物，将豆科牧草箭舌豌豆、苜蓿纳入轮作模式并建立粮、经、饲三元种植结构，其轮作年限为 2～6 年；还提出了油菜＋豌豆、小麦＋豌豆、燕麦＋豌豆、小黑麦＋箭舌豌豆等禾豆混作模式。

由此可见，适宜的种植模式不但有助于粮、经、饲等作物产量和品质的提升，而且对土壤资源合理利用、培肥地力等均有助益，故建议根据区域的气候、土壤特征、应用目的及现有的条件等合理选择种植模式。

>> 五、人工草地资源利用过程中的注意事项

1. 加强管理提高人工草地产量和品质 人工草地的产量和品质受多重因素影响，其中有些因素如气候、土壤等是人为不可控或不好控制的部分，但也有一些因素如种植模式选择、栽培及收获管理与加工利用方式等则属于人为可控的部分，需要加强管理来实现人工草地健康、高产。有研究报道，目前普遍存在群众对种草养畜缺乏足够认识的情况，"草当粮种"意识淡薄，难以做到精耕细作，水肥管理不受重视，同时存在一定程度的病虫草害，相关方面均未能实现因地制宜的科学管理。导致这些问题产生的原因一方面是认识误区，如认为牧草自身属于粗放型类别而不需要同粮食作物一样进行精细化管理等，导致农牧民在科学种草和牧草高效利用方面意识淡薄；另一方面也由于机械化设施及水平较差，导致牧草该收时因为收割速度慢等导致品质劣化；还有一个很重要的方面是牧草种植配套的技术体系滞后，无法对农牧民做出准确的技术指导。鉴于此，要提升人工草地的产量和品质，一方面要提升相关的设备配置和水平，在条件允许的区域实现机械化作业，不但节约人力而且能够提高效率和管理水平；同时，考虑到近年来牧草产业技术体系发展迅速，相关的配套技术可相互参考，故还建议加强与优势单位的技术合作，以实现对农牧民人工草地建植过程中的有效指导。

2. 合理规划实现资源合理利用 地域不同，适生粮、经、饲作物类型不同，利用方式亦存在差异，故在人工草地建植前宜做好相应的调研工作，并因地制宜制定详细的规划。同时，人工草地尤其是多年生人工草地或混播人工草地在利用过程中因物种自身生物学特征及利用方式的不同其物种消长规律亦不同。董全民等（2008）在对垂穗披碱草与星星草混播草地优化牦牛放牧强度的研究中指出，优良牧草比例和牦牛个体增重的平均年度变化呈正相关，均随放牧强度的增加而减小，当放牧强度为每公顷 9.97 头时，优良牧草比例和牦牛个体增重的年度变化能维持基本不变，被认为

是此高寒人工草地生长季放牧不退化的最大放牧强度，而通过单位面积草地牦牛增重与放牧强度的二次回归方程计算可知此高寒人工草地生长季的最佳放牧强度为每公顷 7.23 头。由此可见，为实现人工草地资源的合理利用，不仅要合理规划种植的投入和产出等各项因素，同时还应考虑利用因素（刈割、贮存、放牧等），以延长其利用年限，同时避免人工草地退化。

3. 草、畜平衡管理促进畜牧草产业和谐发展 草、畜平衡指在一定区域时间内通过草原和其他途径提供的饲草饲料量与饲养牲畜所需的饲草饲料量得到总体平衡，即饲草供给量与牲畜现存量之间的一种动态平衡，其管理核心是"以草定畜"，故推进草畜平衡需要根据一定面积的草原生产力测算其所能承载的牲畜数量即载畜量。据报道，青藏高原地区的大部分区域存在实际载畜量明显高于理论载畜量的情况，这也是导致区域内草地资源持续退化的主要原因之一，而人工草地建植的目的亦是通过人工草地的高产优质来补充天然草地资源的短板，以缩小或拉平实际载畜量与理论载畜量之间的差距，以实现草、畜平衡。鉴于此，吴伟生等（2014）为实现草、畜平衡，改善放牧利用模式，补充草地配置及退化草地改良等，提出了草场利用技术模式，以促进畜牧草产业的和谐发展。其中，平衡配置即"以草定畜"或"以畜定草"，以川西北高寒草甸区为例，1 头牦牛需要 $1 \sim 1.3 hm^2$ 的草场；放牧建议打破单户草场边界划分施行联合放牧，在草场面积足够大（$>133 hm^2$）的情况下可在季节轮牧的前提下进行"4＋3"划区轮牧，即夏季草场 4 个区（含 1 个休牧区）而冬季草场 3 个区（含 1 个割草区）；采取"卧圈种草（一年生高产燕麦）＋天然打贮草基地（天然草地改良提高产量作为打贮草基地）＋抗灾保畜饲草储备基地（天然草地改良用于冷季雪灾抗灾保畜）"的全方位保障模式；根据草地退化程度，轻度退化草地采取"围栏封育＋施肥"模式，中度退化草地采取"围栏封育＋施肥＋补播＋合理利用"模式，重度退化草地采取"围栏封育＋杂草防除与鼠害防治＋施肥＋补播草种＋合理利用"模式。

第三节　秸秆及其他粗饲料资源

>> 一、资源概况

青藏高原地区的农牧交错区秸秆资源丰富，常见的有玉米秸秆、小麦秸秆、青稞秸秆、燕麦秸秆、豌豆秸秆、蚕豆秸秆、高粱秸秆、马铃薯秸秆、油菜秸秆等，在冬春饲草料缺乏的情况下可作为牦牛粗饲料。但秸秆具有品质和适口性较差、区域内利用科技含量低、利用方式粗放等特点，导致除玉米秸秆外的其他小麦秸秆、油菜秸秆等的利用率并不高，如何提高秸秆利用价值对缓解草、畜矛盾意义重大。

除秸秆外，一些林业资源如构树叶、橡树叶等，农作物加工副产物如酒糟等，农田附属饲草资源包括"五旁四坎"、农田青草和农作物收割后冬闲田土生长的青草，以及园林树叶饲草资源等，亦可作为粗饲料应用于牦牛养殖，以弥补冬、春季节粗饲料资源的短缺。但上述的农田附属饲草资源由于收集、运输费工较多等原因，无法实现在其营养价值较好的时期进行充分的收获利用，多数是秋收后放牧利用，营养价值较差；而园林树叶饲草资源则因园林的权属所限，开发利用亦较少。

>> 二、养分概况

由秸秆及其他粗饲料资源常规营养成分（表 5-6）可知，常见的青稞秸秆粗蛋白含量为 2.26%～4.40%，酸性洗涤纤维含量为 45.05%～52.60%，中性洗涤纤维含量为 63.10%～88.60%；小麦秸秆粗蛋白含量为 5.70%～8.50%，酸性洗涤纤维含量为 40.70%～

表5-6　秸秆及其他粗饲料资源常规营养成分（%）

类别	秸秆种类	干物质	粗蛋白	粗脂肪	粗纤维	酸性洗涤纤维	中性洗涤纤维	酸性洗涤木质素	非蛋白氮	灰分	淀粉	钙	磷	备注
秸秆类	蚕豆秸秆	97.79	9.75	1.13	—	55.08	63.04	38.48	—	5.16	—	—	—	青海省西宁市周边农区①②
		94.59	5.92	0.55	—	55.08	72.41	—	—	6.59	—	—	—	青海省湟源县③
	甜高粱秸秆	94.11	5.36	0.68	—	41.49	65.92	10.78	—	6.85	1.92	—	—	甘肃省武威市民勤县，成熟期④
		94.43	15.49	0.60	—	41.40	64.44	12.56	—	9.66	1.21	—	—	甘肃省武威市民勤县，拔节期④
	马铃薯秸秆	98.09	6.40	1.11	—	61.54	66.41	13.60	—	10.30	—	—	—	青海省西宁市周边农区①②
	燕麦秸秆	94.16	3.67	12.00	45.20	51.20	80.30	—	—	6.50	—	1.44	0.06	卡加道乡⑤
		89.54	7.66	1.51	—	53.23	70.42	—	—	—	—	—	—	青海省①
	青稞秸秆	91.00	5.43	5.39	—	31.20	74.40	—	—	4.64	—	—	—	西藏自治区日喀则市，乳熟期燕麦全株⑥
		87.90	4.21	1.18	46.66	48.85	77.55	5.85	35.08	8.05	—	3.05	1.11	西藏地区，QTB16⑦
		88.90	3.28	0.56	50.25	50.75	77.55	4.95	37.54	7.15	—	1.99	0.39	西藏地区，QTB11⑦
		87.55	4.07	0.63	44.21	45.85	70.05	5.60	34.86	13.55	—	2.81	0.58	西藏地区，QTB13⑦
		88.85	2.41	0.69	42.90	45.05	63.10	4.85	28.89	19.65	—	2.42	0.49	西藏地区，QTB16⑦

（续）

类别	秸秆种类	干物质	粗蛋白	粗脂肪	粗纤维	酸性洗涤纤维	中性洗涤纤维	酸性洗涤木质素	非蛋白氮	灰分	淀粉	钙	磷	备注
秸秆类	青稞秸秆	90.15	3.19	0.97	43.54	45.35	64.10	—	—	—	—	—	—	西藏地区，QTB17①
		89.25	2.26	1.03	49.79	51.25	68.95	4.45	31.04	8.05	—	2.85	0.60	西藏地区，QTB23①
		88.25	2.94	1.04	46.68	51.10	70.90	5.70	31.26	10.60	—	3.43	0.94	西藏地区，QTB25①
		88.35	4.14	0.93	46.27	47.50	77.05	6.15	41.19	6.00	—	3.07	0.95	西藏地区，藏青2000①
		85.85	4.40	1.26	46.63	52.60	88.60	5.50	39.04	4.40	—	2.63	0.96	西藏地区，藏青320①
	豌豆秸秆	97.63	8.50	1.81	—	39.56	48.60	10.68	—	4.97	—	—	—	青海省西宁市周边农区②
		94.80	5.70	1.20	—	50.20	68.80	—	—	5.20	—	—	—	青海省湟源县③⑧
		94.72	7.10	1.51	—	44.90	58.70	10.68	—	5.09	—	—	—	青海省①
	小麦秸秆	97.53	2.67	2.34	—	52.09	75.74	37.66	—	5.02	—	—	—	青海省西宁市周边农区①②
		96.00	3.60	1.10	—	46.70	76.90	—	—	4.00	—	—	—	青海省湟源县⑧
		84.00	4.21	3.47	—	40.70	69.60	—	—	9.98	—	—	—	西藏自治区日喀则市，乳熟期燕麦全株⑥
	油菜秸秆	98.03	1.96	2.39	—	66.42	75.00	36.83	—	7.06	—	—	—	青海省西宁市周边农区②
	玉米秸秆	64.44	7.20	1.18	—	50.73	73.86	4.37	1.52	9.37	8.08	—	—	金川县勒乌乡，完熟期⑨
		68.55	8.89	1.00	—	47.90	69.24	4.99	1.79	11.13	5.07	—	—	汶川县③

（续）

类别	秸秆种类	干物质	粗蛋白	粗脂肪	粗纤维	酸性洗涤纤维	中性洗涤纤维	酸性洗涤木质素	非蛋白氮	灰分	淀粉	钙	磷	备注
秸秆类		76.59	5.68	1.76	—	47.06	74.18	2.30	1.05	8.34	5.09	—	—	小金县新桥乡[3]
	玉米秸秆	71.34	5.29	1.66	—	45.45	74.54	2.75	1.18	7.01	4.21	—	—	小金县崇德乡[7]
		94.60	7.37	0.93	—	41.75	67.59	15.88	—	8.11	4.92	—	—	甘肃省武威民勤县，成熟期[4]
酒糟类		40.88	26.24	4.78	—	31.04	50.89	6.19	6.94	11.74	3.02	—	—	绵竹市[13]
		36.72	15.61	3.41	—	43.21	53.82	11.57	2.11	10.53	5.34	—	—	宜宾市[17]
	白酒糟	26.83	23.25	8.00	—	27.94	53.81	4.54	3.02	5.13	4.58	—	—	邛崃市[13]
		39.77	15.32	2.57	—	41.14	55.07	10.49	2.91	12.20	6.38	—	—	成都市[18]
		41.79	20.88	4.46	—	41.61	56.01	9.35	3.67	8.94	4.87	—	—	大邑县[18]
	发酵白酒糟	39.41	28.56	5.57	—	35.56	39.96	8.77	7.77	9.30	2.80	—	—	叙永县落卜镇[13]
	玉米酒糟	25.78	18.00	12.31	—	29.03	45.42	0.64	2.16	3.05	10.74	—	—	金川县勒乌乡[7]
青贮	青贮高粱	23.89	5.99	1.76	—	44.83	66.41	5.23	0.91	8.37	5.85	—	—	叙永县合乐苗族乡，蜡熟期[13]
	青贮甜高粱	95.40	5.07	0.76	—	47.74	66.25	9.35	—	9.34	2.21	—	—	甘肃省武威民勤县，成熟期[4]
	青贮玉米	92.60	6.90	0.80	—	34.50	65.60	—	—	7.40	—	—	—	青海省湟源县[18]
氨化类		21.27	8.99	2.74	—	31.18	55.02	11.51	—	1.61	—	—	—	青海省[1]
	秸秆	21.27	5.25	2.74	—	31.18	55.02	11.51	—	5.64	—	—	—	青海省西宁市周边农区规模养殖场[20]

（续）

类别	秸秆种类	干物质	粗蛋白	粗脂肪	粗纤维	酸性洗涤纤维	中性洗涤纤维	酸性洗涤木质素	非蛋白氮	灰分	淀粉	钙	磷	备注
青贮类	青贮玉米秸秆	—	6.24	1.55	32.53	33.20	56.80	—	—	5.02	—	—	—	甘肃省抓喜秀龙乡南泥沟村[10]
	青贮玉米秸秆	93.62	6.74	1.84	—	41.01	69.18	4.95	—	10.61	2.69	—	—	甘肃省武威民勤县，成熟期[4]
青贮氨化类	微贮青稞草	27.69	7.19	2.09	—	44.12	68.08	2.62	2.91	10.89	2.03	—	—	茂县，蜡熟期[3]
	微贮青稞草	95.92	6.67	8.00	33.50	39.00	66.00	—	—	6.20	—	0.87	0.14	卡加道乡[5]
	微贮玉米秸秆	95.75	6.19	6.00	38.10	46.10	75.50	—	—	7.50	—	1.85	0.08	卡加道乡[5]
	玉米秸秆氨化饲料	21.93	7.38	2.04	—	41.42	61.08	4.29	1.98	9.30	4.52	—	—	小金县崇德乡蜡熟期[1]
	杂交构树青贮饲料	25.07	22.37	1.96	—	35.16	47.75	4.48	7.96	9.04	12.21	—	—	隆昌市[1]

①资料来源：杨得玉等（2018）。营养指标以干物质为基础。②资料来源：崔占鸿等（2011）。营养指标以干物质为基础。③资料来源：殷满财等（2018）。营养指标以干物质为基础。④数据来源：王宏博等（2017）。⑤资料来源：石红梅等（2016）。营养指标以干物质为基础。⑥数据来源：王勇等（2014）。营养指标以干物质为基础。⑦资料来源：白婷等（2019）。营养指标以干物质为基础。⑧资料来源：孙红梅等（2015）。营养指标以风干物质为基础。⑨资料来源：崔占鸿等（2011）。营养指标以干物质为基础。⑩资料来源：王巧玲等（2016）。营养指标以风干物质为基础。

52.09%，中性洗涤纤维含量为 69.60%～76.90%；玉米秸秆粗蛋白含量为 5.29%～8.89%，酸性洗涤纤维含量为 41.75%～50.73%，中性洗涤纤维含量为 67.59%～74.54%；青贮玉米秸秆粗蛋白含量为 5.25%～8.99%，酸性洗涤纤维含量为 31.18%～44.12%，中性洗涤纤维含量为 55.02%～69.18%说；白酒糟粗蛋白含量为 15.32%～26.24%，酸性洗涤纤维含量为 27.94%～43.21%，中性洗涤纤维含量为 50.89%～56.01%；值得注意的是杂交构树青贮饲料的粗蛋白含量可达 22.37%，酸性洗涤纤维和中性洗涤纤维含量分别为 35.16% 和 47.75%，其品质与优质苜蓿相当。由此可见，不同秸秆类型或副产物类型，或同一类型的不同利用方式（干草、青贮、微贮）、不同品种来源、不同收获时期及不同利用方式，其营养成分均存在较大差异，故在应用过程中，需注意对所利用粗饲料资源的综合评价并根据其实际养分情况进行合理利用，才能实现牦牛健康高效养殖。

>> 三、秸秆及其他粗饲料资源利用过程中的注意事项

1. 对低质粗饲料合理加工以提高资源利用率　秸秆如小麦秸秆、水稻秸秆、油菜秸秆等营养品质低的粗饲料需经过合理的加工调制处理，以提高其可消化性和适口性，进而提高其资源利用率，使低质粗饲料在牦牛冬春季节粗饲料短缺的情况下更好地发挥作用，以缓解草畜矛盾。处理方法主要包括物理加工处理、化学处理和生物处理 3 大类。在很多情况下还会将几种方法进行组合应用，即进行复合处理，如将化学处理和机械加工结合在一起，既能增加营养，又可以提高营养价值，利于运输贮存和使用，同时还有利于实施工厂流水线进行处理，能够更加有效地利用秸秆饲料。

2. 科学搭配粗饲料以提高其可消化率　粗饲料由碳水化合物、蛋白质、脂肪、矿物质、维生素和一些独特的有机复合物组成，其中主要的是木质素和纤维素，根据前述各类粗饲料的营养评价可知，不同的粗饲料类型均存在其自身固有的营养缺陷。豆科牧草虽

然粗蛋白含量高，但与禾本科牧草相比，其纤维素、半纤维素和水溶性碳水化合物含量较低，以苜蓿为例，由于水溶性和可降解氮含量高，同时又缺乏与之同步发酵的可溶性碳水化合物，故单独饲喂易引起牦牛瘤胃臌气造成氮的浪费；禾本科牧草较豆科牧草的粗蛋白含量低，纤维素、半纤维素和可溶性碳水化合物含量高，限制了反刍家畜对其的消化和利用，易降低反刍家畜采食量；秸秆类粗饲料粗纤维含量高，适口性差，矿物质如钙、磷等含量低且不平衡导致其难以被牦牛充分吸收造成营养物质的浪费及环境的污染。由此可见，考虑到不同粗饲料类型的优势和缺陷，牦牛的日粮宜根据其营养需求进行合理搭配、优势互补。

很多研究表明，在饲养体系中粗饲料间存在着广泛的正负组合效应，负效应会显著降低配合饲料的有效能值，极大地影响营养物质的消化吸收和动物生长，而粗饲料的科学合理搭配能产生明显的正组合效应，亦能提高牦牛对粗饲料的消化利用率。崔占鸿等（2011）研究表明，青贮玉米秸秆与苜蓿青干草以1∶3的比例、青贮玉米秸秆与燕麦青干草以1∶1的比例、苜蓿青干草与燕麦青干草以1∶3或1∶1的比例组合较为合适，且随着发酵时间的延长，各组合均呈现组合效应逐渐减弱的变化趋势，说明粗饲料种类不同其正效应组合的最佳比例也不同，这主要与粗饲料自身营养特征有关。由此可见，粗饲料的科学组合搭配是提高牦牛等反刍家畜生产性能和粗饲料利用率的重要技术手段，有助于提高畜牧业生产效益，有效缓解草、畜矛盾。

>> 四、生产技术

1. 青干草　天然草地和人工草地资源除放牧利用方式外，常用于制作青干草。青干草是将青绿饲草在未结籽实前干制而成的一类优质粗饲料，是青饲料的一种保存形式。这类饲料的营养价值均较高，通常青干草的粗纤维含量适宜，一般在18%~25%，其中，木质素的比例也很低，大约占2%左右，牦牛容易消化利用，且适口性好,采食量高,粗蛋白质含量高,大约为 10%～26%,品质好,消化率高。

青干草的调制技术要点包括以下 3 个方面。

(1) 干燥方法 主要分为阳干(太阳晒干)、阴干(风吹干)和烘干(人工干燥)。目前主要采用阳干即田间自然干燥法,其方法简单,方便易行,在青绿饲料开花初期(禾本科为抽穗期,豆科为现蕾期)开始割草,刈割后的青草放在原地曝晒 3～5h,水分含量降到 40%～50% 时,堆成小堆,使其缓慢阴干,估计水分降至 30%～40% 时,再堆成每堆 100kg 左右的大堆,使其迅速干燥。但曝晒时间不宜过长,特别是应注意豆科牧草不宜过度干燥,防止其叶片脱落,当牧草含水量降到 15%～25% 时(抓一把草能打成草绳,既不断裂也不出水)即可堆垛或放于草棚储藏备用。在多雨地区或逢阴雨季节晒草,宜采用架上干燥即阴干的方式。另外,为了最大限度减少自然晒草过程中的养分损失,可采用人工快速干燥法,省时,省力,效果最佳。

(2) 品质 优质的青干草,气味芳香,无霉烂味,呈鲜绿色或绿色,叶脉较清晰,略有光泽,任意取一把干草放在手中揉卷,不会脆断。

(3) 贮藏 堆垛的地址应选择地势高燥不易积水的地方,挖好排水沟,垛底垫上一层木头或石头等,以防饲草受潮霉烂。一般将垛堆成长形,顶部倾斜成屋脊形,并加盖塑料薄膜,且用绳子将上边捆住或轻压一些重物,以防风剥、雨水淋洗;有条件的地方,最好堆在草棚中。

2. 青贮 在高原气候条件下,紫外线照射强烈,饲草收获(7—8 月)时值雨季,在干草调制过程中营养物质流失严重,干草品质较差,且有的高寒牧区气候比较潮湿,在干草储藏过程中常发生霉变、腐烂,故虽然调制干草能缓解冬春饲草短缺,但难以满足畜牧业生产对优质粗饲料的需求。青贮饲料是将青绿饲料以青贮方式调制而成的一类饲料,是青绿饲料的另一种保存形式,也是牦牛养殖区域冬春缺青期牦牛青饲料的主要来源之一。这类饲料营养价值都很高，通常青贮饲料的粗纤维含量较低，一般在 8%～12%，其中，木质素的比例也很低，大约占 1%左右，牦牛容易消化利用，且适口性好，采食量高，干物质中粗蛋白质含量大约为 12%～26%，品质好，消化率高，是阿坝牧区广大牧户主要使用的冬春储备青绿饲料。

青贮饲料的调制利用技术要点包括以下 6 个方面。

（1）青贮方法　有一般青贮、低水分（或半干）青贮以及特种添加青贮。

（2）一般青贮原理　在密闭容器中，让乳酸菌大量繁殖，饲料中的淀粉和可溶性糖被乳酸菌分解，由于乳酸的大量形成（容器内 pH≤4.0 时）抑制了霉菌、腐败菌的生长，以便长期保存青绿饲料的营养特性，可见青贮的实质就是酸贮。

（3）青贮原料　种类繁多，凡是无毒的青绿植物皆可青贮，但是在青贮原料中含糖量高的原料（主要是禾本科类）应占有一定比例，以确保糖类的乳酸发酵。另外，原料的含水量要合适，一般在 60%～75%。如果水分过高，则应加入干料（如稿秆、糠类等）以中和水分。

（4）青贮设备　有青贮窖、塔以及塑料袋等，要求青贮设备光滑、密闭、不漏气、不遗留空气。

（5）青贮步骤　青贮原料应适时刈割（玉米宜在乳熟期至蜡熟期刈割，豆科牧草及野草宜在现蕾期至花开初期刈割，禾本科牧草宜在抽穗期刈割）-切短（将原料切至 3～5cm 长）-装填（窖底部可填 1 层 10～15cm 厚的切短稿秆或软草，以便吸收青贮液汁，窖壁四周可铺填塑料薄膜，加强密封，装填青贮饲料原料时应逐层装入，每层装 15～20cm 即应踩实，然后再继续装，直到装满窖并超出 1m 左右为止）-密封（装完后，即可加盖封顶，先盖一层 20～30cm 厚的软草或切短的稿秆再铺盖塑料薄膜，然后用泥土覆盖，厚约 50cm 以上并做成馒头形，以利于排水）-管理（密封后在窖、塔周围应挖排水沟，以后经常检查，防止漏气和雨水淋入）-品质鉴定（一般根据青贮饲料的气味、颜色、结构鉴定青贮饲料的品质。气味：具有水果弱酸味，即以香味为主得 3 分；具有醋酸味等酸味，即以酸味为主得 2 分；具有腐烂粪臭味，即以臭味为主得 1 分。颜色结构：绿色，叶脉明显得 3 分；褐色，茎叶分明得 2 分；黑色，茎叶难分得 1 分。测 pH：用 pH 为 3.8～6.0 的精密 pH 试纸测试，挤出青贮饲料汁液滴在试纸上，即可比色测得 pH，pH 3.8～4.4 得 3 分，pH 4.6～5.2 得 2 分，pH 5.4～6.0 得 1 分。总评：气味、颜色及结构、pH 3 种分值相加，8～9 分为上等，5～7 分为中等，3～4 分为下等或劣等，劣等品质的不能饲用）。

（6）取喂 在阿坝牧区的暖季青贮后 40～60d 即可开窖取喂；圆窖要全窖揭开，逐层取喂，取后加盖塑料薄膜，防止雨淋。长窖最好从一头横着取喂，取出饲料后先鉴定其品质，把霉烂部分去掉。如果窖已进水，上层霉烂部分较多，应一直向下以取到好的青贮料为止，切不可开窖后看到上层饲料霉烂而丢弃不管，使全窖烂掉造成浪费。每日每头饲喂量（参考）：成年役用牦牛为 10～15kg，成年肉用、乳用牦牛为 15～35kg，未成年牦牛、犊牛应适当减少饲喂量；开始饲喂时要训练几天，使牦牛习惯采食青贮饲料。

3. 草颗粒 草颗粒是饲草在适宜时期收获、干燥后经制粒工艺而成的一种饲草产品，通常为直径 5～19 毫米、长度 13～35 毫米的圆柱体，该类产品利于贮藏和运输，最常见的是苜蓿草颗粒。典型草颗粒生产加工的流程是通过将草段产品放置在 200～900℃ 旋转式滚筒干燥机里干燥大约 3 分钟来获得脱水苜蓿草颗粒。干燥机的温度依草段的预先萎蔫程度而定。输送到干燥机里草段的含水量可以在 45%～75%，甚至更高的范围内变动。下雨可以使进料的含水量增加。草段最后的含水量在 7%～9% 的范围内变动。

4. 秸秆等低质饲料的加工处理技术

（1）物理加工和处理方法 切短：牦牛在咀嚼长的秸秆时会消耗很多不必要的能量，且秸秆不易消化，容易引起胃肠疾病，所以为了减少浪费，最大限度地让家畜吸收营养，可将其切短并与其他饲料配合使用。

①粉碎　粉碎成草粉后的秸秆在与其他饲料混合喂食的时候更容易被牦牛采食，提高了饲料利用率，但因牦牛就是习惯吃粗粮的，所以不要粉碎过细，这样会造成咀嚼不完全。对于牦牛来说，食团滞留在瘤胃的时间过短，会因为发酵不充分影响秸秆的吸收利用率。经过反复的实践证明，细度为0.7cm左右的草粉应用效果比较好。

②加工成颗粒饲料　将秸秆等加上适当的精料矿物质维生素等营养添加剂，制作成颗粒饲料，既保证了营养的丰富又易于运输。

③热加工　包括蒸煮和膨化等。蒸煮可以软化饲料，提高采食量和吸收率；膨化可以破坏纤维结构提高吸收率。

④盐化　把粉碎后的秸秆用1%的食盐水搅拌后，覆膜发酵，12~24h之后会自然软化，提高采食率。

（2）化学处理方法

①氨化处理　经过氨化处理的秸秆，蛋白含量可增加1倍以上，既增加营养价值，又可改变秸秆组织结构提高消化率和采食率。氨化操作方法是在高燥、不易被人畜侵踏的地方挖一土池，经济条件好的也可以选用砖池，池容积视贮料多少自定。池内壁铺衬无毒塑料薄膜，然后将切短的秸秆按要求放入池内。

②碱化处理　弱碱性的石灰水经过充分熟化和沉淀后用石灰乳处理秸秆，这样可以提高秸秆的营养成分和消化率。100kg秸秆，需要3kg生石灰和200~250kg的水。将石灰乳喷在已经粉碎的秸秆上，堆放在地面上。经过1~2d后直接喂食就可以了。此法具有生石灰随处都有，成本低、方法简便、易操作，且效果明显的特点。

③氨、碱复合处理　以上的处理方法都有自己的优缺点，为了让家畜更好地吸收营养，更好地消化，可以将两种处理方法结合统一，取其优点弃其缺点。就是将秸秆饲料先进行氨化处理，然后再进行碱化处理。经试验得知，秸秆经简单氨化处理后消化率为55%，而复合处理之后消化率可以达到71.2%。经过这种复合处理，能够充分发挥秸秆饲料的经济效益和生产潜力。

　　④酸处理　使用硫酸、盐酸、磷酸、甲酸处理秸秆饲料，其原理与碱化处理相同，但酸处理成本太高，在生产上很少应用。

　　（3）生物处理方法

　　①青贮　是各类微生物兴衰变化的结果，参与作用的微生物很多，以乳酸菌为主，利用乳酸菌发酵产生酸性条件，抑制或杀死各种有害微生物；从而起到保存青绿饲料和青绿秸秆的作用。

　　②秸秆的厌氧贮藏　主要对象是干秸秆等粗饲料。主要使用青贮发酵优势菌和 EM 菌（一种混合菌，一般包括光合菌、酵母菌、乳酸菌等）等作为发酵剂。这样可以提高秸秆的适口性和利用率，但是这种方法不能改变秸秆营养不足的问题。

　　③微生物处理　主要通过有益微生物的发酵作用，降解饲料中的木质纤维，改善饲料的适口性，以此来提高饲料的消化率。

参 考 文 献

阿尔斯坦，1999. 新疆畜牧业回顾与展望 [J]. 新疆畜牧业（4）：6-7.

阿顺贤，罗增海，张文颖，等，2019. 菊苣酸对围产期放牧牦牛生长性能、血清生化指标及抗氧化能力的影响 [J]. 中国畜牧兽医，46（2）：449-457.

白凤奎，李创业，2000. 牦牛配套增产技术的效果观察 [J]. 青海畜牧兽医杂志，30（3）：20-21.

白婷，靳玉龙，朱明霞，等，2019. 西藏地区不同青稞品种秸秆饲用品质分析 [J]. 饲料工业，40（12）：59-64.

包鹏甲，间萍，梁春年，等，2012. 三个牦牛群体 DRB3.2 基因 PCR-RFLP 多态性研究 [J]. 黑龙江畜牧兽医（1）：1-3.

保善，张钰，1992. 新疆的牦牛及其开发利用 [J]. 新疆农业科学（1）：34-35.

鲍宇红，冯柯，顿珠坚才，等，2016. 西藏当雄县牦牛、绵羊和山羊养殖情况调查研究 [J]. 黑龙江畜牧兽医（下半月）（1）：46-48.

边巴坚参，2020. 西藏草地畜牧业发展战略的调整 [J]. 兽医导刊（2）：3.

才仁巴桑，2019. 牦牛规模化养殖技术 [J]. 湖北畜牧兽医，40（12）：51-52.

蔡立，1989. 牦牛的繁殖特性 [J]. 西南民族学院学报畜牧兽医版，15（2）：52-65，68.

蔡立，1992. 中国牦牛 [M]. 北京：农业出版社.

蔡育楠，2020. 育肥牦牛高效饲养管理技术 [J]. 今日畜牧兽医（1）：54.

参木友，曲广鹏，顿珠坚才，等，2017. 从帕里牦牛调查数据探讨西藏牦牛产业发展的现状 [J]. 草学（4）：71-75.

曹涵文，张成福，信金伟，等，2018. 昌都边坝县牦牛产业现状及发展思路 [J]. 南方农业，12（21）：129-130.

曹立耘，2015. 牦牛饲养及管理技术 [J]. 农村实用技术（9）：43-45.

曾旭，冉仪刚，2018. 育肥牦牛饲养管理技术 [J]. 养殖与饲料（6）：42.

柴林荣，孙义，王宏，等，2018. 牦牛放牧强度对甘南高寒草甸群落特征与牧

草品质的影响 [J]. 草业科学, 35 (1): 18-26.

柴志欣, 赵上娟, 姬秋梅, 等, 2011. 西藏牦牛的 RAPD 遗传多样性及其分类研究 [J]. 畜牧兽医学报, 42 (10): 1380-1386.

柴作森, 2010. 天祝白牦牛生产力调查 [J]. 中国牛业科学, 36 (5): 76-77; 80.

常祺, 孙应祥, 2002. 西式牦牛肉制品开发研究报告 [J]. 青海畜牧兽医杂志, 32 (3): 19-23.

畅慧勤, 徐文勇, 袁杰, 等, 2012. 西藏阿里草地资源现状及载畜量 [J]. 草业科学, 29 (11): 1660-1664.

陈其元, 余群力, 沈慧, 等, 2005. 天祝白牦牛放牧牧草的重金属污染分析 [J]. 甘肃农业大学学报, 40 (1): 74-77.

陈世彪, 2007. 犊牦牛胴体分割及肉块重量测定 [J]. 青海大学学报, 25 (4): 63-68.

陈亚夫, 张小虎, 2011. 浅谈岷县高山牦牛饲养管理技术 [J]. 中国畜禽种业, 7 (2): 76.

陈艳, 何春, 符俊, 2020. 木里牦牛优质犊牛培育的关键技术 [J]. 山东畜牧兽医, 41 (3): 13-14.

程方方, 2019. 浅谈西藏开展人工种草的意义及存在的问题 [J]. 西藏科技 (5): 13-15.

次仁央金, 李军, 2008. 西藏主要河谷农区套复种多熟种植研究初探 [J]. 干旱地区农业研究, 26 (4): 105-113, 120.

崔国文, 李冰, 王明君, 等, 2015. 西藏人工草地的发展现状、存在问题及解决途径 [J]. 黑龙江畜牧兽医 (21): 137-138, 142.

崔占鸿, 刘书杰, 柴沙驼, 等, 2011. 青海省农牧交错区牦牛 12 种常用粗饲料营养参数的测定 [J]. 中国饲料 (15): 41-44.

邓培华, 梁洪娟, 2017. 阿坝牧区冬春草料储备技术 [J]. 养殖与饲料 (11): 32-35.

邓由飞, 王建, 侯文峰, 等, 2013. 斯布牦牛冬春季舍饲肥育与放牧饲养的生长性能和经济效益比较 [J]. 中国畜牧杂志, 49 (17): 77-81.

丁路明, 龙瑞军, 杨予海, 等, 2007. 牦牛夏秋季和冬季各草场牧食行为的研究 [J]. 中国畜牧杂志, 43 (5): 52-55.

董全民, 马有泉, 李青云, 等, 2008. 高寒混播草地牦牛优化放牧强度的研究 I 以牦牛增重为目标研究牧草生长季的最佳放牧强度 [J]. 草业科学, 25

（7）：87 - 90.

董全民，马玉寿，李青云，等，2004. 牦牛放牧率对小嵩草高寒草甸植物群落的影响 [J]. 中国草地，26（3）：24 - 32.

董全民，赵新全，2007. 高寒牧区生长牦牛冬季补饲策略及其效益分析 [J]. 中国草食动物，27（4）：30 - 32.

董全民，赵新全，马玉寿，等，2005. 牦牛放牧强度与小嵩草高寒草甸植物群落的关系 [J]. 草地学报，13（4）：334 - 338，343.

董全民，赵新全，马玉寿，2007. 牦牛暖季放牧对牧草消化率的影响 [J]. 生态学杂志，26（11）：1771 - 1776.

董全民，赵新全，马玉寿，等，2006. 高寒小嵩草草甸牦牛优化放牧强度的研究 [J]. 西北植物学报，26（10）：2110 - 2118.

董全民，赵新全，马玉寿，等，2011. 高寒混播草地放牧生态系统中牦牛生产和植被变化特征的研究 [J]. 青海畜牧兽医杂志，41（3）：1 - 6.

董全民，赵新全，施建军，等，2012. 日粮组成对牦犊牛消化和能量代谢的影响 [J]. 草业学报，21（3）：281 - 286.

杜永鑫，2019. 牦牛饲养育肥技术 [J]. 畜牧兽医科学（16）：93 - 94.

多吉欧珠，2019. 西藏帕里牦牛补饲示范试验 [J]. 中国畜禽种业，15（11）：84 - 85.

范小红，杨得玉，郝力壮，等，2017. 青海省海晏县放牧牦牛体重及血清生化指标的全年监测 [J]. 动物营养学报，29（10）：3807 - 3818.

付娟娟，益西措姆，陈浩，等，2013. 青藏高原高山嵩草草甸优势植物营养成分对放牧的响应 [J]. 草业科学，30（4）：560 - 565.

付晓悦，张霞，王虎成，2017. 高寒草甸牧草与牦牛瘤胃液氨基酸构成及相关性分析 [J]. 家畜生态学报，38（4）：48 - 52，67.

付洋洋，王鼎，阿拉腾珠拉，等，2018. 利用 CNCPS 法评价川西北舍饲牦牛养殖区常见粗饲料的营养价值 [J]. 畜牧与兽医，50（3）：39 - 47.

高宁宁，陈俊，张鹏莉，等，2014. 放牧对西藏高寒嵩草草甸地上生物量空间分布的影响 [J]. 草地学报，22（2）：255 - 260.

格桑加措，陈景瑞，白玛曲珍，等，2013. 桑日县牦牛生产性能调查报告 [J]. 当代畜牧（9）：41 - 42.

宫玉霞，李红梅，张红霞，等，2019. 浅谈玉米果穗青贮技术 [J]. 中国牛业科学，45（2）：60 - 61.

顾自林，2017. 肃南优质苜蓿打捆包膜青贮技术推广及应用 [J]. 畜牧兽医杂志，36（4）：96-97.

郭宪，胡俊杰，阎萍，2018. 牦牛科学养殖与疾病防治［M］. 北京：中国农业出版社.

郭宪，杨博辉，李勇生，等，2006. 牦牛的生态生理特性［J］. 中国畜牧杂志，42（1）：56-57.

国家畜禽遗传资源委员会组，2011. 中国畜禽遗传资源志：牛志［M］. 北京：中国农业出版社.

韩玲，2002. 白牦牛产肉性能及肉质测定分析［J］. 中国食品学报，2（4）：30-34.

郝海生等，2016. 图说奶牛繁殖技术与繁殖管理［M］. 北京：化学工业出版社.

和绍禹，田允波，葛长荣，等，1998. 中甸牦牛［J］. 黄牛杂志，4（2）：30-33.

和占星，黄梅芬，雷波，等，2019. 中国牦牛的生态行为研究进展［J］. 家畜生态学报，40（4）：1-9.

后永贵，2019. 甘南牦牛枯草期补饲饲养模式［J］. 畜牧兽医科学（13）：23-24.

胡建宏，李青旺，贾志宽，2000. 宁南偏旱区新的饲草资源——西农11号玉米秸秆及其调制利用［J］. 干旱地区农业研究，18（2）：104-108.

胡萍，赵玉霞，权玉玲，等，2008. 天祝县白牦牛肉、乳营养成分分析［J］. 中国卫生检验杂志，18（8）：1621-1623.

华绍峰，等，1991. 以牦牛血提取CuZn-SOD试验报告［J］. 中国牦牛（3）：39-41.

黄彩霞，高媛，孙宝忠，等，2012. 牦牛品种品质研究进展［J］. 肉类研究（9）：30-34.

姬秋梅，普穷，达娃央拉，等，2000. 西藏三大优良类群牦牛的产肉性能及肉品质分析［J］. 中国草食动物，2（5）：3-6.

姜庆国，温日宇，樊丽生，等，2018. 西北地区饲草藜麦发展前景探讨［J］. 南方农业，12（35）：28，30.

姜文清，周志宇，秦彧，等，2010. 西藏牧草和作物秸秆热值研究［J］. 草业科学，27（7）：147-153.

蒋玉梅，李鹏，韩玲，2006. 天祝白牦牛肉挥发性风味成分的SPEM/GC/MS测定［J］. 甘肃农业大学学报，41（6）：118-121.

金素钰，马崴，郑玉才，2007. 牦牛肉中游离氨基酸含量的分析［J］. 草业与畜牧（3）：44-46.

李存福，苏红田，尼玛群宗，等，2011. 西藏山南地区栽培草地的现状与发展

［J］. 草业科学，28（5）：819-822.

李加太，2004. 牦牛的驯养及利用［J］青海师范大学民族师范学院学报，15
（1）：62-64.

李军豪，杨国靖，王少平，2020. 青藏高原区退化高寒草甸植被和土壤特征
［J］. 应用生态学报，31（6）：2109-2118.

李鹏，2006. 甘南牦牛肉用品质、血清生化指标及其相关性的研究［D］. 兰
州：甘肃农业大学.

李鹏，孙京新，王凤舞，等，2008. 白牦牛肉脂肪酸分析及功能性评价［J］.
食品科学，29（4）：106-108.

李鹏，余群力，杨勤，等，2006. 甘南黑牦牛肉品质分析［J］. 甘肃农业大学
学报，41（6）：114-117.

李平，李世洪，沈益新，等，2017. 川西北高寒牧区青贮调制技术研究现状
［J］. 草学（6）：4-11.

李平，游明鸿，白史且，等，2012. 牦牛奶渣乳酸菌对草青贮品质的影响［J］.
草业与畜牧（10）：6-9.

李青旺，胡建宏，贾志宽，2000. 宁南偏旱区秸秆微贮技术研究［J］. 西北农
业大学学报，28（2）：13-17.

李全，余忠祥，阎明毅，等，2010. 青海高原型牦牛生长发育研究［J］. 中国
牛业科学，36（4）：15-18.

李文凤，李龙，张静，2014. 西藏班戈县的草地生产力及载畜能力［J］. 江苏
农业科学（4）：295-297.

李祥妹，赵卫，黄远林，2016. 基于生态系统承载能力核算的西藏高原草地
资源区划研究［J］. 中国农业资源与区划，37（1）：167-173.

李瑜鑫，王建洲，李龙，等，2010. 藏北高寒牧区放牧藏绵羊采食与消化率的
研究［J］. 畜牧与兽医，42（4）：51-54.

梁正满，高永刚，汪磊，等，2014. 高寒牧区冷季补饲青贮玉米秸秆对天祝白
牦牛体重变化的影响［J］. 中国牛业科学，40（1）：30-32.

廖阳慈，鲍宇红，陈少峰，等，2018. 粗饲料组合效应对斯布牦牛营养物质表
观消化率的影响［J］. 动物营养学报，30（11）：4453-4459.

廖阳慈，桑旦，周启龙，等，2018. 斯布牦牛能氮比补饲技术的研究［J］. 饲
料工业，39（19）：18-21.

刘芬，2018. 育肥牦牛饲养管理技术［J］. 中国畜禽种业，14（6）：87.

刘进，2017. 贵南县牦牛高效养殖技术效果分析［J］. 农家致富顾问

（6）：57.

刘培培，丁路明，陈军强，2015. 利用 GPS 跟踪定位系统对祁连山区秋季牧场牦牛和犏牛牧食行为的研究 [J]. 家畜生态学报，36（10）：56-60.

刘勇，2010. 犊牦牛肉用品质、脂肪酸及挥发性风味物质研究 [D]. 兰州：甘肃农业大学.

罗海青，2017. 农区牦牛舍饲与半舍饲育肥技术 [J]. 中国畜牧兽医文摘，33（7）：96.

罗黎鸣，苗彦军，潘影，等，2015. 不同干扰强度对拉萨河谷草甸草原群落特征和功能性状的影响 [J]. 草地学报，23（6）：1161-1166.

罗晓林，吴伟生，谢荣清，等，2009. 麦洼牦牛公牛肥育期生长发育及屠宰测定试验 [J]. 中国牛业科学，35（6）：7-9.

罗晓林，吴伟生，贡科，等，2012. 不同哺乳方式对牦牛公犊生长发育以及肉品质的影响 [J]. 黑龙江畜牧兽医，8（15）：49-51.

罗毅皓，2008. 青海大通犊牦牛肉品质分析及安全性研究 [D]. 西宁：青海大学.

马桂琳，2006. 甘南州牦牛资源的保护利用 [J] 畜牧兽医杂志，25（4）：41-42.

马国军，马进寿，2019. 牦牛饲养管理要点 [J]. 畜牧兽医科学（6）：99-100.

马国军，马进寿，2019. 育肥牦牛高效饲养管理技术 [J]. 畜牧兽医科学（5）：95-96.

马力，徐世晓，刘宏金，等，2019. 不同物候期牧草对放牧牦牛瘤胃内环境参数及瘤胃微生物多样性的影响 [J]. 动物营养学报，31（2）：681-691.

毛德才，杨平贵，安添午，等，2011. 小白牦牛肉的研究进展 [J]. 草业与畜牧（12）：19-21.

孟宪政，孟海波，2006. 建立青藏高原草地乳用牦牛生态系统的思路 [J]. 中国乳业（1）：33-34.

苗彦军，付娟娟，孙永芳，等，2014. 牦牛放牧模式对西藏高山嵩草草甸群落特征的影响 [J]. 草地学报，22（5）：935-941.

苗彦军，徐雅梅，2008. 西藏野生牧草种质资源现状及利用前景探讨 [J]. 安徽农业科学，36（25）：10820-10821，10835.

尼玛次仁，2017. 西藏河谷地区复种饲料油菜试验初报 [J]. 西藏农业科技，39（2）：13-15.

潘影，武俊喜，赵延，等，2019. 西藏河谷地区人工种草的投入产出比较分析[J]. 生态学报，39（12）：4488-4498.

彭霞，方文，罗晓林，等，2017. 对松潘转变牦牛发展方式的思考[J]. 草学（3）：84-86.

平措占堆，彭阳洋，洛桑顿珠，等，2019. 西藏牦牛半舍饲方式及相关经济效益分析[J]. 现代农业科技（14）：208-209，214.

普布卓玛，参木友，普布次仁，等，2019. 全株玉米青贮品质的研究展望[J]. 西藏农业科技，41（4）：77-80.

祁晓梅，2017. 肃南牦牛放牧管理对策[J]. 青海草业，26（2）：49-51.

秦基伟，孙全平，杨素涛，2019. 西藏农区不同套种模式适应性筛选[J]. 安徽农业科学，47（12）：27-29.

秦彧，李晓忠，姜文清，等，2010. 西藏主要作物与牧草营养成分及其营养类型研究[J]. 草业学报，19（5）：122-129.

石红梅，李鹏霞，杨勤，等，2016. 裹包青贮燕麦育肥牦牛错峰效益分析[J]. 中国牛业科学，42（4）：44-46.

石红梅，杨勤，李鹏霞，等，2016. 不同加工粗饲料对牦牛舍饲育肥的效果[J]. 中国牛业科学，42（5）：29-31.

斯确多吉，魏学红，2001. 西藏林芝地区百脉根引种栽培试验[J]. 中国草地，23（2）：74-75.

宋德荣，2010. 施用不同氮肥对牧草和放牧牦牛血液营养元素含量的影响[J]. 中国草地学报，32（2）：42-46.

宋国英，2015. 饲用玉米在西藏畜牧养殖业中的重要作用[J]. 西藏农业科技，37（2）：1-5.

孙海梅，2002. 青海牦牛业的优势与发展对策[J]. 世界农业（7）：83-46.

孙红梅，曹连宾，郝力壮，等，2015. 牦牛常用粗饲料营养价值评价及甲烷生成量[J]. 西北农业学报，24（3）：48-52.

孙鹏飞，崔占鸿，柴沙驼，等，2014. 高原牦牛营养研究进展[J]. 江苏农业科学（9）：172-174，175.

孙银良，周才平，石培礼，等，2014. 西藏高寒草地净初级生产力变化及其对退牧还草工程的响应[J]. 中国草地学报，36（4）：5-12.

孙玉鹏，2010. 中甸牦牛育肥关键技术[J]. 养殖与饲料（3）：3-4.

覃照素，黄远林，李祥妹，2016. 基于牧户行为的草地管理模式——以西藏自治区为例[J]. 草业科学，33（2）：313-321.

唐燕花，2020. 牦牛饲养管理及常见疫病预防 [J]. 养殖与饲料（2）：42-43.

田甲春，余群力，保善科，等，2011. 不同地方类群牦牛肉营养成分分析 [J]. 营养学报，33（5）：531-533.

田孟江，2017. 探讨围产期补饲对妊娠牦牛生产性能和犊牦牛生长发育产生的影响 [J]. 兽医导刊（14）：209.

童涛，张开栋，吴玉江，等，2019. 西藏那曲地区放牧草地营养和产量的季节性变化与西藏绒山羊采食喜好研究 [J]. 草地学报，27（1）：104-111.

涂正超，张亚平，邱怀，1998. 中国牦牛线粒体 DNA 多态性及遗传分化 [J]. 遗传学报，25：205-212.

妥生智，保善科，华着，2016. 牦牛高效养殖关键技术研究 [J]. 黑龙江畜牧兽医（2）：204-208.

王存堂，2006. 天祝白牦牛肉质特性研究 [D]. 兰州：甘肃农业大学.

王芳，2018. 牦牛高效养殖关键技术 [J]. 中国畜禽种业，14（3）：108.

王宏博，高雅琴，李维红，等，2007. 我国牦牛种群资源及其绒毛纤维特性的研究状况 [J] 经济动物学报，11（3）：168-170.

王虎成，赵志伟，周恩光，2019. 高寒草甸暖季牧场泌乳期牦牛氨基酸营养初探 [J]. 草业科学，36（7）：1897-1907.

王虎鸣，2016. 育肥牦牛高效饲养管理技术 [J]. 畜禽业（7）：29-30.

王琳琳，陈炼红，2020. 麦洼牦牛肉和高山牦牛肉品质差异性的比较分析 [J]. 西南民族大学学报（自然科学版）（3）：26-28.

王明君，李海贤，崔国文，等，2016. 西藏羊八井五种一年生牧草的引种试验初报 [J]. 黑龙江畜牧兽医（上半月）（3）：129-132.

王巧玲，花立民，周建伟，2016. 冷季补饲对白牦牛生产性能及草地生产力的影响 [J]. 西北农林科技大学学报（自然科学版），44（2）：8-14.

王树林，常祺，胡勇，2003. 不同体重牦牛犊产肉性能和肉品质分析的研究 [J]. 草食家畜（1）：61-63.

王向涛，高洋，魏学红，等，2014. 不同放牧强度对西藏邦杰塘高寒草甸土壤种子库的影响 [J]. 草地学报，22（4）：750-756.

王永，龙虎，刘鲁蜀，1998. 西藏牦牛乳营养成分及乳清蛋白组成的研究 [J]. 中国畜牧杂志，34（5）：11-13.

王勇，原现军，郭刚，等，2014. 西藏不同饲草全混合日粮发酵品质和有氧稳定性的研究 [J]. 草业学报（6）：95-102.

王志永，张丽霞，伊霞，2018. 全株玉米青贮饲料在反刍类野生食草动物饲

养上的应用 [J]. 畜牧与饲料科学, 39 (5)：31 - 34.

魏甫, 潘影, 2020. 西藏人工种草的潜在生态系统服务权衡分析 [J]. 中南林业调查规划, 39 (1)：36 - 42.

吴克亮, 李藏兰, 梁育林, 2004. 天祝白牦牛产业发展的调查 [J]. 中国畜牧杂志, 40 (11)：34 - 35.

吴伟生, 刘刚, 杨平贵, 等, 2014. 青藏高原牧区牦牛生产的资源可持续利用技术模式探讨 [J]. 中国畜牧杂志, 50 (14)：11 - 15.

吴伟生, 郑群英, 刘刚, 等, 2015. 应用粪氮指数法检测青藏高原草甸区成年母牦牛青草期放牧采食量 [J]. 家畜生态学报, 36 (7)：33 - 38.

武自念, 侯向阳, 任卫波, 等, 2018. 气候变化背景下我国扁蓿豆潜在适生区预测 [J]. 草地学报, 26 (4)：898 - 906.

夏玉芬, 2018. 牦牛饲养管理技术 [J]. 养殖与饲料 (7)：18 - 19.

向洁, 王富强, 郭宝光, 等, 2018. 西藏河谷区燕麦与箭筈豌豆混间作对产量和营养品质的影响 [J]. 浙江大学学报 (农业与生命科学版), 44 (5)：555 - 564.

向明学, 郭应杰, 古桑群宗, 等, 2019. 不同放牧强度对拉萨河谷温性草原植物群落和物种多样性的影响 [J]. 草地学报, 27 (3)：668 - 674.

肖敏, 李世林, 董丽娟, 等, 2018. 浅析阿坝州牦牛产业发展现状及对策 [J]. 草学 (5)：82 - 83, 86.

谢荣清, 罗光荣, 杨平贵, 等, 2006. 不同年龄牦牛肉肉质测试与分析 [J]. 中国草食动物, 26 (2)：58 - 60.

徐惊涛, 等, 1998. 1/4 野血牦牛、1/2 野血牦牛及家牦牛初产产乳性能测定 [J]. 青海畜牧兽医志 (2)：11 - 12.

徐婷, 崔占鸿, 钟瑾, 等, 2015. 青海省部分地区人工种植燕麦青贮乳酸菌的筛选 [J]. 江苏农业科学 (2)：205 - 208.

严欣茹, 杨尚霖, 郭春华, 等, 2019. 日粮中添加不同水平杜仲叶对牦牛瘤胃液体外发酵的影响 [J]. 中国饲料 (9)：35 - 40.

阎萍, 2007. 牦牛养殖实用技术百答 [M]. 兰州：甘肃民族出版社.

阎萍, 2009. 牦牛业的现状与发展思路 [C]. 中国畜牧兽医学会. 中国畜牧兽医学会第七届养牛学分会 2009 年学术研讨会论文集：185 - 188.

阎萍, 郭宪, 2013. 牦牛实用技术百答 [M]. 北京：中国农业出版社.

阎萍, 梁春丰, 曾玉峰, 等, 2008. 牦牛产业发展的措施 [C]. 中国畜牧业协会. 第三届中国牛业发展大会论文集：215 - 218.

阎萍，梁春年，2019. 中国牦牛 [M]. 北京：中国农业出版社.

阎萍，潘和平，2004. 不同季节牧草营养成分与牦牛血液激素含量变化的研究 [J]. 甘肃农业大学学报，39（1）：50-52.

杨斌，陈峰，魏彦杰，等，2010. 牦牛肉加工与发展现状 [J]. 肉类研究，24（6）：3-5.

杨得玉，郝力壮，刘书杰，等，2018. 青海省反刍动物常用粗饲料营养价值研究进展 [J]. 饲料工业，39（1）：20-23.

杨富裕，张蕴薇，苗彦军，等，2004. 西藏草业发展战略研究 [J]. 中国草地，26（4）：67-71.

杨光宗，郭红宝，刘培培，等，2018. 补饲精料补充料对半舍饲牦牛生产性能的影响 [J]. 高原科学研究，2（3）：33-38，66.

杨合琴，易军，王淮，等，2017. 金川牦牛产业现状及对策 [J]. 草学（6）：79-80.

杨明，龙虎，文勇立，等，2008. 四川牦牛、黄牛不同品种肌肉脂肪酸组成的气相色谱-质谱分析 [J]. 食品科学，29（3）：444-449.

杨平贵，李华德，罗光荣，2005. 加快科技创新与成果转化——促进牦牛产业化发展 [C]. 全国畜禽遗传资源保护与利用学术研讨会论文集：379-384.

杨勤，2008. 甘南高原特色畜种种质特性与利用 [M]. 北京：甘肃科学技术出版社.

杨勤，刘汉丽，李鹏霞，等，2016. 宜生贮康等添加剂对甘南地区紫花苜蓿青贮品质的影响 [J]. 中国牛业科学，42（2）：8-11.

杨晓峰，松耀武，墨继光，等，2010. 中甸牦牛的起源及开发利用 [J]. 养殖与饲料（12）：103-104.

姚玉妮，阎萍，梁春年，等，2008. 不同地方品种牦牛 IGF-1 基因的 PCR-SSCP 分析 [J]. 中国草食动物，28（3）：9-11.

冶成君，2004. 优质牦牛肉肉质的综合评价 [J]. 青海畜牧兽医杂志，34（4）：18-19.

益西措姆，许岳飞，付娟娟，等，2014. 放牧强度对西藏高寒草甸植被群落和土壤理化性质的影响 [J]. 西北农林科技大学学报（自然科学版），42（6）：27-33.

殷满财，聂召龙，张国模，等，2018. CNCPS 及体外产气法评价青海地区 6 种常用粗饲料的营养价值 [J]. 青海畜牧兽医杂志，48（6）：1-8.

尹荣华，字向东，马志杰，等，2007. 牦牛行为研究及其应用探析 [J]. 中国牛业科学，33（5）：60-62.

余群力，蒋玉梅，王存堂，等，2005.白牦牛肉成分分析及评价［J］.中国食品学报，5（4）：124-127.

袁凯鑫，王昕，2019.青海高原大通牦牛的育种进展［J］.中国牛业科学（1）：28-32.

云南省庆藏族自治州农牧局畜牧科，1991.云南省庆州牦牛生产现状及其发展措施［J］.中国牦牛（4）：32-33.

张成福，曹涵文，朱勇，等，2018.高寒牧区牦牛强度放牧育肥技术［J］.科技经济导刊（13）：72-73.

张光圣，张嘉保，李春信，等，2002.西藏常用种植物性饲料的微量元素测定［J］.家畜生态，23（4）：20-22.

张光雨，王江伟，张豪睿，等，2019.西藏日喀则地区8个引进燕麦品种的生产性能和营养品质比较［J］.草业科学，36（4）：1117-1125.

张慧玲，高敞贤，2019.天祝抓喜草原不同牦牛放牧强度对牧草生长的影响［J］.中国牛业科学，45（5）：37-39.

张立军，2012.关于那曲地区牦牛产业发展的几点思考［J］.西藏发展论坛（5）：60-63.

张荣胆，1989.中国的牦牛［M］.兰州：甘肃科学技术出版社.

张世财，2001.浅谈大通县牧场牦牛安全越冬的措施［J］.青海草业，10（2）：63，60.

张树斌，任健，朱映安，2011.滇西北地区畜禽养殖现状调查［J］.农技服务，28（1）：74-75.

张永辉，2009.大通牦牛肉质特性研究［D］.兰州：甘肃农业大学.

张永辉，阎萍，王强，等，2009.青海大通牦牛肌间脂肪酸组成分析［J］.安徽农业科学，37（7）：2978-2980.

张振武，卢志军，2019.关于藏区牦牛产业扶贫调结构补短板的建议［J］.中国牛业科学，45（2）：29-34.

赵景学，陈晓鹏，曲广鹏，等，2010.放牧管理对藏北高寒沼泽草甸群落结构的影响［J］.生态环境学报，19（12）：2795-2799.

赵明礼，2016.同期发情及同期排卵-定时输精技术对奶牛繁殖效率的影响［D］.北京：中国农业科学院.

赵世姣，尤延飞，史芳芸，等，2018.昌都高寒草甸草原3种有毒植物营养成分分析与评价［J］.动物医学进展，39（12）：133-137.

赵卫，沈渭寿，刘波，等，2015. 西藏地区草地承载力及其时空变化 [J]. 科学通报，60 (21)：2014-2028.

郑灿财，郭春华，彭忠利，等，2014. 牦牛暖季补饲研究进展 [J]. 黑龙江畜牧兽医（上半月）(9)：168-170.

郑群英，肖冰雪，吴伟生，等，2016. 传统放牧下牦牛冷季补饲体重变化 [J]. 草业与畜牧 (6)：47-48，52.

中国畜禽遗传资源状况编委会，2004. 中国畜禽遗传资源状况 [M]. 北京：中国农业出版社.

中国科学院青藏高原综合科学考察队，1981. 西藏家畜 [M]. 北京：科技出版社.

中国农业科学院兰州畜牧研究所，1990. 牦牛科学研究论文集 [M]. 兰州：甘肃民族出版社.

钟光辉，字向东，朱慧军，等，1995. 九龙牦牛肉质特性的研究 [J]. 中国牦牛 (2)：30-32.

钟光辉，字向东，蔡立，等，1993. 九龙牦牛产肉性能研究 [J]. 中国牦牛 (4)：12-19.

钟金城，陈智华，字向东，等，2001. 牦牛品种的聚类分析 [J]. 西南民族学院学报（自然科学版），27 (1)：92-94.

钟金城，赵素君，陈智华，等，2006. 牦牛品种的遗传多样性及其分类研究 [J]. 中国农业科学，39 (2)：389-397.

周光明，龚固福，刘成烈，等，2011. 九龙牦牛生产发展现状及对策 [J]. 四川畜牧兽医，38 (5)：5.

周晋红，2013. 忻州市奶业健康稳定发展的几点思考和建议 [J]. 现代农业 (11)：72-73.

周娟娟，魏巍，2019. 关于西藏饲草种植模式探讨——以拉萨市为例 [J]. 西藏农业科技，41 (1)：10-13.

周名海，1990. 牦牛业的发展现状及发展途径 [J]. 四川草原 (2)：29-34.

朱国兴，张云玲，2005. 浅谈我国牦牛业生产现状及发展思路 [J]. 中国畜牧杂志，41 (1)：61-62.

朱世恩，2016. 家畜繁殖学（第6版）[M]. 北京：中国农业出版社.

Machaty Z, Peippo J, Peter A, 2012. Production and manipulation of bovine embryos: techniques and terminology [J]. Theriogenology, 78 (5): 937-950.

Bó G A, Mapletoft R J, 2013. Evaluation and classification of bovine embryos [J]. Anim Reprod, 10 (3): 344-348.